Der Ozean im Gebirge

Eine geologische Zeitreise durch die Schweiz

vdf Hochschulverlag AG an der ETH Zürich

Helmut Weissert
Iwan Stössel

Mit Cartoons von
Mike van Audenhove

Der Ozean im Gebirge

Eine geologische Zeitreise durch die Schweiz

3. Auflage

Bibliografische Information der Deutschen Nationalbibliothek

Die Deutsche Nationalbibliothek verzeichnet diese Publikation in der Deutschen Nationalbibliografie; detaillierte bibliografische Daten sind im Internet über http://dnb.d-nb.de abrufbar.

Das Werk einschliesslich aller seiner Teile ist urheberrechtlich geschützt. Jede Verwertung ausserhalb der engen Grenzen des Urheberrechtsgesetzes ist ohne Zustimmung des Verlages unzulässig und strafbar. Das gilt besonders für Vervielfältigungen, Übersetzungen, Mikroverfilmungen und die Einspeicherung und Verarbeitung in elektronischen Systemen.

Grafik: Donat Fulda, Iwan Stössel

1. Auflage 2009
2., überarbeitete Auflage 2010
3., überarbeitete und erweiterte Auflage 2015
© vdf Hochschulverlag AG an der ETH Zürich

ISBN 978-3-7281-3606-0

www.vdf.ethz.ch
verlag@vdf.ethz.ch

Vorbemerkung zur 3. Auflage

Dieses Buch gehört zu den Reisebüchern der speziellen Art. Es lädt zu einer geologischen Zeitreise durch die Schweiz ein. Reisende mit gewissen Vorkenntnissen in Geologie werden den Weg durch Raum und Zeit ohne grössere Anstrengungen begehen können. Neugierige mit wenig Vorwissen in der Geologie werden bei der Bewältigung von schwierigen Etappen zusätzlich Hilfe suchen müssen. Dem ersten Kapitel haben wir einige Literaturhinweise zugefügt, die Anfängern den Einstieg in die Sprache der Geologie erleichtern werden.

Für die 3. Auflage haben wir Text und Figuren überarbeitet. Wir haben einzelne Kapitel neu strukturiert oder neu geschrieben (Texte zu Jurazeit, Kreidezeit, zu Metamorphose und Gebirgsbildung), neue wissenschaftliche Erkenntnisse wurden im Buch integriert. Neu schliessen wir das Buch mit einem kurzen Text zum «Anthropozän» ab. Ziel war es, Ihnen als Leser oder Leserin anhand der Geologie der Schweiz eine kurze Einführung in die Geologie der Alpen und in die Erdgeschichte, wie sie in alpinen Gesteinen aufgezeichnet ist, zu geben. Peter Nievergelt und Peter Brack trugen mit wertvollen kritischen Hinweisen zur Verbesserung der Figuren und des Textes bei.

Wir danken allen Studierenden, Kolleginnen und Kollegen, die uns mit ihren Anregungen und Kritiken geholfen haben, dieses Buch zu schreiben. Angelika Rodlauer vom vdf Hochschulverlag hat unser Projekt mit Begeisterung unterstützt und begleitet. Ohne finanzielle Unterstützung vonseiten der ETH, des S-ENETH, der Mathematisch-Naturwissenschaftlichen Fakultät der Universität Zürich und des Geologischen Instituts der ETH wäre das Buch nicht zustande gekommen. Wir danken allen, die unser Projekt unterstützt haben.

Zürich, Dezember 2014
Helmut Weissert, Iwan Stössel

Vorwort zur 2. Auflage

Wir danken unseren Lesern und Leserinnen der ersten Auflage dieses Buchs für die vielen wertvollen Kommentare, Kritiken und Korrekturvorschläge. Die Anregungen haben uns bei der Überarbeitung des Texts und der Figuren geholfen. Neu haben wir dem Buch ein Orts-, Namens- und Sachregister zugefügt. Die Register sollen die Orientierung im Text erleichtern.

Zürich, Januar 2010
Helmut Weissert, Iwan Stössel, Donat Fulda

Inhaltsverzeichnis

Vorbemerkung zur 3. Auflage   5

Vorwort zur 2. Auflage   6

Einführung   12

1. Der Raum – die Zeit: Eine Entdeckungsgeschichte   17
1.1 Die Verwissenschaftlichung der Natur   17
1.2 Zwei Grundfragen der Geologie   21
    Geologie und Zeit   21
    Das Rätsel der Entstehung der Gebirge   22
1.3 Meilensteine in der Erforschung der Geologie der Alpen   23
    Stratigrafie und Alpengeologie   23
    Fazies und Paläogeografie   24
    Kristallines Grundgebirge und Sedimente   26
    Deckengebirge   26
    Decken, Ablagerungsräume, Paläogeografie   28
1.4 Historisch wichtige Werke zur Geologie der Schweiz   29
1.5 Literaturhinweise   29

2. Plattentektonik: Von der Tethys zu den Alpen   31
2.1 Einführung   31
2.2 Heutige Modelle: Plattentektonik des alpinen Raumes   32
    Prolog   33
    Phase 1: Neuer Raum wird geschaffen («Rifting-Phase»)   33
    Phase 2: Neue ozeanische Kruste wird gebildet («Drifting-Phase»)   35
    Phase 3: Ozeanische Kruste und Transform-Brüche   35
    Phase 4: Subduktion   35

	Phase 5: Kollision der Kontinente	36
	Phase 6: Die Alpen heute	36
2.3	Literaturhinweise	38

Alpen by Mike   39

3.	**Geologisches Signalement**	**45**
3.1	Einführung	45
3.2	Ein geologischer Querschnitt durch die Schweiz	45
3.3	Jura	47
3.4	Mittelland	48
3.5	Zentralmassive	49
3.6	Helvetikum	51
3.7	Penninikum	52
3.8	Ostalpin	56
3.9	Tektonische Klippen	57
3.10	Südalpin	59
3.11	Literaturhinweise	59

4.	**Sedimente auf Grundgebirge: Nachrichten aus dem Paläozoikum**	**61**
4.1	Einführung	61
4.2	Kristallines Grundgebirge: Archiv für frühe Plattentektonik	63
4.3	Kontinentale Gräben in Karbon und Perm	68
4.4	Klima und Sedimentation	69
4.5	Literaturhinweise	72

5.	**Trias – Das Salz des Meeres**	**73**
5.1	Einführung	73
5.2	Die Kehrseite des Salärs	75
5.3	Germanische Trias im Jura und im Helvetikum	77

5.4	Trias im Penninikum	81
5.5	Alpine Trias in den ostalpinen Decken und in den Südalpen	84
5.6	Vom Festland zum Küstenmeer	86
5.7	Literaturhinweise	87
6.	**Ein Meeresbecken entsteht**	**88**
6.1	Einführung	88
6.2	Das Ende von Pangaea	90
6.3	Der südliche Kontinentalrand der alpinen Tethys im frühen Jura: Signatur eines zerbrechenden Kontinents	90
6.4	Literaturhinweise	93
7.	**Das Küstenmeer der Jurazeit**	**95**
7.1	Der Jura – ein Begriff mit mehreren Bedeutungen	95
7.2	Der nördliche Kontinentalrand im frühen und mittleren Jura: Subsidenz und Sedimentation im Gleichgewicht	96
7.3	Der nördliche Kontinentalrand im späten Jura	99
7.4	Literaturhinweise	101
8.	**Tiefsee im Hochgebirge**	**102**
8.1	Neuer Ozeanboden	103
8.2	Tiefseesedimente und Jura-Ozeanografie	107
8.3	Nord- und Mittelpenninikum	110
8.4	Literaturhinweise	110
9.	**Gesteine der Kreidezeit: Beispiel eines Umweltarchivs**	**112**
9.1	Schwarzschiefer	112
9.2	Karbonatablagerungen und die Signatur von Schwarzschiefer-Zeiten	115
9.3	Literaturhinweise	117

10.	**Als die Mythen bei Iberien lagen oder: Der Golf von Kalifornien als Modell für Walliser Trog und Briançonnais**	**118**
10.1	Einführung	118
10.2	Literaturhinweise	127
11.	**Subduktion eines Ozeans – Signaturen in den Gesteinen**	**128**
11.1	Einführung	128
11.2	Subduktion	129
11.3	Mélange und Flysch: Spuren einer Subduktion	129
11.4	Literaturhinweise	133
12.	**Kollision zweier Kontinente**	**134**
12.1	Einleitung	134
12.2	Das Nordwärtswandern des Küstengebirges	134
12.3	Von der Subduktion zur Kollision	135
	Ein Vorlandbuckel entsteht	137
12.4	Spurensuche in der alpinen Metamorphose	138
12.5	Verformung und Metamorphose des helvetischen Raumes	142
12.6	Grosse Blattverschiebungen und Intrusionen	145
12.7	Die Südalpen	148
12.8	Literaturhinweise	149
13.	**Vom Flysch zur Molasse**	**151**
13.1	Das Ende der Flyschsedimentation	151
13.2	Die Engi-Dachschiefer des nordhelvetischen Flyschs	153
13.3	Stratigrafie der Molasse	155
13.4	Tektonische Gliederung der Molasse	160
13.5	Literaturhinweise	161

14. Vom Juragebirge zum Rheingraben   **162**

14.1   Einführung   162

14.2   Faltenjura, Tafeljura, Rheingraben und Grundgebirge   163

14.3   Der Rheingraben   164

14.4   Der Stil der Jurafaltung   165

14.5   Rheintalgraben, Jura und Molassebecken   169

14.6   Das Alter der Jurafaltung   170

14.7   Literaturhinweise   171

15. Landschaften lesen   **172**

15.1   Landschaftsgeschichte der letzten Jahrmillionen   172

15.2   Die Entdeckung der Eiszeiten   173

15.3   Widersprüche – marine Sedimente als Ausweg   176

15.4   Spuren der Vereisung   179

15.5   «Der Mensch erscheint im Holozän»   182

15.6   Literaturhinweise   184

16. «Anthropozän»: Das Zeitalter des Menschen   **185**

16.1   Literaturhinweise   188

Anhang: Zeittafel   **189**

Ortsregister   **190**

Personenregister   **192**

Sachregister   **194**

Einführung

Unbelebte Natur – Belebte Natur

Die Geologie wird oft als Wissenschaft der unbelebten Natur definiert. Die unbelebte Natur, in der Ordnung der Sphären als «Geosphäre» bezeichnet, bildet jedoch mit der belebten Natur, mit der «Biosphäre», ein untrennbares Ganzes. Die Biosphäre umfasst jene Räume der Geosphäre, Hydrosphäre und Atmosphäre, in welchen Leben existiert. Die grossen chemischen Kreisläufe, der Wasserkreislauf, der Kohlenstoffkreislauf, die Nährstoffkreisläufe bilden das Sphärengerüst. Die genannten Stoffkreisläufe verknüpfen belebte und unbelebte Natur über unzählige Regelkreise. In den geologischen Wissenschaften werden Zusammenhänge zwischen Kreisläufen und Sphären erforscht, Verknüpfungen zwischen Geosphäre und Biosphäre werden analysiert. Geologie befasst sich somit seit den Anfängen dieser Wissenschaft nicht nur mit der Geschichte der Geosphäre, sondern mit der Geschichte der Erde insgesamt, mit der Geschichte von Leben und Klima auf der Erde oder mit der Koevolution von Leben mit Geosphäre, Hydrosphäre und Atmosphäre. Diese Geschichte hinterliess ihre Spuren in den Gesteinen, in Meeres – oder Seeablagerungen. Geologen analysieren als Detektive und Spurensucher die Zeichensprache der Natur. Sie bewegen sich dabei in unfassbar grossen Zeiträumen von Jahrmillionen und Jahrmilliarden. Die grossen Gebirgszüge der Erde erzählen ihnen eine unendliche lange Geschichte von Plattenkollisionen, von entstehenden und verschwindenden Ozeanen, von Zusammenhängen zwischen Vulkangürteln und Erdbeben. Sie wissen um die Bedeutung des Kohlendioxids für das Erdklima und sie entziffern Signaturen vergangener Eiszeiten in der Landschaft. Sie erkennen, wo der Bau von Strassen, von Tunnels und von Staudämmen in der Landschaft geologisch möglich ist. Geologen wurden mit ihrer Expertise in der Analyse von Gesteinen, mit ihrem Verständnis von Physik, Chemie und Biologie des Systems Erde zu Schatzsuchern der modernen Industriegesellschaft. Als Anwälte der Natur befassen sie sich zudem mit den Grenzen der Belastbarkeit unserer natürlichen Umwelt, sie dokumentieren, wie im Anthropozän der Mensch erstmals in seiner

Einführung 13

Abb. 1: Die Biosphère des Architekten Richard Buckminster Fuller ist die Ikone der Expo 1967 in Toronto. Sie versinnbildlicht das damals erwachende Bewusstsein für die globalen Kreisläufe und Sphären (Bild: unverändert übernommen von Philipp Hienstorfer, Wikipedia, Creative Commons License).

Geschichte globale Stoffkreisläufe verändert und damit in das dynamische Sphärengleichgewicht des Planeten eingreift (Abb. 1).

In diesem Buch werden wir den Leserinnen und Lesern einen Einblick in die geologische Spurensuche und in die Erdgeschichte geben. Wir werden uns auf unserer Zeitreise auf die letzten 300 Millionen Jahre konzentrieren. Als Raum in der Zeit haben wir die Landschaft der heutigen Schweiz ausgewählt. Das Studium der geologischen Geschichte der Schweiz ist exemplarisch für das Studium des alpinen Raums im weiteren Sinne. Geologische Reisen, auch wenn sie nur virtuell sind, sollen anregen, die eigene Landschaft zu entdecken und nach der langen Biografie dieser Landschaft zu fragen (Abb. 2).

Reisevorbereitungen

Die geologische Zeitreise wird uns erleichtert, wenn uns gewisse Grundlagen der Erdsystemforschung bekannt sind. Die Erde wird heute von den Geowissenschaften als «System» beschrieben. Das System entspricht einem ganzheitlichen Zusammenhang von Dingen, Vorgängen und Teilen, ob von der Natur gegeben oder vom Menschen hergestellt. Biologische und physikalische Prozesse auf der Erdoberfläche oder in der Biosphäre («der belebte Raum auf der Erde») sind durch unzählige Regelkreise miteinander verknüpft zu einem sich selbst steuernden System. Sedimentgesteine wie jene in den Alpen oder im Jura dokumentieren die Geschichte eines vergangenen Ozeans, der alpinen Tethys. Sie dienen aber auch als Archive des Systems Erde, enthalten Informationen über Störungen des Klimas und über Reaktionsmechanismen der Biosphäre auf solche Störungen, und sie speichern Daten zur Koevolution von Leben und physikalischer Umwelt. In den Gesteinen von Jura, Mittelland und Alpen finden wir auch die Spuren der Gebirgsbildung. Ein Verständnis der Geschichte einer Gebirgsbildung verlangt nach Kenntnissen der von der Energie des Erdinneren gesteuerten globalen plattentektonischen Prozesse. Strukturen der Deformation sind in den komplex verfalteten Gesteinen der Alpen erhalten, Mineralneubildungen, neue Mineralvergesellschaftungen in Gesteinen weisen auf die Metamorphose hin, die an die Orogenese oder Gebirgsbildung gekoppelt ist.

Am Beispiel der geologischen Analyse einer Landschaft lernen wir Arbeitsmethoden der Geologie kennen. Chemische, biologische und physikalische Signaturen in Gesteinen dienen als Fingerabdrücke oder «Proxies» für die Identifikation von geologischen Prozessen in der erdgeschichtlichen Vergangenheit. Zum besseren Verständnis der Alpen sind geophysikalische Untersuchungen des heutigen Untergrundes der Landschaft Schweiz von grosser Bedeutung. Sie geben wichtige Informationen zur Entstehung der Alpen, die bei der Untersuchung der Gesteine an der Erdoberfläche verborgen bleiben. Die geologische Landschaftsanalyse lässt erkennen, wie die heutige Gesellschaft mit ihren Eingriffen langsam verlaufende, aber für geologische Zeiträume wichtige landschaftsformende Prozesse häufig stört.

Neben Lehrbüchern zur Geologie oder zum Verständnis des Systems Erde empfehlen wir als Kartengrundlagen die geologische und tektonische Karte der Schweiz (*www.swisstopo.ch*). Sie dienen als wertvolle Reisebegleiter.

Etappenziele

Wir beginnen unsere Reise mit einem Rückblick auf die Anfänge der geologischen Erforschung der Schweiz (Kap. 1). Die plattentektonische Entwicklung des alpinen Raums in den letzten 250 Millionen Jahren wird uns als Wegweiser dienen, wenn wir plattentektonische Modelle an Gesteinsabfolgen überprüfen (Kap. 2 und «Alpen by Mike»). In Kapitel 3 haben wir ein erstes «blind date» mit unserem Reisegebiet. Wir lernen den Deckenbau der Alpen erstmals kennen und wir realisieren, dass die Wissenschaft beim Ordnen der Natur ein riesiges eigenes Vokabular zusammengestellt hat. Mit dem Kapitel 4 beginnen wir unsere Reise

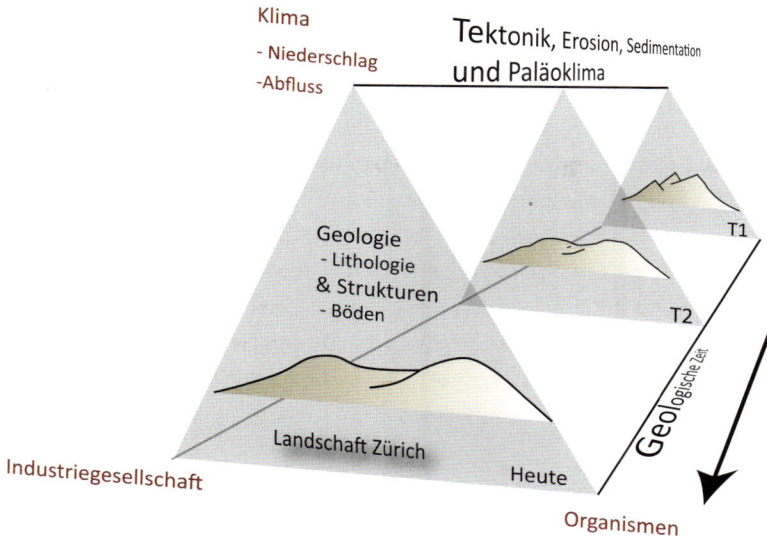

Abb. 2: Ein geologischer Blick auf die Landschaft – Verschiebung der Systemgrenzen in Raum und Zeit.

entlang des langen Zeitpfeils, ausgehend von der Untersuchung der Gesteine des kristallinen Grundgebirges. Dort erkennen wir Spuren längst vergangener Ozeane und Gebirgsbildungen und wir lernen, wie die ältesten paläozoischen Sedimentablagerungen in der Nordschweiz bei der Suche nach Atommüll-Lagern Probleme verursachten. Die ersten marinen Sedimente der Triaszeit dienen uns heute noch als wichtige Salzquelle, und sie dokumentieren den Beginn der alpinen Tethys-Geschichte in unserem Untersuchungsgebiet (Kap. 5). Auf unserer Zeitreise begegnen wir den Gesteinsserien der Jurazeit, die das Auseinanderbrechen von Kontinenten aufzeichnen (Kap. 6). Am Südrand des europäischen Kontinents entwickelt sich ein flaches Küstenmeer (Kap. 7). Spuren des tiefen Tethysozeans der späten Jura- und Kreidezeit finden wir in Alpen und Südalpen (Kap. 8). Die Gesteinsabfolgen der Alpen archivieren extreme Klimaveränderungen in der Kreidezeit und sie erklären, weshalb bestimmte Zeiten der Erdgeschichte zu Erdölzeiten wurden, in denen vermehrt Meeresablagerungen entstanden, die später zu wichtigen Erdölmuttergesteinen wurden (Kap. 9). Die Plattentektonik hilft uns bei der Entzifferung der alpinen Gesteine, und überraschend stellen wir fest, dass Gesteine, die heute etwa die Mythen aufbauen, als Meeresablagerungen weit westlich von uns in der Nähe Iberiens gebildet wurden (Kap. 10). In der Kreidezeit zeichnete sich die Schliessung des alpinen Tethysmeeres ab. Subduktion ozeanischer Kruste und Kollision von Kontinenten führten zur Entstehung des alpinen Gebirges (Kap. 11). Wir lernen wichtige tektonische Störzonen kennen und wir erfahren, wie das Bergell und die Glarnerüberschiebung in einer Zeit extremer Raumverkürzung vor 30 bis 35 Millionen Jahren entstanden (Kap. 12). Wie aus einem alpinen Vorlandbecken das heutige schweizerische Mittelland wurde, erfahren wir in Kapitel 13. Auf unserer Zeitraum-Reise werden wir Zusammenhänge zwischen alpiner Gebirgsbildung und der Entstehung des Juragebirges vor 5 Millionen Jahren erkennen (Kap. 14). Ob allein Tektonik des Rheingrabens Basel zum Erdbebengebiet macht oder auch die Position Basels an der Schnittstelle zwischen Juragebirge und Rheingraben dafür verantwortlich ist, wird in Kapitel 14 angesprochen. Auf unserer letzten Reiseetappe (Kap. 15) begegnen wir der Landschaftsgeschichte der letzten Jahrmillionen. Hier lernen wir die Bedeutung der Eiszeiten für die Entstehung der Landschaft Schweiz kennen. Heute formt der Mensch seine Umgebung sehr stark und greift in die globalen Stoffkreisläufe ein. Er wird damit zum «geologischen Faktor» (Kap. 16).

Empfohlene Lehrbücher zu Grundlagen der Geologie und der Erdsystem-Forschung

Grotzinger, J., Jordan, T. H., Press, F. und Siever, R. 2006. Understanding Earth. W.H. Freeman and Company, New York, 5th rev. ed., 670 p.

Jordan, T. und Grotzinger, J. 2008. The essential earth. W.H. Freeman and Company, New York, 414 p.

Müller-Merz, E., Decrouez, D., Furrer, H., Weissert, H. und Wildi, W. 1997. Geologie und Zeit. vdf Hochschulverlag, Zürich, 62 p.

Press, F. und Siever, R. 2003. Allgemeine Geologie – Einführung in das System Erde. 3. Auflage, Spektrum Akademischer Verlag, Heidelberg, 724 p.

Szönyi, M. 2006. Studienlexikon Geowissenschaften. vdf Hochschulverlag (UTB), Zürich, 216 p.

Webportal der Schweizerischen Akademie für Naturwissenschaften:
http://www.naturwissenschaften.ch

1. Der Raum – die Zeit: Eine Entdeckungsgeschichte

Thema

In diesem Kapitel werfen wir einen Blick zurück in die Anfangszeiten geologischer Forschung. Wir erkennen, wie im 19. Jahrhundert ein induktiver Forschungsansatz dominierte. Man machte Beobachtungen in der Natur und man versuchte, die gesammelten Informationen zu einem Ganzen zusammenzufügen. Bald sind aber auch deduktive Arbeitsansätze, wie sie heute in den Naturwissenschaften vorherrschen, erkennbar: Ein Modell, eine Hypothese steht am Anfang einer Untersuchung. Die gesammelten Daten dienen der Überprüfung, der Falsifizierung oder Verifizierung der aufgestellten Hypothese.

Im Speziellen werden zwei Grundthemen der Geologie in ihrer historischen Entwicklung beleuchtet: die Zeit und die Entstehung der Gebirge. Ferner wird eine Chronologie der Erforschung der Geologie der Alpen nachgezeichnet.

1.1 Die Verwissenschaftlichung der Natur

Für die Menschen des Mittelalters und der frühen Neuzeit waren die Berge wilde Einöde, Ort der Bedrohung durch die unberechenbare Natur. Die Berge waren nichts anderes als die Ruinen einer zerfallenden Erde. Erst mit Beginn der Aufklärung und mit den Anfängen einer rationalen Weltsicht in der frühen Neuzeit begannen manche Reisende, Landschaften mit einem Forscherauge zu betrachten. Diese Forscher waren überzeugt, dass der göttliche Plan der Erschaffung der Erde in den Gesetzmässigkeiten der Natur erkennbar sein sollte. Beobachtungen wurden geordnet, Objekte der Natur wurden klassifiziert. *Niklaus Steno* (1638–1687), ein dänischer Arzt, der im Florenz der Medicis seinen neuen Lebensmittelpunkt gefunden hatte, wurde zum Begründer einer neuen Wissenschaft der Erde, die später erst als Geologie bezeichnet wurde. *Steno* war fasziniert von Fossilien, die er in den Gesteinen der Apenninen sammelte und studierte. Er verglich sie mit Schalen lebender Organismen, und er war überzeugt, dass diese Fossilien Reste von Leben in vergangenen Meeren darstellten. *Steno* beobachtete, wie fossilhaltige Sedimentschichten ganze Berge aufbauen. In den übereinander gelagerten Schichten erkannte er eine zeitliche Abfolge. Jüngere Schichten liegen über älteren. *Niklaus Steno* öffnete als Erster das «Geschichtsbuch» der Erde. Er erkannte in seinen Naturstudien nicht nur die Bedeutung der Fossilien als Zeugen vergangener Meere, sondern er wurde mit seinen Studien der Sedimentschichten auch zum ersten Stratigrafen in der Geschichte der Geologie.

Steno erkannte eine Ordnung in der Lagerung der Gesteine. Viel später erarbeitete der Schwede *August Carl von Linné* (1707–1778) die Grundlagen für eine Klassifikation der Objekte der Natur in seinem Werk «Systema Naturae». *Johann Jakob Lehmann* (1719–1767), ein deutscher Naturforscher, versuchte, in der Tradition von *Steno* und *Linné* als Erster die Gesteinsformationen Deutschlands zu ordnen. Er unterteilte die Gesteine in ein «Primär» (Granit), ein «Sekundär» (Schiefer) und ein «Tertiär» (Sedimentgesteine). Gesteine des «Primärs» entstanden für ihn vor der Sintflut, Gesteine des «Sekundärs» während und Gesteine des «Tertiärs» nach der Sintflut.

Stenos Untersuchungen von Fossilien und Schichtung der Gesteine wurden von den meisten Forschern seiner Zeit ignoriert. Seine Arbeiten gerieten in Vergessenheit. Wichtige neue Impulse zum Studium der Erde kamen Jahrzehnte nach dem Tode *Stenos* wiederum aus Italien. Der Naturforscher *Antonio Vallisnieri* (1661–1730) untersuchte Fossilien in den Sedimentgesteinen der Apenninen, und in der Tradition *Stenos* erkannte er diese als marine Organismenreste. Er beschrieb seine Fossilfunde 1723 in seinem Werk «De corpi marini che su monti si trovano, della loro origine e dello stato del mondo avanti l'diluvio, durante l'diluvio e dopo l'diluvio». *Giovanni Arduino* (1714–1795) verglich 1759 die von *Steno* und *Vallisnieri* in den Apenninen beschriebenen Gesteinsabfolgen mit den Gesteinen der Südalpen. Er unterteilte die Gesteine in chronologische Einheiten des «Primär», «Sekundär», «Tertiär» und «Quartär». Damit übernahm er das von *Lehmann* in Deutschland entwickelte Klassifikationsschema der Gesteinsformationen. Bemerkenswert scheint, dass *Arduino*, im Gegensatz zu *Steno*, die Klassifikation der Gesteine Italiens aus dem streng religiös motivierten Kontext herauslöste:

- Primär: die tiefsten Gesteine eines Gebirges, bestehend aus Sandsteinen und Kalken mit wenig Fossilien (heute: Paläozoikum), Schiefern und fossilfreien Gesteinen («kristallines Grundgebirge»),

- Sekundär: Alpengesteine aus Kalk oder Mergel, mit marinen Fossilien (heute etwa dem Mesozoikum entsprechend),
- Tertiär: Fossilreiche Mergel, Kalke und Sandsteine im Vorgebirge der Apenninen und der Alpen,
- Quartär: Ablagerungen der grossen Schwemmebenen.

Eine umfassende und für die Geologie als Wissenschaft grundlegende Theorie der Erde formulierte vor 200 Jahren der schottische Geologe *James Hutton* (1726–1797; Abb. 3). *Hutton* skizzierte erstmals, wie der grosse geologische Kreislauf die Erde in ihrer langen Geschichte formte. Erosion, Sedimentation, Verfestigung, Umwandlung in Gestein zeichnen die Spur des Kreislaufs. *Hutton*, Arzt, Agronom und Naturforscher, verglich den Kreislauf der Erde mit dem Blutkreislauf des menschlichen Organismus. Er vermutete, dass landschaftsformende Prozesse, die er in Schottland studieren konnte, auch in der erdgeschichtlichen Vergangenheit gewirkt haben. Dieses Prinzip, das später als «Aktualismus» bekannt wurde (s.u.), bildet bis heute das grundlegende Paradigma der geologischen Wissenschaft.

Abb. 3: James Hutton, 1726–1797.

Gleichzeitig mit *Hutton* wirkte der deutsche Geologe *Abraham Gottlob Werner* (1749–1817; Abb. 4) in Freiberg als Professor. *Werner* war als Bergbauingenieur ebenso wie *Hutton* an den grossen Fragen zur Entstehung der Erde interessiert. Er war überzeugt, dass ein besseres Verständnis der Erde die Suche nach Rohstoffen erleichtern würde. Werner betonte in seinen Theorien die Bedeutung der sedimentären Prozesse und des Wassers bei der Bildung von Gesteinen («Neptunismus»). Die wernersche Schule der Neptunisten und die huttonsche Schule der Plutonisten bekämpften sich heftig, prägten aber beide die frühe Entwicklung der Geologie in Europa.

Auch der brillante französische Chemiker *Antoine Lavoisier* (1743–1794) prägte die frühe Entwicklung der Geologie, als er 1766 mit dem Geologen *Jean-Etienne Guettard* begann, geologische Karten zu zeichnen. Bei den Arbeiten fiel ihm eine Wechsellagerung von einerseits feinkörnigen Gesteinen mit erhaltenen, fragilen Schalenresten, andererseits grobkörnigen Ablagerungen ohne gut erhaltene Fossilien, aber mit gerundeten Körnern auf. *Lavoisier* schloss, dass die gerundeten Körner in bewegtem Wasser abgeschliffen worden waren; er bezeichnete diese Ablagerungen als «littoral», die anderen, feinkörnigen Sedimente als «pelagisch». Er schlug vor, dass diese Wechselfolge durch steigenden und fallenden Meeresspiegel entstanden war, wobei die «littoralen» Schichten Ablagerungen entlang der Küstenlinie darstellten. Er folgerte zudem, dass für die ruhigen Ablagerungen der pelagischen Sedimente eine «immense Zeitspanne von Jahren und Jahrhunderten» zur Verfügung gestanden

Abb. 4: Abraham Gottlob Werner, 1749–1817.

haben mussten. *Lavoisier* wurde am Donnerstag, dem 8. Mai 1794, in den Wirren der Französischen Revolution hingerichtet. Damit verlor die Wissenschaft einen der bedeutendsten Männer seiner Zeit.

Dank der wegweisenden Studien seit *Steno* und dank der grossen Arbeiten von *Hutton, Werner, Lavoisier* und anderen konnte sich die neue Wissenschaft der Erde, die Geologie, in den ersten Jahrzehnten des 19. Jahrhunderts zu einer eigentlich revolutionären Wissenschaft entfalten. Die Industrialisierung verlangte nach dem Bau neuer Verkehrswege. Rohstoffe wurden intensiv gesucht, neue Energiequellen entdeckt. Wasserbauer zwangen Flüsse und Wildbäche in vermeintlich sichere Kanäle. Die unberechenbare Natur sollte dank Erkenntnissen der Wissenschaften kontrollierbar werden und die gezielte Ausbeutung der Natur sollte zum allgemeinen Reichtum der Gesellschaft beitragen. Geologische Landesanstalten wurden mit dem Ziel gegründet, nutzbare Gesteine und Rohstoffe zu erfassen. Die neuen Erkenntnisse zur Entstehung der Erde waren für die Anfänge der modernen Industriegesellschaft von grundlegender Bedeutung.

Die Erkenntnisse der Geologie und der Paläontologie veränderten auch das Weltbild der Menschen. Die Erde erhielt eine Geschichte, die unendlich viel länger war als die biblische Zeit. Der französische Anatom und Geologe *Georges Cuvier* (1769–1832) untersuchte fossilisierte Organismen in Sedimentgesteinen des Pariser Beckens und er erkannte, dass viele dieser Organismen ausgestorben waren. *Cuvier* wurde zum Begründer des Katastrophismus in der Geologie. Er glaubte, dass schon vor der biblischen Sintflut mehrere Katastrophen zu mehrmaligem Massenaussterben geführt hatten. Der Katastrophismus von Cuvier kontrastierte mit dem vom englischen Geologen *Charles Lyell* (1797–1875) begründeten Prinzip der Gleichförmigkeit der Prozesse («Aktualismus»). *Lyell* vertrat die Meinung, dass graduelle Prozesse zu den in den Gesteinsschichten beobachteten Umweltveränderungen geführt hatten. *Charles Darwin* (1809–1882) übernahm die gradualistischen Ansichten von *Lyell*, als er 1859 seine Evolutionstheorie veröffentlichte. Darwins Werk «The origin of species by means of natural selection» wurde für das moderne Verständnis von Leben und Entstehung von Leben zum wichtigsten naturwissenschaftlichen Werk des 19. Jahrhunderts. Die Evolutionstheorie öffnete den Weg zu einem neuen wissenschaftlichen Weltbild, das sich nicht mehr an der biblischen Geschichtsschreibung orientierte. Die heutige erdgeschichtliche Forschung kombiniert *Darwins* Evolutionstheorie mit Ideen aus *Cuviers* Katastrophismus zur Untersuchung grosser Aussterbeereignisse.

1.2 Zwei Grundfragen der Geologie

Geologie und Zeit

Die Verteilung der Fossilien in den Sedimentgesteinen diente auch als Grundlage für einen neuen Forschungszweig in der Geologie, für die Stratigrafie. Der Begründer der Stratigrafie ist der englische Kanalbauer und Geologe *William Smith* (1769–1839). Als Kanalbauer bereiste er England und Schottland. Die neuen, in die Landschaft geschnittenen Kanäle boten ihm die Möglichkeit, die Verteilung der Gesteine im Raum zu studieren. Er erkannte, dass Gesteinsabfolgen in «kartierbare Formationen» zusammengefasst werden können (Abb. 5). Die Abfolge der Formationen im Raum wurde zur «Lithostratigrafie». Die verschiedenen Gesteinsformationen sind meist durch bestimmte Fossilvergesellschaftungen gekennzeichnet. *William Smith* beobachtete, wie sich Gesteinsabfolgen in ihren Fossilien unterscheiden. Er erkannte, dass die Verteilung der Fossilien zur Bestimmung des relativen Alters der Gesteine verwendet werden kann. Werden anhand von Fossilien Gesteinseinheiten chronologisch gegliedert, dann spricht man von Biostratigrafie. Mit ihrer Hilfe gelang den Geologen erstmals eine überregionale Korrelation von Gesteinsformationen. Die neue Biostratigrafie liess aber die Frage nach dem Alter der Erde und damit auch die Frage nach der Vereinigung von geologischen Beobachtungen mit der biblischen Schöpfungsgeschichte offen. *Darwin* musste annehmen, dass die Evolution von Leben unendlich lange gedauert hatte. Er schätzte, dass die Erde 100 Millionen Jahre alt war. Diese Ansicht wurde von einem Physiker, von *Lord Kelvin* (*William Thomson*, 1824–1907) am Ende des 19. Jahrhunderts infrage gestellt. Dieser glaubte, dass sich die Erde in ihrer Geschichte kontinuierlich abgekühlt hätte und er errechnete für diese Abkühlung ein Alter von 20 bis 40 Millionen Jahren. Er konnte in seinem einfachen Abkühlungsmodell nicht berücksichtigen, dass der radioaktive Zerfall den Wärmefluss des Planeten entscheidend beeinflusst, da dieses Phänomen zu seiner Zeit noch gar nicht bekannt war. Erst an der Wende zum 20. Jahrhundert gelang gerade dank neuer radiometrischer Datierungsmethoden ein Durchbruch in der Erforschung des Erdalters. Die neuen physikalischen Daten stimmten erstmals mit den Schätzungen der Evolutionsforscher überein. Ein Erdalter von Jahrmilliarden wurde mit den radiometrischen Datierungsmethoden errechnet. Nach heutigen Berechnungen ist die Erde rund 4.6 Milliarden Jahre alt.

Abb. 5: *Erste geologische Karte, aufgenommen von W. Smith (1769–1839). Bestimmten Gesteinsformationen werden bestimmte Farben zugeordnet.*

Abb. 6: Horace Bénédict de Saussure, 1740–1799.

Abb. 7: Arnold Escher von der Linth, 1807–1872.

Das Rätsel der Entstehung der Gebirge

Eine der anderen grossen geologischen Fragen jener Zeit betraf die Entstehung der Gebirge. *J. Hutton* stellte sich vor, dass Magma an bestimmten Orten der Erde vom Erdinneren gegen die Oberfläche floss und dort ein Aufwölben der Erdkruste und damit eine Gebirgsbildung verursachte. Flüsse zerfurchten und zerschnitten diese Aufwölbungen und sie transportierten entstehenden Erosionsschutt in die Ozeane. *Hutton* kannte die Arbeiten von *Steno*, der schon im 17. Jahrhundert Gesteinsschichten untersucht und Schichtaufwölbungen in Gebirgen erkannt hatte. Der Schweizer Naturforscher *Johannes Scheuchzer* (1684–1738) beobachtete im Jahre 1710 am Vierwaldstättersee Schichtumbiegungen, die später als Falten bezeichnet wurden. Der Genfer Naturforscher *Horace Bénédict de Saussure* (1740–1799; Abb. 6) wird oft als der eigentliche Begründer der Alpengeologie bezeichnet. In seinem mehrbändigen Werk «Voyages dans les Alpes» (1779–1796) befasste er sich auch mit der Entstehung der Gebirge. Er beobachtete auf seinen Reisen durch die Alpen, wie Gesteinsschichten oft steil gestellt und verfaltet sind. *De Saussure* äusserte deshalb die Vermutung, dass Gebirge nicht nur durch Aufwölbung, sondern auch durch seitlichen Schub entstanden waren. *Alexander von Humboldt* (1769–1859) und *Leopold von Buch* (1774–1853) kombinierten anfangs des 19. Jahrhunderts Beobachtungen früher Geologen mit der Vorstellung, dass Vulkanismus zur Gebirgsbildung geführt habe. Aufquellendes Magma, so vermuteten sie, hätte die Sedimente auf der Erdkruste aufgerichtet, zusammengepresst und verfaltet. Einer der bedeutendsten Erforscher der Geologie der Schweiz, *Arnold Escher von der Linth* (1807–1872; Abb. 7), verglich im frühen 19. Jahrhundert die deformierten Gesteine der Alpen mit Formen eines zusammengeschobenen Tuchs. Ähnliche Beobachtungen machte *Jules Thurmann* (1804–1855) in den Jahren 1830–1833 im Juragebirge. Alle diese Beobachtungen zeigten, dass seitliche Schubkräfte zur Gebirgsbildung beigetragen haben mussten. Der Franzose *Elie de Beaumont* (1798–1874) folgerte im Jahre 1833, dass Vulkanismus allein nicht zur Gebirgsbildung und zur beobachteten Schichtumbiegung geführt haben konnte. Er formulierte die Hypothese, dass es bei fortschreitender Erkaltung der Erde zu Schrumpfungen der Erdkruste gekommen sei und dass auf diese Weise Gesteinsschichten deformiert und zu Gebirgen aufgetürmt worden seien. *Albert Heim* (1849–1937) teilte 100 Jahre später in seinem Meisterwerk «Geologie der Schweiz» (1921) die Kernidee dieser Auffassung immer noch; allerdings kombinierte er seine Auffassung damals bereits mit der modernen Deckentheorie.

1.3 Meilensteine in der Erforschung der Geologie der Alpen

Stratigrafie und Alpengeologie

In ähnlicher Art und Weise, wie es *Arduino* für die Apenninen vorgeschlagen hatte, klassifizierten im frühen 19. Jahrhundert die ersten Alpengeologen die Gesteinsserien der Alpen:

- Urgebirge («so alt wie die Erde selbst», Ebel 1808, in Trümpy, 1998),
- Kalkalpen: Thonschiefer,
- älterer Alpenkalk,
- jüngerer Alpenkalk,
- Sandstein, Nagelfluh, Mergel.

Diese einfache Klassifizierung der Gesteine erlaubte den ersten Alpengeologen noch nicht, ein differenziertes Modell zur Alpenentstehung zu formulieren. Zu wenig wussten sie über das relative Alter der Gesteine. Erste bahnbrechende Erkenntnisse aus dem neuen Forschungsgebiet der Stratigrafie halfen ihnen bei der Entzifferung des Alpenbaus oder der «Tektonik» der Alpen. Die Untersuchungen von *William Smith* zur Stratigrafie in England dienten den Alpengeologen als Grundlage für eine alpine Stratigrafie. Bestimmte Abfolgen von Leitfossilien in Gesteinsschichten wurden als relative Altersindikatoren genutzt. *Leopold von Buch* definierte 1837, aufbauend auf Beschreibungen von *Alexander von Humboldt*, das Jura-System mit dem «schwarzen», «braunen» und «weissen» Jura. *Arnold Escher von der Linth* konnte schon vor 1850 die nordalpinen Kalkformationen (Helvetikum), die lange undifferenziert als «Urkalk» bezeichnet worden waren, in unterschiedlich alte Kalke unterteilen. Er zeichnete in den Nordalpen anhand von Leitfossilien eine Stratigrafie der mächtigen «helvetischen» Sedimentgesteinsabfolge, in der er unter anderem die Kreide in fünf Stufen unterteilen konnte. Es gelang ihm auch, die eozänen Nummulitenkalke von Kreidekalken zu unterscheiden. Er unterteilte die Schichtabfolgen dank genauer Faziesuntersuchungen (s.u.) in einzelne sogenannte Formationen. Viele der Namen, die er für diese Gesteinsformationen einführte, werden heute in der regionalen Geologie noch verwendet (z.B. Rötidolomit, Troskalk). *Escher* erkannte auch, dass mancherorts die Fossilien deformiert waren und dass diese Deformation mit der Verfaltung der Gesteine in Zusammenhang stand. Er wies zudem nach, dass die Gesteine des Mittellan-

Abb. 8: Amanz Gressly, 1814–1865 (Zeichnung: J. Jaccard, Privatbesitz R. Gygi).

des, seit *de Saussure* als «Molassegesteine» bezeichnet (Molasse von lat. molare = mahlen), ein mittel«tertiäres» Alter haben und deshalb noch jünger als die Nummulitenkalke sind.

Fazies und Paläogeografie

Amanz Gressly (1814–1865; Abb. 8), 1814 im basellandschaftlichen Jura geboren, studierte in Strassburg Medizin. Fasziniert von seiner Heimatlandschaft begann er mit wenig geologischem Training, sich mit Fragen der Gebirgs-und der Gesteinsbildung zu befassen. Er untersuchte Gesteine im Jura und beobachtete, dass Jurakalke, wenn sie seitlich verfolgt werden, unterschiedlich zusammengesetzt sind: Muschelkalk–Riffkalk–Schlammgestein.

Es gelang *Gressly* in der Tradition von *Lavoisier*, Juragesteine als Küstenablagerungen zu interpretieren. Er beobachtete, wie sich die Zusammensetzung der Kalkablagerungen innerhalb einer seitlich verfolgbaren Schicht verändert. Er umschrieb die im Feld beobachtbaren Eigenschaften eines Gesteins als «Fazies», und es gelang ihm, den Ablagerungsraum der Jura-Kalke zu rekonstruieren.

Heute umfasst der Begriff «Fazies» den gesamten sedimentologischen, paläontologischen und mineralogischen Charakter eines Gesteins. Die Fazies widerspiegelt die Ablagerungsbedingungen und den Ablagerungsraum eines Gesteins. Gressly erkannte im Jura, dass der Riffgürtel in der stratigrafischen Abfolge nicht immer an der gleichen Stelle im Ablagerungsraum lag. Das Riff wanderte manchmal gegen das offene Meer hinaus. Er beobachtete, wie Küstensysteme, vom Meeresspiegel beeinflusst, «progradierten» und «regredierten». Dabei erkannte er, dass neben der Veränderung der Gesteine und des Fossilinhalts entlang der Zeitachse auch Veränderungen im Raum wichtig waren (Abb. 9, 10).

Meeresspiegel und Küstenfazies

Bei einer «Transgression» verschiebt sich wegen eines Meeresspiegelanstiegs die Küstenlinie gegen das Landesinnere. Kontinentale Ablagerungen werden von marinen Sedimenten überlagert. Am Ende der letzten Eiszeit vor 15'000 Jahren stieg der Meeresspiegel wegen der Schmelze von Polareis um 130 m an und die während der Eiszeit trockengelegten Schelfgebiete wurden überschwemmt. Bei Absinken des Meeresspiegels kommt es zu einer «Regression». Die Küstenlinie wandert in Richtung des offenen Meeres. Tiefer marine Ablagerungen werden von Flachmeer- oder von kontinentalen Sedimenten überlagert.

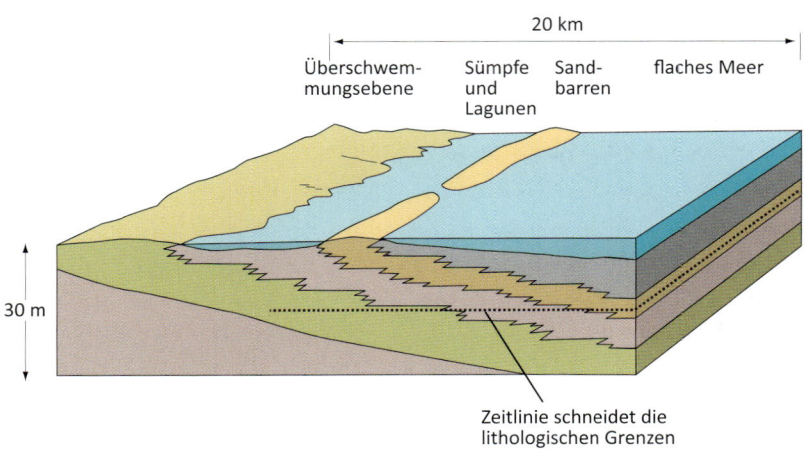

Abb. 9: Ablagerungsräume können sich im Lauf der Zeit verschieben. Entsprechend schneiden die Faziesgrenzen oft die Zeitlinien.

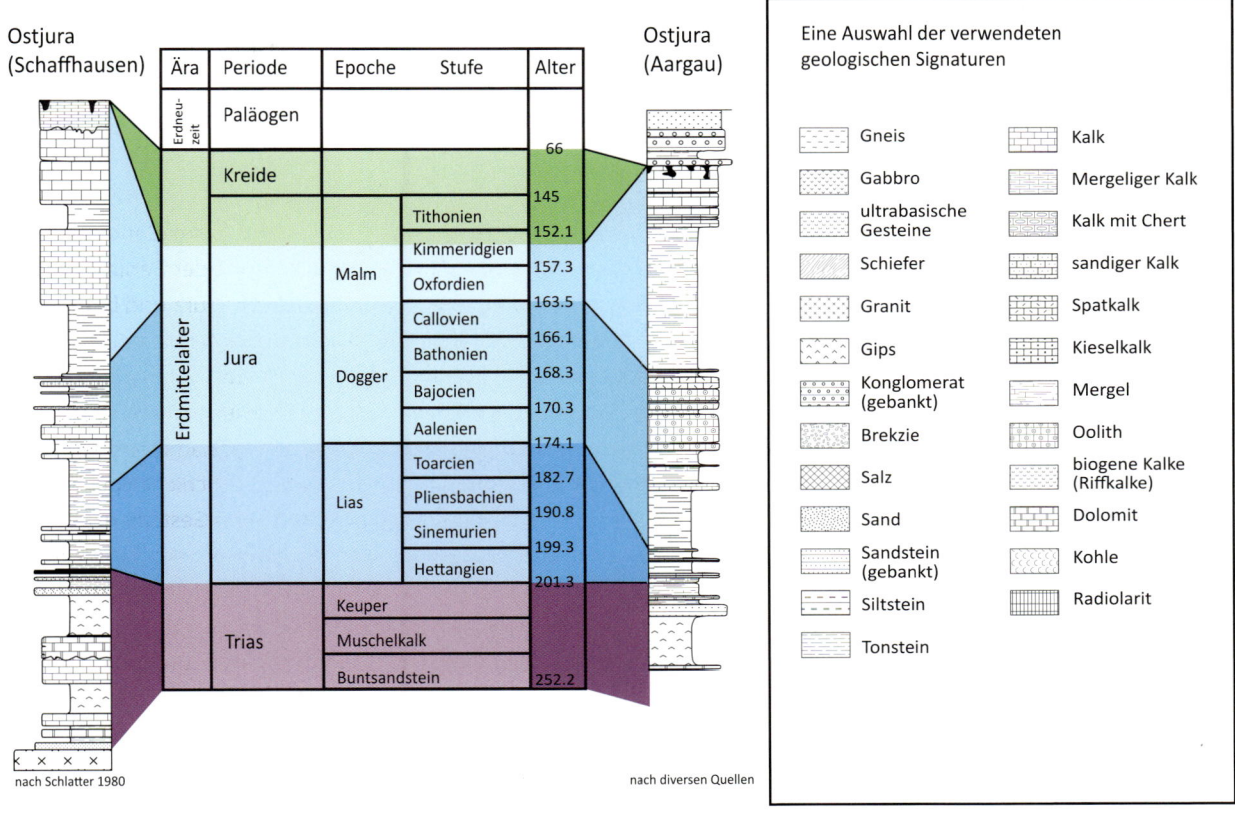

Abb. 10: Chronostratigrafische Korrelation zweier lithostratigrafischer Jura-Profile.

Heim und andere beobachteten in den Alpen, wie sich die Fazies entlang des Streichens der Alpen innerhalb eines Deckenkomplexes weniger verändert als zwischen den grossen Deckeneinheiten (Helvetikum – Penninikum– Ostalpin, s.u.). Daraus konnte der Schluss gezogen werden, dass die Gesteine der verschiedenen Decken in unterschiedlichen Ablagerungsräumen gebildet wurden.

Erstaunlich war für die Geologen des 19. Jahrhunderts die Beobachtung, dass sich im zentralen Teil der Gebirge grosse Sedimentmassen befinden. Das heisst, vor der Gebirgsbildung mussten Ablagerungsräume entstanden sein, die riesige Sedimentmassen aufnehmen konnten. Dies war nur möglich, wenn durch Subsidenz (= Absenkung) des Untergrundes Becken geschaffen wurden, die mit Sediment gefüllt wurden. Im 19. Jahrhundert führten amerikanische Geologen für diese Ablagerungsräume den Begriff «Geosynklinale» ein. Durch nicht bekannte Prozesse hätten sich nach Modellen dieser Geologen im Bereich zukünftiger Gebirge tiefe Becken gebildet. Erst mit der Plattentektonik

Fazies

Der Begriff der sedimentären Fazies wird heute wie folgt eingesetzt: Beobachtbare physikalische, chemische und biologische Eigenschaften eines Gesteins, die insgesamt eine weitgehend objektive Beschreibung ermöglichen. Aus der sedimentären Fazies kann der Ablagerungsraum rekonstruiert werden. Daher werden die Begriffe «Fazies» und «Ablagerungsraum» oft – fälschlicherweise – als Synonym verwendet! Doch zwischen den beiden Begriffen liegt der wichtige Schritt der Interpretation.

konnte man erklären, wie durch Auseinanderbrechen von Kontinenten neue Meeresbecken entstehen können. Mit dem Zerbrechen der Kontinente bildeten sich auch neue, tiefe Ablagerungsräume, neue Ozeane. Mit der Plattentektonik verschwand auch das Konzept der «Geosynklinale». Der Begriff wird in der Geologie seit bald 40 Jahren nicht mehr gebraucht.

Kristallines Grundgebirge und Sedimente

Lithostratigrafie und Biostratigrafie

Die geografische Variation von Ablagerungsräumen hat wichtige Konsequenzen für die Korrelation lithologischer Einheiten (Lithostratigrafie). Die Lithostratigrafie dagegen fasst die Ablagerungen zusammen, die unter gleichbleibenden Umweltbedingungen (Wassertiefe, Nährstoffe, Temperatur u.a.) gebildet wurden. Diese Einheiten haben gleiche Zusammensetzung und gleiches Aussehen. Eine Abfolge von Gesteinsschichten gleichen Aussehens (Mächtigkeit normalerweise mindestens 10 m) wird in einer Gesteinsformation zusammengefasst. Die Biostratigrafie dagegen erlaubt die Datierung von Sedimentgesteinen mittels der darin vorkommenden Leitfossilien.

Neben neuen stratigrafischen Daten führten auch detaillierte Beobachtungen im Gebiet der Zentralmassive zu einer Neuinterpretation der Alpenbildung. Die Geologen beobachteten, dass die Kristallingesteine nicht nur aus Eruptivgesteinen, sondern auch aus metamorphen Sedimentgesteinen bestehen. Ebenso erkannten sie, dass die Kristallingesteine älter als der Gebirgsbau sind und dass sie mit den Sedimentgesteinen zusammen verfaltet wurden. An der Windgälle (Kt. Uri) haben Geologen schon im 19. Jahrhundert Sedimentgesteine mit Brekzienlagen, die Grundgebirgsgerölle enthalten, beschrieben. Diese Brekzien gehören zu einer mesozoischen Gesteinsabfolge, welche das Grundgebirge des Aarmassivs als stratigrafische Unterlage hat. Die Alpengeologen konnten deshalb einwandfrei die Hypothese widerlegen, dass das kristalline Grundgebirge bei der Gebirgsbildung in die Sedimente eingedrungen sei. Heute werden diese Brekzien als Produkte submariner Bergstürze interpretiert. Die Bergsturzbrekzien entstanden in der Jurazeit entlang von steilen submarinen Klippen, an denen kristallines Grundgebirge der Erosion ausgesetzt war. Die steilen Klippen dürften entlang von tektonischen Bruchzonen entstanden sein.

Deckengebirge

Leitfossil und Ökofossil

Ein Leitfossil ist das Fossil eines Organismus, das aufgrund einer weiten geografischen Verbreitung und eines nur kurzzeitigen Auftretens im Gesteinsarchiv als Altersindikator verwendet werden kann.
Ein Ökofossil dagegen ist ein Fossil, das möglichst eng an bestimmte ökologische Bedingungen geknüpft ist und daher eine nur sehr lokale geografische Verbreitung aufweist, dafür aber ein möglichst langes Auftreten im Gesteinsarchiv zeigt.
Das bedeutet, dass bestimmte Fossilien als Umweltindikatoren dienen, während andere altersdiagnostisch sind.

Arnold Escher von der Linth machte schon 1841 und 1846 die irritierende Feststellung, dass an verschiedenen Orten in den Alpen ältere Gesteinsformationen jüngere Gesteine überlagern. In den Glarner Alpen identifizierte er eine grosse Überschiebung, an welcher permische Verrucano-Gesteine über «tertiärem» Flysch liegen. *Escher* konnte sich aber nicht zu einer Neuinterpretation des alpinen Gebirgsbaus entschliessen (die These grossräumiger Überschiebungen schien ihm zu unglaubwürdig) und er versuchte, seine eigenen Beobachtungen mit einem komplizierten Faltenbau zu erklären, der sogenannten «Glarner Doppelfalte». Diese Doppelfalten-Interpretation sollte später in Misskredit geraten, aber sie setzte erstmals eine bedeutende Raumverkürzung im Alpenraum sowie grössere «horizontale» Transportstrecken von ganzen Gesteinspaketen vor. Sie legte damit einen wichtigen Grundstein für die Theorie der tektonischen Decken (Letsch, 2014). *Albert Heim* (Abb. 11), ein Schüler

Eschers und dessen Nachfolger als Professor an der ETH Zürich, übernahm seine Erklärung und wurde ein vehementer Verteidiger der «Glarner Doppelfalte» (Abb. 12). Der französische Geologe *Marcel Bertrand* (1847–1907) interpretierte die Glarner Doppelfalte 1884 schliesslich neu als eine grosse nordgerichtete Überschiebung. *Heim* ignorierte die Arbeit *Bertrands* lange, während andere Geologen die Bedeutung von Überschiebungen in den Alpen und in anderen Gebirgen erkannten (z.B. *Hans Schardt* und *Maurice Lugeon*). Um 1900 war der Weg offen für die Neuinterpretation der Alpen als Deckengebirge. Mit der Identifikation von grossen Decken in den Alpen wurde das Problem der Krustenverkürzung in Gebirgsketten noch deutlicher sichtbar.

Deshalb überrascht es nicht, dass *Alfred Wegener* (1880–1930; Abb. 13) mit seiner Kontinentaldrift-Hypothese im frühen 20. Jahrhundert unter den Alpengeologen verschiedene Anhänger fand. Mit der Verschiebung der Kontinente konnten die Geologen laterale Verkürzungen entlang der Kollisionszonen von Kontinenten erklären. Einzelne Geologen sprachen sogar schon anfangs des 20. Jahrhunderts von Verschluckungszonen, entlang welcher Krustenstücke in die Tiefe versetzt worden seien (z.B. der österreichische Geologe *Otto Ampferer*). Erst mit der Etablierung der Plattentektonik in der zweiten Hälfte des 20. Jahrhunderts gelang es den Alpengeologen jedoch, die unzähligen Beobachtungen zum Bau der Alpen in ein befriedigendes tektonisches Konzept zu

Abb. 11: Albert Heim, 1849–1937.

Abb. 12: Die Glarner Doppelfalte und ihre Neuinterpretation in Heim (1921).

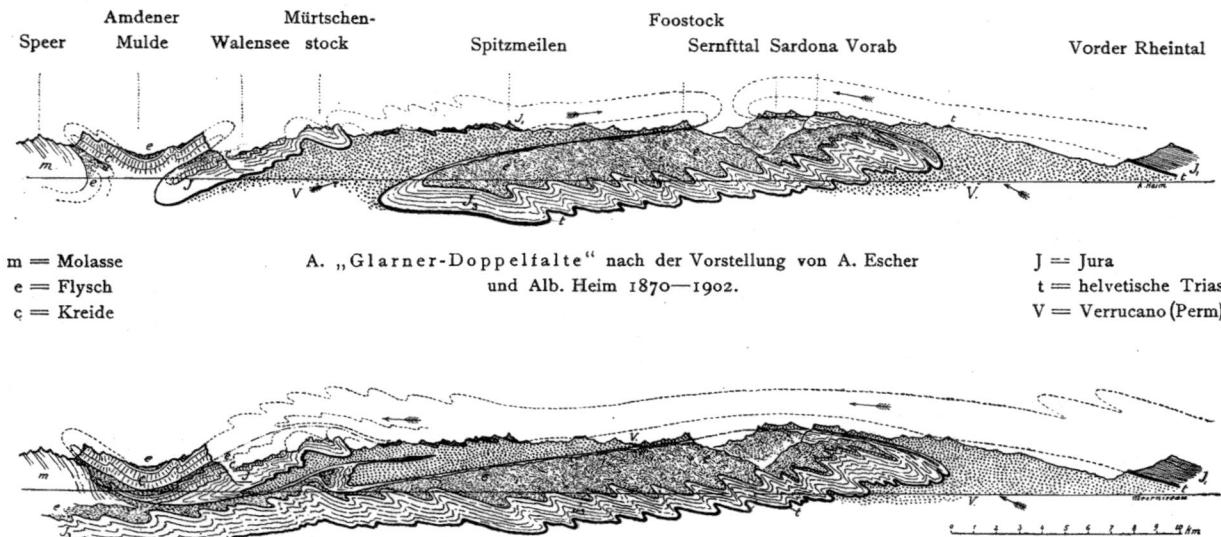

Abb. 13: Alfred Wegener (1880–1930), der Begründer der Kontinentaldrift-Theorie, eines Vorläufers der modernen Theorie der Plattentektonik.

Abb. 14: Eine mögliche paläogeografische Rekonstruktion des alpinen Tethys-Raumes in der Jurazeit, basierend auf der «Abwicklung» der alpinen Decken. Nr. 1 bis 5 bezeichnen unterschiedliche Faziesräume (1: Davos, 2–5: Südalpen; Weissert und Bernoulli, 1985).

integrieren. Interessanterweise waren es englische Geologen, die die ersten plattentektonischen Rekonstruktionen der Alpen publizierten (Dewey et al., 1973).

Decken, Ablagerungsräume, Paläogeografie

Falten und Decken sind das Resultat eines Zusammenschubs und einer Krustenverkürzung. Die Alpengeologen erkennen heute drei grosse Deckenkomplexe, die sich in ihrer Gesteinsabfolge und in ihrer tektonischen Stellung in den Alpen unterscheiden: das «Helvetikum», das tektonisch höhere «Penninikum» und als höchster Komplex das «Ostalpin». Von den Alpen werden die Südalpen als separates Bauelement abgetrennt. Trennungslinie ist eine markante tektonische Grenze: die Insubrische Linie (s.u.).

Geologen machten in ihren Modellen zur Entstehung eines Gebirges Verfaltungen und Überschiebungen rückgängig, um so eine Vorstellung der Krustenverkürzung während der Gebirgsbildung zu erhalten. Es gelang ihnen, Ablagerungsräume der Sedimente im Gebirge zu rekonstruieren und eine «Paläogeografie» zu zeichnen (Beispiel: Abb. 14). *Albert Heim* schätzte schon vor 100 Jahren das Ausmass des Zusammenschubs in den Alpen ab und er errechnete eine Breite des Ablagerungsraums der Alpensedimente, der alpinen Tethys (zum Begriff «Tethys», s.u.), von 300 km. Nach heutigen Schätzungen dürfte die alpine Tethys von Küste zu Küste bis gegen 1000 km breit gewesen sein. *Albert Heim* erkannte in seinen Untersuchungen, dass sich entlang des

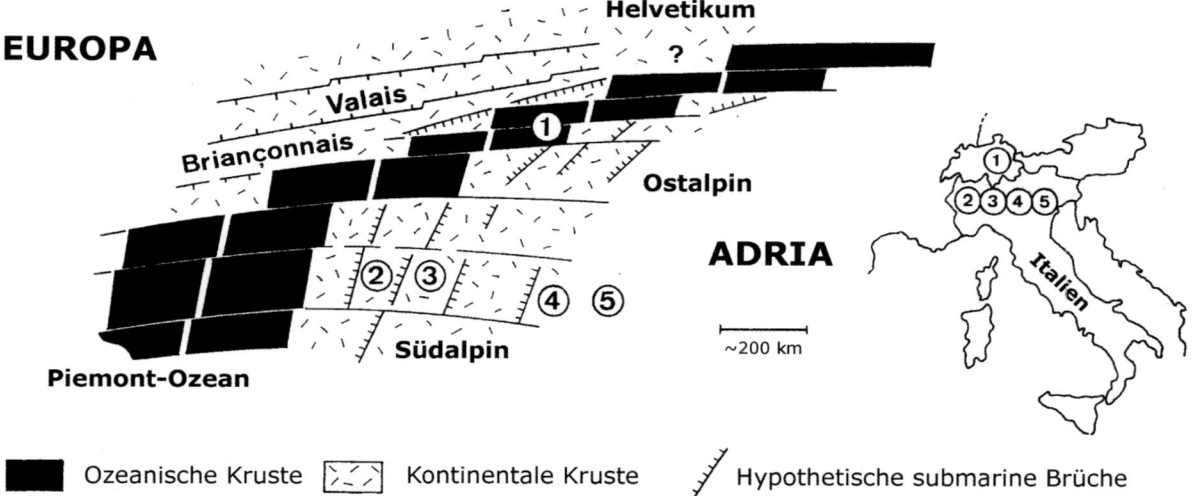

«abgewickelten Raums» auch die sedimentäre Fazies verändert. Die Decken können so nach ihrer «Abwicklung» verschiedenen Ablagerungsräumen zugeordnet werden. Das tiefste Bauelement, das Helvetikum, entspricht dem ursprünglichen Nordrand des Tethysmeeres, das Penninikum dem zentralen Tethys-Bereich und das Ostalpin und das Südalpin dem südlichen Rand der Tethys.

1.4 Historisch wichtige Werke zur Geologie der Schweiz

Heer, O. 1865. Die Urwelt der Schweiz. Friedrich Schulthess Verlag, Zürich, 622 p.; elektronische Version unter: http://dx.doi.org/10.3931/e-rara-11638

Heim, A. 1919–1921. Geologie der Schweiz. Tauchnitz, Leipzig, 2 Bde.; elektronische Version unter: http://dx.doi.org/10.3929/ethz-a-005780481

Studer, B. 1851. Geologie der Schweiz. Stämpfli/Schulthess, Bern/Zürich, 2 Bde.

1.5 Literaturhinweise

Bertrand, M. 1884. Rapports de structure des Alps de Glaris et du bassin houiller du Nord. Bull. Soc. géol. France, 3/12, p. 18–330.

Cross, T. A. und Homewood, P. W. 1997. Amanz Gressly's role in founding modern stratigraphy. Geol Soc Am Bull, 109, p. 1617–1630.

Cutler, A. 2004. Die Muschel auf dem Berg. Albrecht Knaus Verlag, München, 255 p.

Dewey, J. F., Pitman, W. C., Ryan, W. B. F. und Bonnin, J. 1973. Plate Tectonics and the Evolution of the Alpine System. Geol Soc Am Bull, 84, p. 3137–3180.

Letsch, D. 2014. The Glarus Double Fold: a serious scientific advance in midnineteenth century Alpine Geology. Swiss Journal of Geoscience, DOI 10.1007/s00015-014-0158-8

Müller-Merz, E., Decrouez, D., Furrer, H., Weissert, H. und Wildi, W. 1997. Geologie und Zeit. vdf Hochschulverlag, Zürich, 62 p.

Repcheck, J. 2007. Der Mann, der die Zeit fand. James Hutton und die Ent-deckung der Erdgeschichte. Klett-Cotta, Stuttgart, 269 p.

Sengör, A. 1998. Die Tethys: vor hundert Jahren und heute. Mitt. Oesterr. Geol. Ges., 89, p. 5–177.

Trümpy, R. 1960. Paleotectonic Evolution of the Central and Western Alps. Geological Society of America Bulletin, 71, p. 843–907.

Trümpy, R. 1975. Penninic-Austroalpine Boundary in Swiss Alps – Presumed Former Continental-Margin and Its Problems. American Journal of Science, A275, p. 209–238.

Trümpy, R. 1998. Tectonic units of central Switzerland: thier interpretation from A.D. 1708 to the present day. Bull. appl. Geol., 3, p. 163–182.

Trümpy, R. 2001. Why plate tectonics was not invented in the Alps. Int. J. Earth Sciences, 90, p. 477–483.

Trümpy, R. 2003. Trying to understand Alpine sediments – before 1950. Earth-Science Reviews, 61, p. 19–42.

Winchester, S. 2003. Eine Karte verändert die Welt: William Smith und die Geburt der modernen Geologie. Albrecht Knaus Verlag, München.

2. Plattentektonik: Von der Tethys zu den Alpen

Thema

In diesem Kapitel verfolgen wir, wie plattentektonische Veränderungen in der Trias- und Jurazeit zur Entstehung eines Ozeans führten und wie Jahrmillionen später am Ort dieses Ozeans tektonische Platten kollidierten. In Folge dieser Plattenkollision entstand letztlich das Deckengebirge der Alpen.

2.1 Einführung

Gegen Ende des 19. Jahrhunderts setzte sich die Erkenntnis durch, dass die Alpen einen Deckenaufbau haben und dass dieses Deckengebirge durch enorme Krustenverkürzung von Hunderten von Kilometern entstanden ist. Der österreichische Geologe *Melchior Neumayr* (1885) suchte nach geodynamischen Ursachen der Gebirgsbildung und er erkannte, dass eine Rekonstruktion des Raumes vor der Gebirgsbildung zur Lösung des Problems beitragen würde. In einem Plädoyer für die Rekonstruktion der «Paläogeografie» schrieb er: «Der Überblick über weitgreifende Änderungen in der Verteilung von Land und Meer kann unter Umständen Aufschluss über deren Ursache geben und dadurch für die Lösung von Fragen der dynamischen Geologie bedeutungsvoll werden ...» (siehe auch Sengör, 1998). *Neumayr* versuchte als Erster, frühere Ablagerungsräume auf einer globalen Skala zu rekonstruieren, und er erkannte, dass im Mesozoikum ein grosses Meer am Ort der späteren Gebirgsbildung existiert haben musste. Der österreichische Geologe *Eduard Suess* gab diesem Meer 1893 den Namen «Tethys». Damit stellten sich zwei zentrale Fragen der Geologie: Wie konnte ein Meeresraum entstehen, und wie konnte aus einem Meeresraum später ein Gebirge entstehen? Mit der Kontinentaldrift-Hypothese (siehe Kap. 1) bot A. Wegener erstmals eine ernsthafte Alternative zur Erklärung mit der schrumpfenden Erde. Alpengeologen erkannten früh das Potenzial dieser Hypothese mit Entstehung von neuen Ozeanen, der Kollision von Kontinenten und den daraus resultierenden Gebirgsbildungen zum Verständnis der Entstehung der Alpen. Doch vorwiegend aufgrund von geophysikalischen Überlegungen wurde die Hypothese von den Geowissenschaften dennoch lange abgelehnt.

Erst mit der Entdeckung des «sea floor spreading» und mit der Formulierung der Theorie der Plattentektonik in den 60er-Jahren des 20. Jahrhunderts eröffneten sich den Alpengeologen neue Wege, die zum heutigen Verständnis der Entstehung der Alpen führten. Die auf der Analyse von Gesteinen beruhende paläogeografische Rekonstruktion wird mit plattentektonischen Bewegungspfaden, die in der magnetischen Signatur von Gesteinsabfolgen eingefroren sind, kombiniert.

2.2 Heutige Modelle: Plattentektonik des alpinen Raumes

Alle modernen Konzepte der Alpenentstehung bauen sehr stark auf der Plattentektonik auf. Es gibt jedoch verschiedene Modelle, die sich im Detail mehr oder weniger stark unterscheiden. In der Folge wird eines dieser Modelle herausgegriffen und dargestellt. Demnach waren zwei grosse tektonische Platten, die afrikanische und die eurasische Platte und mehrere kleine Platten, wie Adria, die ostalpine Mikroplatte (Alcapa), Tisza, Iberien und der Briançonnais-Mikrokontinent (bzw. deren Kombination, der Grosskontinent Pangaea) an der plattentektonischen Geschichte der Alpen beteiligt (Abb. 15). Nach wie vor zentrale Fragen dabei sind: Wie war Afrika mit den kleinen, am alpinen Puzzle beteiligten Platten verbunden? Bildeten die Mikroplatten unabhängige Inseln mit kontinentaler Kruste im alpinen Tethysmeer? In jüngerer Vergangenheit haben Paläontologen an mehreren Orten in Italien Spuren von Dinosauriern in jura- und kreidezeitlichen Küstenablagerungen des Adriakontinents gefunden. Diese Spuren dienen als Indiz, dass wenigstens Adria in der Jura- und Kreidezeit mindestens zeitweise über eine Landbrücke mit Afrika verbunden war. Plattentektonische Bewegungen Adrias dürften deshalb an die Bewegungen Afrikas gekoppelt gewesen sein. Im Folgenden stellen wir die plattentektonische Geschichte des alpinen Tethys-Raumes der letzten 250 Millionen Jahre in sechs Schritten dar:

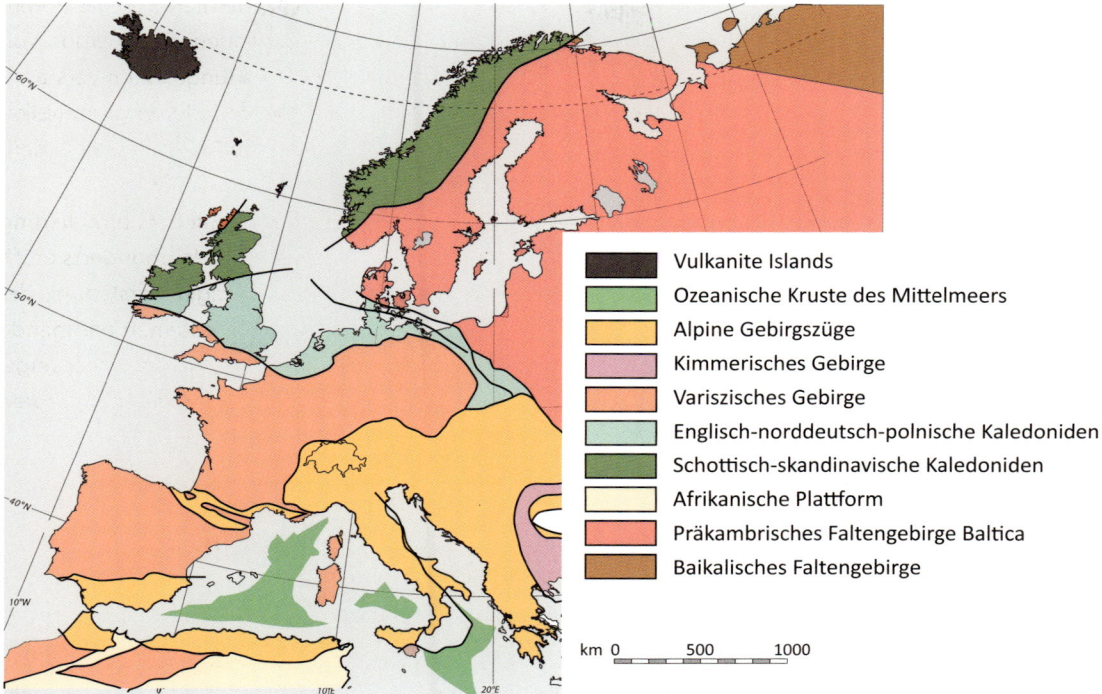

Abb. 15: Europa lässt sich aufgrund der jüngsten, im kristallinen Grundgebirge dokumentierten Deformationen in eine Reihe von tektonischen Provinzen untergliedern.

Prolog

Ein Grosskontinent Pangaea wurde im Verlauf der paläozoischen Gebirgsbildungen (u.a. kaledonische Gebirgsbildung, variszische Gebirgsbildung) aus verschiedenen Kontinenten zusammengeschweisst (Abb. 15, Abb. 16/1, Abb. 17). Kontinentale Grabenstrukturen entstanden entlang von grossen Bruchsystemen (Transversalverschiebungen) in einer Spätphase der variszischen Gebirgsbildung.

Phase 1: Neuer Raum wird geschaffen («Rifting-Phase»)

Plattentekonische Rekonstruktionen zeigen, dass der Pangaea-Kontinent in der Trias zu zerbrechen begann. Schwächezonen an Orten zukünftigen Auseinanderbrechens der Kontinente zeichnen sich in den Gesteinsabfolgen ab. Ein Merkmal des beginnenden Zerbrechens ist eine verstärkte Subsidenz im Gebiet zukünftiger Schwächezonen. Die variierenden Sedimentmächtigkeiten der Triasgesteine in den verschiedenen Ablagerungsräumen können mit unterschiedlicher, tektonisch gesteuerter Subsidenz in Verbindung gebracht wer-

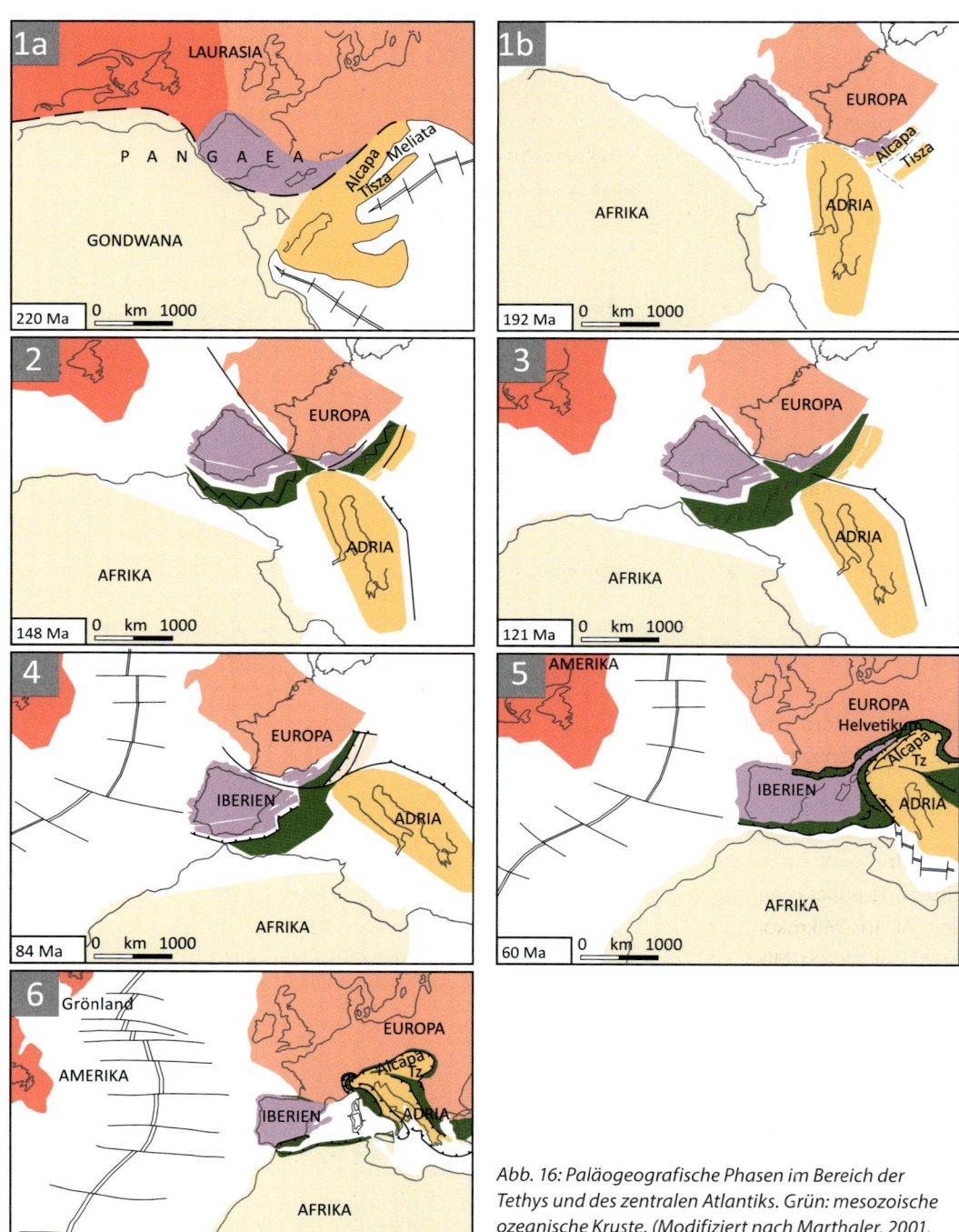

Abb. 16: Paläogeografische Phasen im Bereich der Tethys und des zentralen Atlantiks. Grün: mesozoische ozeanische Kruste. (Modifiziert nach Marthaler, 2001, Wortmann et al., 2001; Original nach Stampfli und Borel, 2002.)

den. Mächtige Abfolgen in der südlichen Alpinen Trias kontrastieren z. B. mit geringmächtigeren Abfolgen in der nördlichen Germanischen Trias (siehe Kap. 5). In der Jurazeit bildeten sich, als Folge des Zerbrechens von Pangaea, zwei Kontinentalränder aus. Im Norden entstand der europäische Kontinentalrand des wachsenden alpinen Tethysozeans, im Süden der Adria-Kontinentalrand und der Kontinentalrand der ostalpinen Mikroplatte. Die Bewegungen Adrias und des Alcapa-Mikrokontinents waren an jene der afrikanischen Platte gekoppelt.

Phase 2: Neue ozeanische Kruste wird gebildet («Drifting-Phase»)

Am Übergang zum späten Jura (Abb. 16/2) entstand bei kontinuierlicher Auseinander-Bewegung von Afrika/Adria und Europa im zentralen Teil der alpinen Tethys eine neue ozeanische Lithosphäre mit Peridotiten, Serpentiniten, Gabbro und Basalt. Wenig früher hatte sich schon zwischen Europa/Afrika und Amerika der zentrale Atlantik ebenfalls mit neuer ozeanischer Lithosphäre geöffnet.

Phase 3: Ozeanische Kruste und Transform-Brüche

Die Öffnung der alpinen Tethys wurde von Bewegungen entlang ozeanischer Transform-Brüche begleitet (Abb. 16/3). Ähnlich dem heutigen Golf von Kalifornien wurden im späten Jura und in der frühen Kreide entlang solcher Bruchzonen in der nördlichen Tethys kleinräumig gegliederte Ozeanbecken und dazugehörige Hochzonen gebildet (Walliser Trog, Briançonnais-Hochzone).

Phase 4: Subduktion

In der frühen Kreidezeit entstanden in der östlichen alpinen Tethys erste Gebirgszüge entlang der Subduktions- und schliesslich Kollisionszone zwischen dem Alcapa-Mikrokontinent und dem südöstlich liegenden Tisza-Mikrokontinent. Der Alcapa-Mikrokontinent wurde an den Tisza-Kontinent angelagert, das ostalpine Gebirge entstand bei der Kollision der beiden kleinen Kontinentalplatten. Ab der «mittleren» Kreidezeit änderte sich, als Folge grosstektonischer Änderungen (u.a. Öffnung des Südatlantiks bzw. Rotation Afrikas), die Plattenbewegung zwischen Afrika/Adria/Alcapa und Europa (Abb. 16/4). Die Platten bewegten sich nun aufeinander zu. Als Folge der Konvergenzbewegung bildete sich in der «mittleren» Kreidezeit entlang von Alcapa eine Subduktionszone aus. Die schwere ozeanische Lithosphäre des «Piemont-Trogs» zog die ozeanische Platte unter die leichte obere Alcapa Mikroplatte und unter NW-Adria («slab pull»).

Phase 5: Kollision der Kontinente

Im frühen «Tertiär» kollidierte zuerst der ostalpine Gebirgszug mit dem Mikrokontinent Briançonnais und mit Europa (Abb. 16/5). Teile der subduzierten ozeanischen Lithosphäre («Piemont Trog») waren schon vor der Kontinent-Kontinent-Kollision an Alcapa angeschweisst worden («Hochpenninikum»). Die zur Zeit der Kollision paläogeografisch nördlich des Piemont-Trogs liegenden Gebiete wurden unter das Hochpenninikum/Ostalpin geschoben (Briançonnais-Insel; Walliser Trog, nördlicher, helvetischer Rand der Tethys). Gleichzeitig bewegte sich die Adria-Platte weiter gegen Nordwesten und kollidierte mit Europa und mit dem alpinen Gebirgszug. Adria stiess wie ein Keil in das wachsende alpine Gebirge. Dabei wurde die europäische Platte unter die Adria-Platte geschoben (Abb. 17). Der alpine Deckenstapel mit Decken ostalpiner Herkunft als höchstem Bauelement (Ostalpen) wurde als Folge der Verkeilung von Adria mit Europa angehoben und nordwärts auf den europäischen Kontinent geschoben.

Phase 6: Die Alpen heute

Die Tiefenstruktur der Alpen wurde in einem grossen internationalen Projekt in den letzten Jahrzehnten mit seismischen Methoden untersucht. Die Resultate zeigen, wie die europäische Unterkruste und der Mantel unter Adria-Kruste und -Mantel abtauchen. Die Alpen wurden im Verlauf der Gebirgsbildung ganz auf den europäischen Untergrund geschoben. Wie ein Keil wurde Adria auf die europäische Platte geschoben. Die Insubrische Linie ist als Teil der periadriatischen Naht der oberflächennahe Ausdruck einer mit der Kollision verbundenen NW-Bewegung von Adria gegen Europa. Die zum europäischen Kontinent gehörenden hochmetamorphen Gesteine nördlich der Insubrischen Linie wurden aus tiefen Bereichen der alpinen Subduktionszone zurückgeschoben. Im Gelände erscheint deshalb entlang dieser Linie der ganze alpine Deckenstapel stark ausgedünnt und steilgestellt. Früher hat man diese südliche Grenzzone der Alpen wegen der steilen Strukturen als «Wurzelzone» bezeichnet. In der Schweiz lässt sich die Insubrische Linie von Locarno über Bellinzona bis in die Valle Morobbia verfolgen. Von der Valle Morobbia zieht die Zone bis ins Veltlin. Das im Tessin südlich daran angrenzende Gebiet des Monte Ceneri und das Sotto Ceneri gehören geologisch zu den Südalpen, die aus Grundgebirge und mit diesem verbundenen Sedimentgesteinen (Perm bis «Tertiär») aufgebaut werden (Abb. 16/5).

Plattentektonik: Von der Tethys zu den Alpen

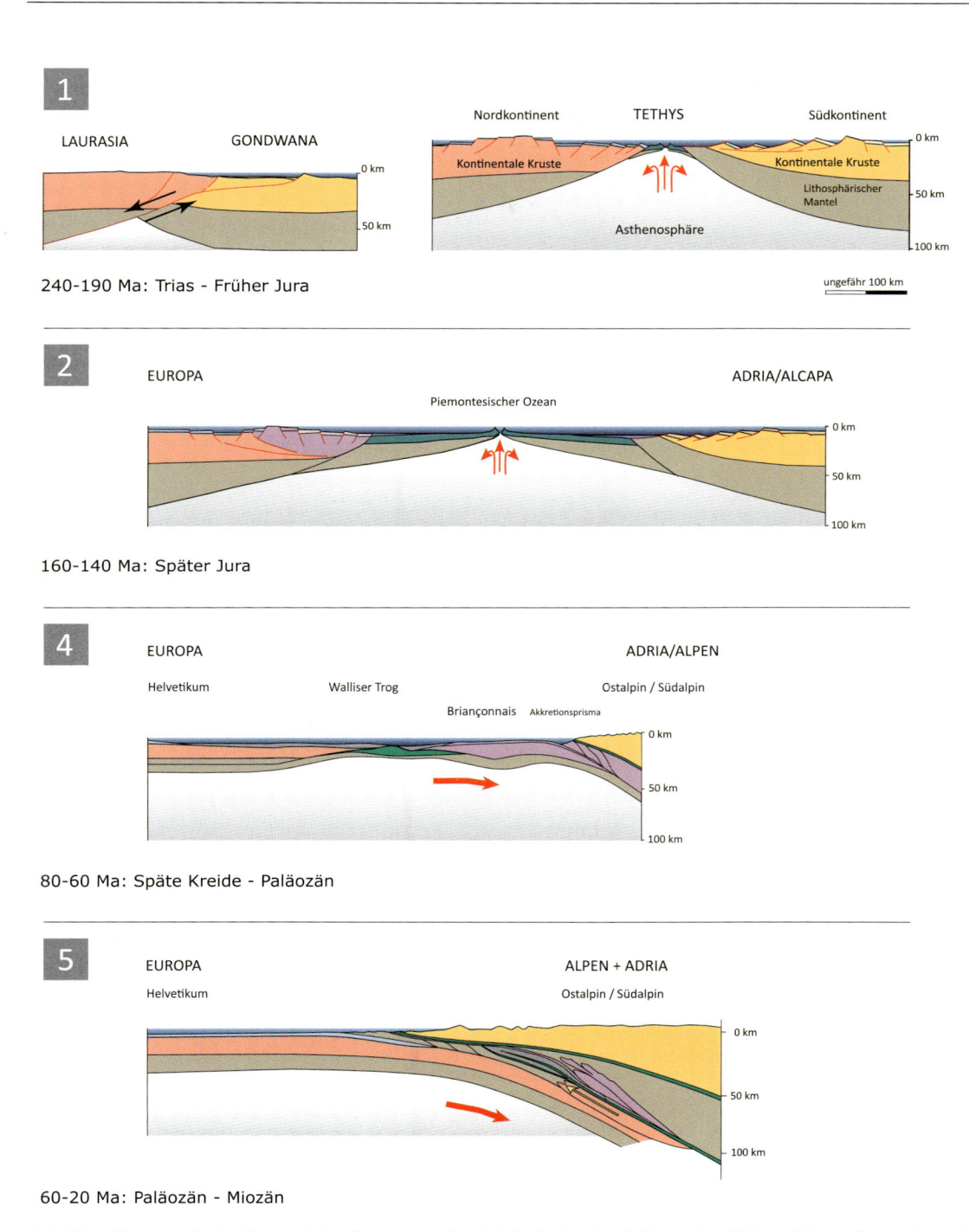

1

LAURASIA — GONDWANA

240-190 Ma: Trias - Früher Jura

Nordkontinent — TETHYS — Südkontinent
Kontinentale Kruste / Kontinentale Kruste
Lithosphärischer Mantel
Asthenosphäre

ungefähr 100 km

2

EUROPA — ADRIA/ALCAPA

Piemontesischer Ozean

160-140 Ma: Später Jura

4

EUROPA — ADRIA/ALPEN

Helvetikum — Walliser Trog — Briançonnais — Akkretionsprisma — Ostalpin / Südalpin

80-60 Ma: Späte Kreide - Paläozän

5

EUROPA — ALPEN + ADRIA

Helvetikum — Ostalpin / Südalpin

60-20 Ma: Paläozän - Miozän

Abb. 17: Paläogeografische Phasen in Profilansicht im Bereich der Tethys (nach Marthaler, 2001 und Stampfli und Borel, 2002). Nummerierung gemäss entsprechender Phasen in Abb. 16.

2.3 Literaturhinweise

Bosellini, A. 2002. Dinosaurs «re-write» the geodynamics of the eastern Mediterranean and the paleogeography of the Apulia Platform. Earth-Science Reviews, 59, p. 211–234.

Marthaler, M. 2002. Das Matterhorn aus Afrika. Ott Verlag, Thun, 110 p.

Neumayr, M. 1885. Erdgeschichte, I. Band. Bibliographisches Institut, Leipzig.

Pfiffner, O. Adrian 2010. Geologie der Alpen. 2., korrigierte Auflage. 360 p. Haupt Verlag, Bern.

Schmid, S., Bernoulli, D., Fügenschuh, B., Matenco, B., Schefer, S., Schuster, R., Tischler, R. und Ustazewski, K. 2008. The alpine-Carpathian-Dinaridic orogenic system: correlation and evolution of tectonic units. Swiss Journal of Geosciences, 101, p. 139–183.

Sengör, A. 1998. Die Tethys: vor hundert Jahren und heute. Mitt. Oesterr. Geol. Ges., 89, p. 5–177.

Stampfli, G. M. und Borel, G. D. 2002. A plate tectonic model for the Paleozoic and Mesozoic constrained by dynamic plate boundaries and restored synthetic oceanic isochrons. Earth and Planetary Science Letters, 196, p. 17–33.

Trümpy, R. 2001. Why plate tectonics was not invented in the Alps. Int. J. Earth Sciences, 90, p. 477–483.

Wortmann, U. G., Weissert, H., Funk, H. und Hauck, J. 2001. Alpine plate kinematics revisited: The Adria Problem. Tectonics, 20/1, p. 134–147.

Alpen by Mike

Idee und Konzept: Dr. Beat Louis, ETH Zürich
Gestaltung und Umsetzung: Mike van Audenhove (1957–2009)

Beat Louis-Schmid, Doktorand am Geologischen Institut der ETH Zürich, regte für die 150-Jahr-Feier der ETH im Jahr 2005 eine völlig andere Darstellung der Geologie der Schweiz an. Er war überzeugt, dass die Entstehung der Alpen der breiten Öffentlichkeit mit einem Comic erklärt werden könnte. Es gelang ihm, Mike van Audenhove, Autor der erfolgreichen «Zürich by Mike»-Comics, von seiner Idee zu begeistern. Gemeinsam entwickelten sie ein für den Comiczeichner umsetzbares Konzept zur Geschichte eines Ozeans, der später zu einem Gebirge wurde.

Mike van Audenhove war als amerikanisch-belgischer Comiczeichner am Anfang der geologischen Gespräche kaum mit der Geologie der Schweiz bekannt. Er liess sich jedoch vom Thema begeistern und es gelang ihm in einer wunderbaren Bilderreihe darzustellen, wie vor 200 Millionen Jahren zwischen Afrika und Europa eine neues Meer, das Tethysmeer, entstand und wie 100 Millionen Jahre später die afrikanische mit der europäischen Platte kollidierte. An der Kollisionsgrenze entstanden die Alpen. Der Erosionsschutt der Alpen bildet heute die Unterlage des schweizerischen Mittellandes. Mike van Audenhove erinnert uns in seinen letzten Bildern der Alpenserie an das Eiszeitalter mit den Kalt-Warmzeitzyklen und den Gletschern, die immer wieder weit ins Mittelland vorstiessen.

Vor 300 Millionen Jahren gab es einen einzigen grossen Kontinent, der von den Geologen als Pangaea bezeichnet wird. Im Gebiet der heutigen Schweiz wird gejasst, was wissenschaftlich allerdings nicht bewiesen ist.

Dann, vor etwa 250 Millionen Jahren kündigt sich Ungeheuerliches an: Der Riesenkontinent Pangaea beginnt auseinanderzubrechen.

Es entsteht ein Nordkontinent namens Laurasia (besteht aus dem heutigen Nordamerika und Eurasien) und ein Südkontinent namens Gondwana (Südamerika, Afrika, Indien, Antarktis, Australien).

Laurasia und Gondwana driften auseinander – es heisst Abschied nehmen! Zwischen zwei Kontinenten entsteht ein Ozean namens Tethys. Das Gebiet der heutigen Schweiz wird vor etwa 200 Millionen Jahren von einem Meer überflutet.

In der Jurazeit ist das Königreich der Dinosaurier installiert.

Aber das Meer wird tiefer und breiter, Saurier beherrschen das Meer und das Land, Ammoniten tummeln sich im Wasser.

In der Kreidezeit gibt es erste Blütenpflanzen. Vulkane stossen Kohlendioxid aus und heizen so das Kreideklima auf.

Vor 100 Millionen Jahren kehrt sich die Bewegung der Erdplatten um.

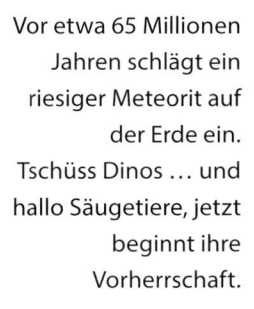

Vor etwa 65 Millionen Jahren schlägt ein riesiger Meteorit auf der Erde ein. Tschüss Dinos ... und hallo Säugetiere, jetzt beginnt ihre Vorherrschaft.

Nord- und Südkontinent stossen zusammen, das Meer wird kleiner, die Alpen wachsen.

44 Der Ozean im Gebirge

Menschen und Mammuts bevölkern die Erde.

Eiszeiten wechseln ab mit Warmzeiten.

Und heute wird wieder gejasst.

Mike van Audenhove,
Alpen by Mike, 2005 © 2014,
ProLitteris, Zurich

3. Geologisches Signalement

Thema

In diesem Kapitel stellen wir ein geologisches Signalement der Schweiz zusammen. Dieses Signalement soll uns Orientierungshilfe sein, wenn wir in den folgenden Kapiteln spezielle Themen der Geologie der Schweiz aufgreifen.

3.1 Einführung

Eine Gebirgslandschaft entsteht in Zeiträumen von Jahrmillionen als Resultat plattentektonischer Bewegungen. Die Energie, welche die Bewegung der tektonischen Platten aufrecht erhält, stammt aus dem Erdinneren. Wo ozeanische unter kontinentale Lithosphäre subduziert wird, entstehen Tiefseegräben und Vulkangürtel. Wenn Kontinentalplatten kollidieren, entstehen Gebirgszüge. Das wachsende Gebirge ist den Verwitterungs- und Erosionsprozessen ausgesetzt. Diese sind von Gesteinsmaterialien, Orografie und vom Klima («exogene Prozesse») abhängig. Erhöhte Hebungsraten beschleunigen die Erosion ebenso wie stärkere Niederschläge. Computergestützte Modelle oder Analogmodelle im Labor helfen, Wechselwirkungen zwischen Tektonik und Klima besser zu verstehen.

3.2 Ein geologischer Querschnitt durch die Schweiz

Die Schweiz wird in vier geomorphologische Zonen eingeteilt (Abb. 18): Jura, Mittelland, Alpen und Südalpen. Eine erste Reise vom Jura über die Alpen bis in die Südalpen soll uns einen Überblick über die grossen geologischen Bauelemente und deren Gesteinsinhalt geben. Als Begleiter empfehlen wir die tektonische Karte der Schweiz im Massstab 1:500'000 (2006).

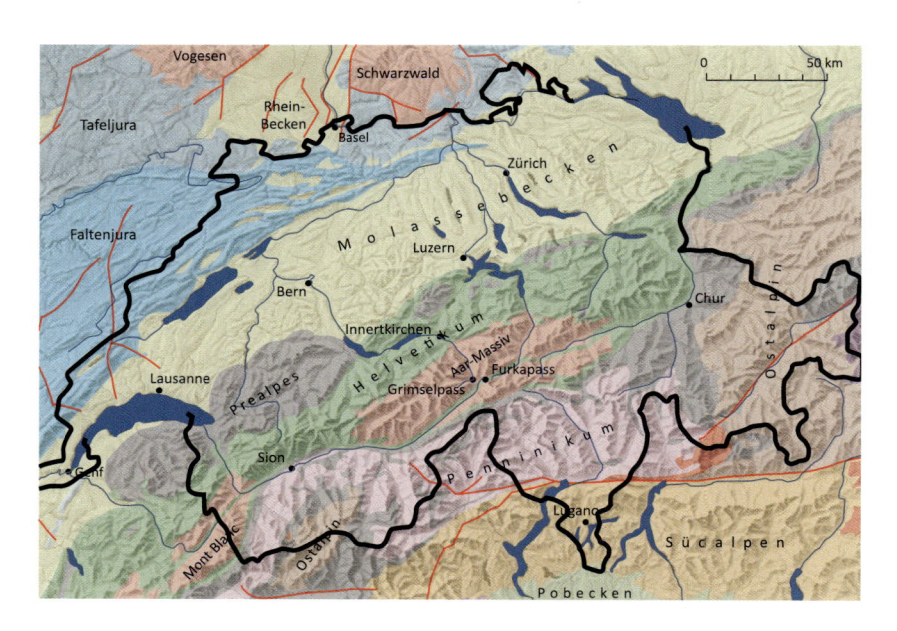

Abb. 18: Die tektonische Gliederung der Schweiz.

Das Juragebirge als tektonische Struktur entstand vor wenigen Millionen Jahren im späten Neogen («Spättertiär»). Damals wurden Gebiete am Nordrand des alpinen Molassevorlandbeckens erstmals von der alpinen Gebirgsbildung miterfasst.

Das schweizerische Mittelland mit den mächtigen Molassegesteinen war als alpines Vorlandbecken ab dem Oligozän Ablagerungsort von alpinem Erosionsschutt. Das Molassebecken ist zudem stark von den Kaltzeiten der jüngeren Erdgeschichte geprägt worden. Unter den Ablagerungen der Molasse liegen die selben Sedimentabfolgen, die wir im Juragebirge an der Oberfläche beobachten können.

Das alpine Deckengebirge erstreckt sich bogenförmig vom Mittelmeer im Südwesten bis nach Wien im Nordosten. Im gegen Westen und Norden gerichteten Deckenstapel ist die komplexe Subduktions- und Kollisionsgeschichte der alpinen Gebirgsbildung aufgezeichnet. Im Gebiet der Schweiz trennt eine grosse Störzone, die Insubrische Linie, die Alpen von den Südalpen. Diese alpin-tektonische Störzone wurde spätestens im Oligozän erstmals aktiv. Sie trennt hochmetamorphe Gesteine des alpinen Deckenstapels von alpin nicht metamorph überprägten Gesteinen der **Südalpen**. Die Insubrische Linie war jedoch vielleicht sogar schon im Mesozoikum als trennende ozeanische Bruchzone zwischen Adria und einem Ostalpen-Kontinentalblock aktiv (Abb. 16/3).

Die Gesteinsabfolgen, die die Landschaft Schweiz aufbauen, werden uns später als geologische Archive zur Rekonstruktion der geologischen Geschichte der Alpen und des Jura dienen.

Schichtabfolge Aargauer Jura

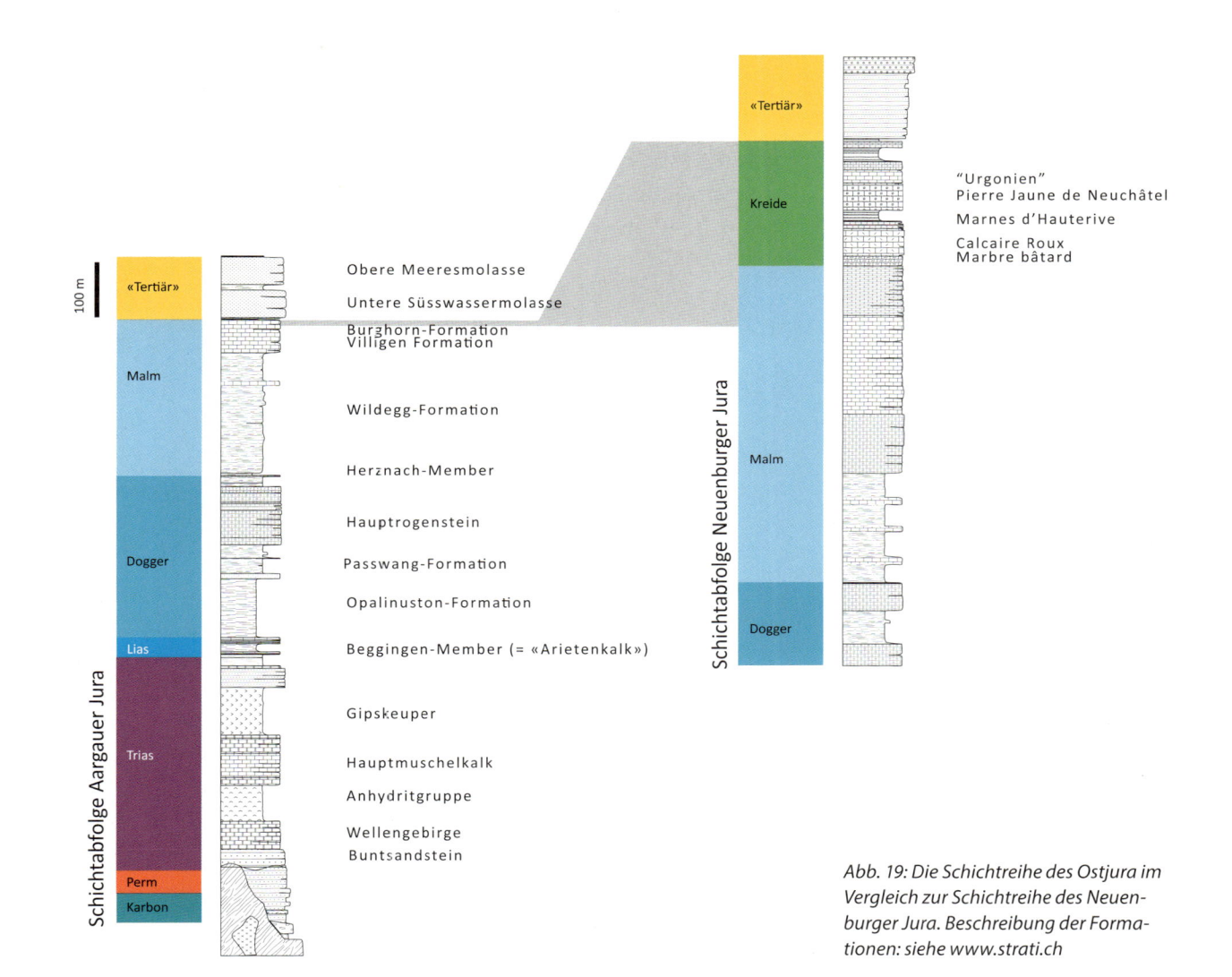

- «Tertiär»
- Malm
- Dogger
- Lias
- Trias
- Perm
- Karbon

Obere Meeresmolasse
Untere Süsswassermolasse
Burghorn-Formation
Villigen Formation

Wildegg-Formation

Herznach-Member

Hauptrogenstein

Passwang-Formation

Opalinuston-Formation

Beggingen-Member (= «Arietenkalk»)

Gipskeuper

Hauptmuschelkalk

Anhydritgruppe

Wellengebirge
Buntsandstein

Schichtabfolge Neuenburger Jura

- «Tertiär»
- Kreide
- Malm
- Dogger

"Urgonien"
Pierre Jaune de Neuchâtel

Marnes d'Hauterive

Calcaire Roux
Marbre bâtard

Abb. 19: Die Schichtreihe des Ostjura im Vergleich zur Schichtreihe des Neuenburger Jura. Beschreibung der Formationen: siehe www.strati.ch

3.3 Jura

Das Juragebirge erstreckt sich in einer Kette von Faltenzügen von Frankreich über Genf bis an die Lägern bei Baden. Die Sedimentgesteinsabfolgen, die den Jura aufbauen, liegen nur am nördlichsten Rand des Gebirges, im **Tafeljura**, auf ihrem ursprünglichen kristallinen Gesteinsuntergrund. Wir finden dort die für das ganze Juragebirge typische Abfolge von Sandsteinen, Evaporiten, Dolomiten und Kalken der Trias, überlagert von Kalken, Mergeln und Tongesteinen der Jurazeit. Im **Faltenjura** wurden die Sedimente auf den Evaporiten der Trias bei der Gebirgsbildung von ihrem ursprünglichen Untergrund abgeschert. Nur im westlichen Jura, zwischen Neuchâtel und Genf, sind Kalke der Kreidezeit in den Faltenzügen erhalten. Die mesozoischen Gesteine des Juragebirges wurden alle in einem küstennahen Flachmeer des nördlichen alpinen Tethys-Randes abgelagert.

Das «Tertiär» ist mit gering mächtigen Sandstein- und Konglomeratabfolgen der Molasse (z.B. in der Region La Chaux-de-Fonds/Le Locle) vertreten (Abb. 19).

3.4 Mittelland

Der geologische Untergrund des **Mittellandes** ist aus unzähligen Tiefbohrungen und geophysikalischen Erkundungen bekannt. Unter den bis zu mehrere Kilometer mächtigen Molasseablagerungen findet man zum Beispiel in der Sondier-Bohrung «Weiach» der NAGRA (Nationale Genossenschaft zur Lagerung radioaktiver Abfälle) die vom Juragebirge her bekannten Kalk-, Mergel- und Tonsteinablagerungen der Jurazeit sowie Kalke, Dolomite, Evaporite und Sandsteine der Trias. Rote und schwarze kontinentale Sedimente der Perm- und Karbonzeit wurden in einem «Permo-Karbontrog» abgelagert, der sich vom Aargauer Jura bis ins Zürcher Weinland zieht. Die tiefsten angebohrten Gesteine des kristallinen Untergrundes sind mit jenen des Schwarzwaldes vergleichbar.

Im «Seismic Atlas of the Swiss Molasse Basin», herausgegeben von der Schweizerischen Geophysikalischen Kommission, geben Sommaruga, Eichenberger und Marillier (2012) einen Einblick in den tiefen geologischen Untergrund des schweizerischen Mittellandes. Die Autoren nutzen Bohrlochdaten und Resultate geophysikalischer Untersuchungen für die Konstruktion von 3D-Modellen durch das schweizerische Mittelland. 15 regionale Profile öffnen ein Fenster in den tiefen geologischen Untergrund. Die Verbreitung und Mächtigkeit der Molassegesteine und der Gesteinsabfolgen des Mesozoikums wird sichtbar gemacht. Die Ausdehnung von «Permo-Karbontrögen» und die Tiefenstruktur des kristallinen Grundgebirges unter dem Mittelland sind in den Modelldarstellungen abgebildet. Die Gesellschaft des 21. Jahrhunderts möchte diesen geologischen Untergrund als Rohstoffquelle, Energiequelle und als Abfalllager nutzen. Sollen mögliche Gasreserven, gespeichert in mesozoischen Meeresgesteinen, mit der «Fracking»-Methode ausgebeutet werden? Finden die Geologen Gesteinspakete, die Warmwasser für die geothermischen Kraftwerke liefern werden? Sollen hochradioaktive Abfälle von Kernkraftwerken in der Opalinuston-Formation für Jahrzehntausende gelagert werden? Findet man im tiefen geologischen Untergrund Gesteinsformationen, die sich als

Tektonische Karte der Zentralalpen

Abb. 20: Tektonische Karte der Zentralalpen.

Kohlendioxid-Speicher eignen? Der geologische Untergrund des Mittellandes wird Politik und Gesellschaft in den nächsten Jahrzehnten intensiv beschäftigen. Die Entwicklung einer nationalen Strategie zur Nutzung und zum Schutz des geologischen Untergrunds ist von hoher Dringlichkeit.

3.5 Zentralmassive

Zum tiefsten tektonischen Stockwerk der Alpen gehört das prä-triadische Grundgebirge in den westalpinen Massiven und in den Massiven der Zentralalpen. Zum Grundgebirge gehören paläozoische und proterozische Gesteine, die während der paläozoischen Gebirgsbildungsphasen metamorph überprägt wurden. Man fasst diese Gesteine heute unter dem Begriff «Altkristallin» zusammen. Neben dem Altkristallin erkennt man im Grundgebirge Granite, die während der spätpaläozoischen Gebirgsbildung, der variszischen Gebirgsbildung als Intrusivgesteine entstanden sind. In den Westalpen gehören Mont Blanc Massiv und Aiguilles Rouges Massiv zum Grundgebirge, in den Zentral-

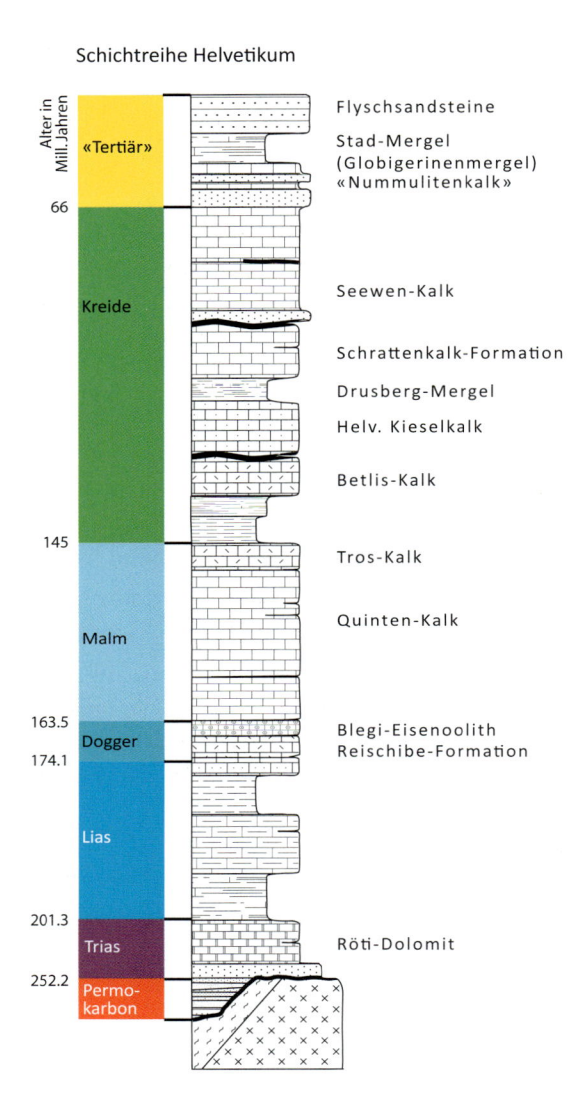

Abb. 21: Generalisierte Schichtabfolge der helvetischen Decken.

alpen gehören die Gesteine des Aarmassivs, des Tavetscher Zwischenmassivs und des Gotthardmassivs zum Grundgebirge. Das Aarmassiv kann vom Berner Oberland über das Reusstal, zum Tödi bis ins Fenster von Vättis (St. Gallen) verfolgt werden (Abb. 20). Zum Grundgebirge am Tödi gehören in den Zentralalpen auch erste Sedimentgesteinsabfolgen am Tödi (Bifertengrätli), die im Karbon auf das paläozoische Grundgebirge abgelagert wurden. Bei Erstfeld kann der Übergang von Gesteinen des kristallinen Grundgebirges zur mesozoisch-«tertiären» Sedimentbedeckung studiert werden. Dort liegen triasische Sedimente direkt auf einer (in der Triaszeit) verwitterten Oberfläche des Erstfelder Gneises. Die Massive wurden erst spät, im Neogen, in das von Süden gegen Norden wachsende Gebirge einbezogen und dabei auch leicht bewegt, sodass der Begriff «autochthon» im strengen Sinn eigentlich nicht korrekt ist. Sedimentgesteine wurden dabei jedoch nicht mehr, wie in den höheren tektonischen Stockwerken, von ihrer Unterlage abgeschert. Südlich an das Aarmassiv schliesst sich nach der trennenden Urserenzone das stärker metamorphe und stärker bewegte Gotthard«massiv» an. Der traditionell verwendete Begriff «Massiv» ist daher eigentlich hier nicht mehr korrekt. Dasselbe gilt für das «Tavetscher Zwischenmassiv», das sich im Vorderrheintal zwischen Aarmassiv und Urserenzone schiebt.

3.6 Helvetikum

Die helvetischen Decken bilden das unterste Deckenstockwerk der Alpen. Sie wurden als Sedimentdecken von ihrer ursprünglichen Grundgebirgsunterlage abgestreift und über die Zentralmassive nach Norden geschoben. Zur kristallinen Grundgebirgsunterlage der helvetischen Sedimentdecken gehören im Querschnitt der Zentralalpen das «Tavetscher Zwischenmassiv» der Region Andermatt-Sedrun und Teile des Gotthardmassivs. Die Sedimentgesteine der helvetischen Decken wurden im Mesozoikum und frühen «Tertiär» am flachen Nordschelf der alpinen Tethys abgelagert (Abb. 21, 22).

Wie eng Zentralmassive mit ihrer Sedimentüberlagerung und helvetischer Deckenstapel zusammengehören, zeigt sich deutlich in der Westschweiz. Dort bildet die unterste helvetische Decke, die Morcles-Decke, eine grosse Deckfalte, die noch mit dem kristallinen Untergrund der Zentralmassive (Aiguilles

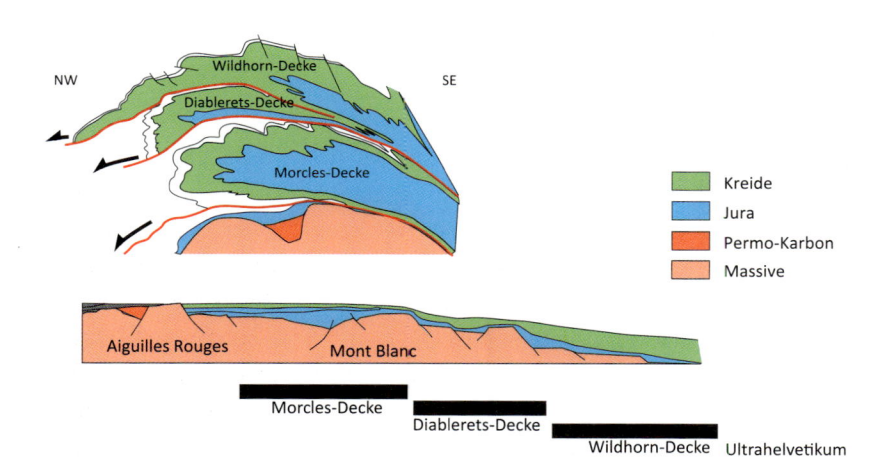

Abb. 22: Der helvetische Deckenstapel der Westschweiz und seine paläogeografische Rekonstruktion (nach Ramsay, 1985 und Huggenberger, 1985).

Der alpine Deckenstapel

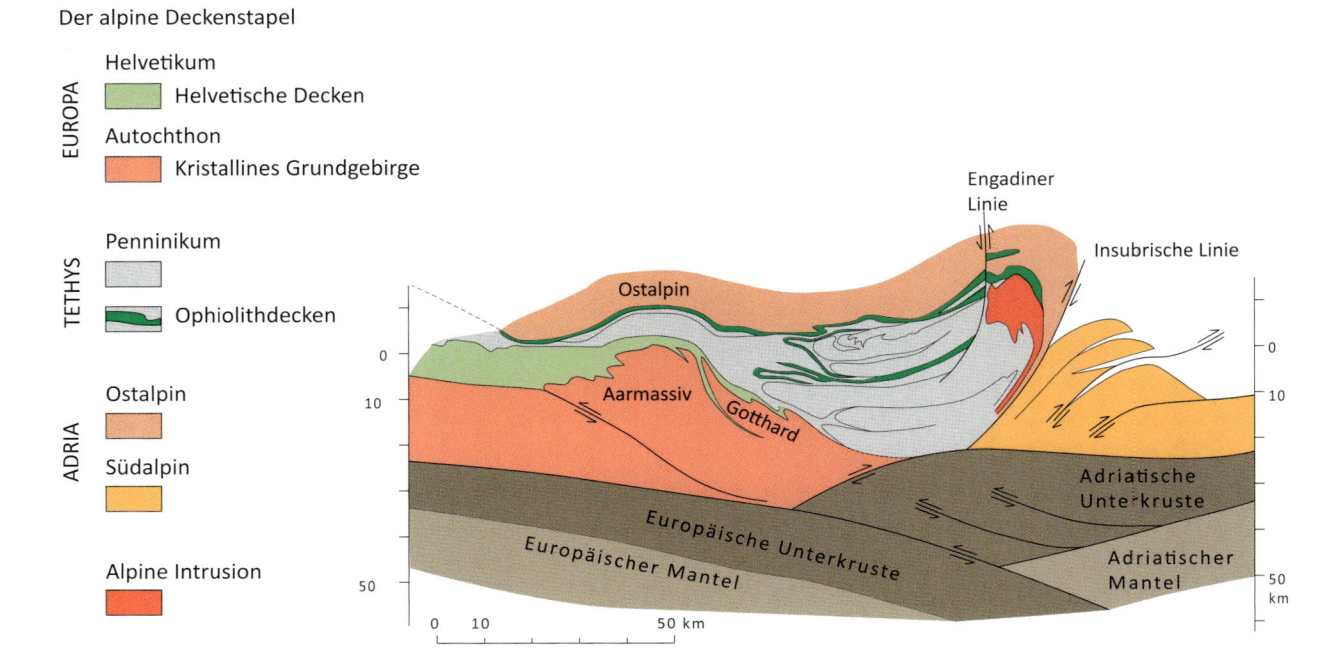

EUROPA
- Helvetikum
  - Helvetische Decken
- Autochthon
  - Kristallines Grundgebirge

TETHYS
- Penninikum
  - Ophiolithdecken

ADRIA
- Ostalpin
- Südalpin
- Alpine Intrusion

Abb. 23: Der alpine Deckenstapel – schematischer N/S-Querschnitt durch die Alpen in der östlichen Schweiz (nach Schmid et al., 1996).

Rouges) verknüpft ist. Auf eine ähnliche tektonische Konstellation trifft man im Zentral-Wallis. Die Doldenhorn-Decke bei Leukerbad entspricht dort in ihrer Position der Morcles-Decke.

Morcles-Decke und Doldenhorn-Decke liegen unter den von ihrer Grundgebirgsunterlage getrennten Diablerets- und Wildhorn-Decken, die die Berge von den Diablerets bis ins Berner Oberland aufbauen. In der Ostschweiz sind die helvetischen Decken an der Glarner Überschiebung weit nach Norden verfrachtet worden. Glarner-Decke und Mürtschen-Decke entsprechen in ihrer tektonischen Position etwa der Diablerets-Decke und die höheren Axen-Drusberg-Säntis-Decken ungefähr der Wildhorn-Decke.

3.7 Penninikum

Südlich einer Linie Chur – Vorderrheintal – Rhonetal überlagern die penninischen Decken den helvetischen Deckenstapel (Abb. 23, 24, 25). Das tektonische Stockwerk «Penninikum» wird in drei Unterstockwerke unterteilt. Das **Tiefpenninikum** repräsentiert den nördlichen Ablagerungsraum des Penninikums. Es wird deshalb auch als Nordpenninikum bezeichnet. Es besteht aus Kristallin- und Sedimentdecken. Die als Bündnerschiefer oder als «Schistes

Geologisches Signalement

Schichtreihe Mittelpenninikum: Briançonnais-Hochzone

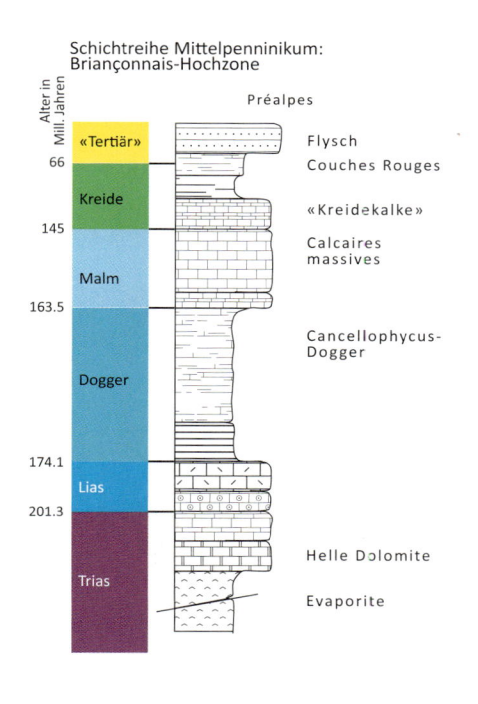

Préalpes

Alter in Mill. Jahren	Epoche	Formation
66	«Tertiär»	Flysch
	Kreide	Couches Rouges / «Kreidekalke»
145	Malm	Calcaires massives
163.5	Dogger	Cancellophycus-Dogger
174.1	Lias	
201.3	Trias	Helle Dolomite / Evaporite

Abb. 24: Mittelpenninischer Schichtaufbau, basierend auf Westschweizer Briançonnais.

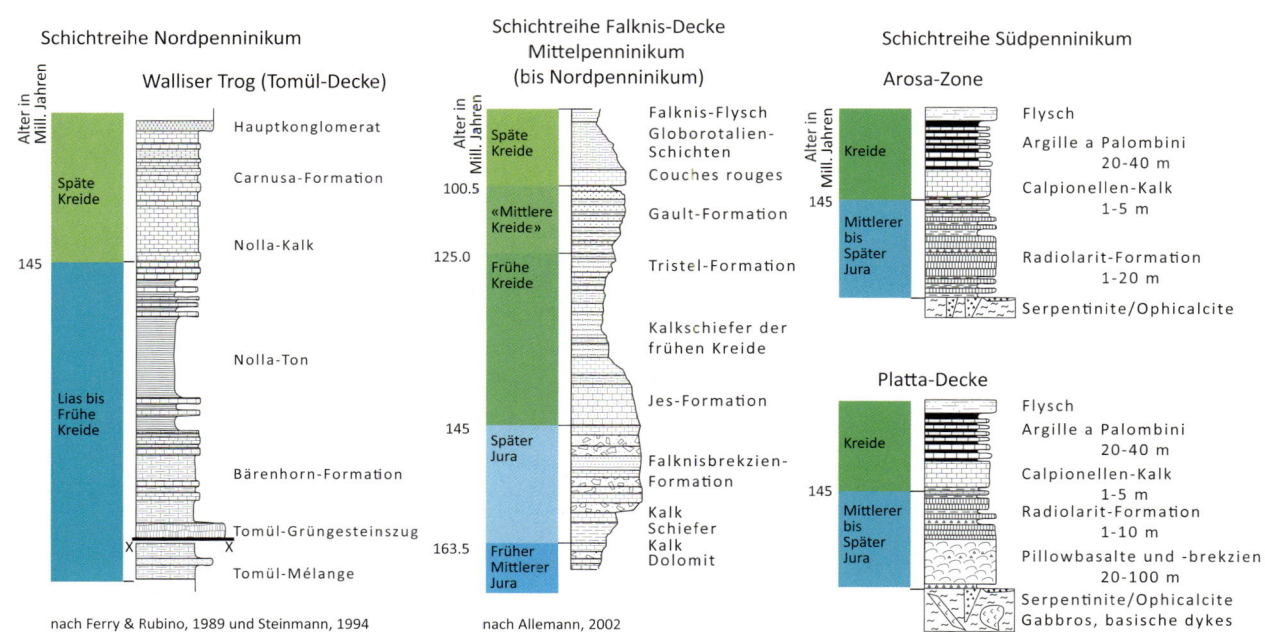

Abb. 25: Schichtreihe von Nordpenninikum bis Südpenninikum, Graubünden.

Schichtreihe Nordpenninikum
Walliser Trog (Tomül-Decke)

Alter in Mill. Jahren	Epoche	Formation
	Späte Kreide	Hauptkonglomerat / Carnusa-Formation / Nolla-Kalk
145	Lias bis Frühe Kreide	Nolla-Ton / Bärenhorn-Formation / Tomül-Grüngesteinszug / Tomül-Mélange

nach Ferry & Rubino, 1989 und Steinmann, 1994

Schichtreihe Falknis-Decke Mittelpenninikum (bis Nordpenninikum)

Alter in Mill. Jahren	Epoche	Formation
	Späte Kreide	Falknis-Flysch / Globorotalien-Schichten / Couches rouges
100.5	«Mittlere Kreide»	Gault-Formation
125.0	Frühe Kreide	Tristel-Formation / Kalkschiefer der frühen Kreide / Jes-Formation
145	Später Jura	Falknisbrekzien-Formation
163.5	Früher Mittlerer Jura	Kalk / Schiefer / Kalk / Dolomit

nach Allemann, 2002

Schichtreihe Südpenninikum
Arosa-Zone

Alter in Mill. Jahren	Epoche	Formation
	Kreide	Flysch / Argille a Palombini 20-40 m / Calpionellen-Kalk 1-5 m
145	Mittlerer bis Später Jura	Radiolarit-Formation 1-20 m / Serpentinite/Ophicalcite

Platta-Decke

Alter in Mill. Jahren	Epoche	Formation
	Kreide	Flysch / Argille a Palombini 20-40 m / Calpionellen-Kalk 1-5 m
145	Mittlerer bis Später Jura	Radiolarit-Formation 1-10 m / Pillowbasalte und -brekzien 20-100 m / Serpentinite/Ophicalcite / Gabbros, basische dykes

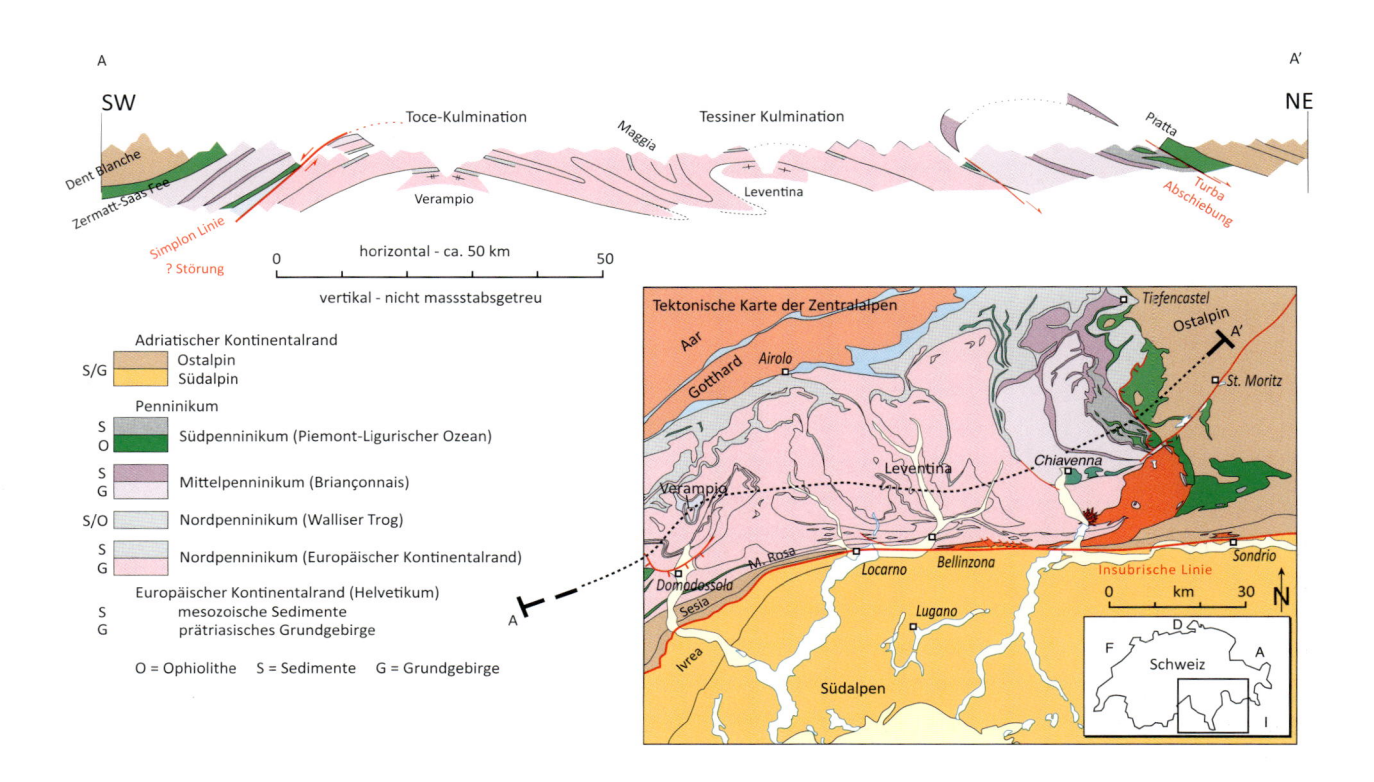

Abb. 26: Geometrie der penninischen Decken in der Südschweiz (Nievergelt, pers. Mitteilung).

Lustrées» bezeichneten Sedimentgesteine wurden meistens von ihrer Grundgebirgsunterlage abgetrennt. Sie bauen heute die Gebirgszüge vom Prättigau über das Vorderrheintal bis ins südliche Rhonetal auf. Als Ablagerungsraum der «Bündnerschiefer» konnte ein Meeresbecken, der Walliser Trog, rekonstruiert werden. Der Walliser Trog entstand in der Jura- und Kreidezeit südlich des Schelfrandes des europäischen und des iberischen Kontinents.

Im Nordtessin ist der alpine Deckenstapel entlang einer Nord-Süd-Achse bis um 16 km angehoben. Diese «Tessiner Kulmination» gibt uns Einblick in die kristalline Basis der Bündnerschiefer. Wir beobachten, wie das kristalline Grundgebirge des Tiefpenninikums in mehreren Decken übereinander gestapelt ist (von unten nach oben: Simplon-Decke/Antigorio-Decke, Maggia-Decke, Simano-Decke, Adula-Decke; Abb. 26). Manchmal blieben Reste der Sedimentbedeckung («Bündnerschiefer», Triaskalke und -dolomite) mit ihrem ursprünglichen Grundgebirge verbunden. Im Tessin findet man deshalb zwischen den erwähnten Kristallindecken auch «autochthone» Sedimentzüge, welche die Abgrenzung verschiedener Decken oft erst ermöglichen.

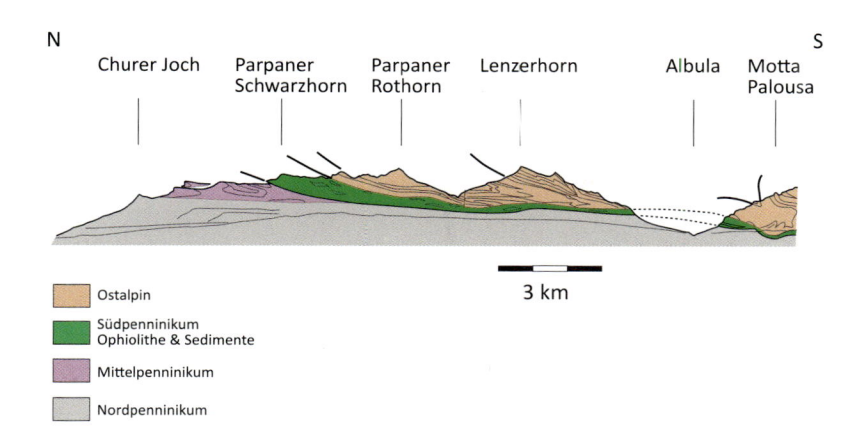

Abb. 27: Der penninische Deckenstapel in der Region Chur – Arosa – Albula (nach Trümpy et al., 1980).

Die Decken des **Mittelpenninikums** bestehen aus kristallinem Grundgebirge und aus mesozoisch-«tertiären» Sedimentgesteinen. Die mittelpenninischen Decken haben ihre paläogeografischen Wurzeln im Briançonnais, einer submarinen Hochzone im mesozoischen Tethysmeer. In Graubünden können wir im Prättigau (Falknis, Sulzfluh), an der Lenzerheide (Churer Joch) oder am Piz Beverin hoch über Thusis die mittelpenninischen Sedimentdecken studieren. Die vorwiegend aus kristallinem Grundgebirge bestehenden Tambo- und Suretta-Decken bauen die Berge im Gebiet des San Bernardinopasses auf. Grosse Teile der Walliser Alpen gehören zum Mittelpenninikum. Dort sind die mittelpenninischen Decken unter den Namen Bernhard-Decke und Monte Rosa-Decke bekannt. Getrennt von den inneralpinen Decken sind die mittelpenninischen Einheiten, die in den Klippendecken (siehe Kap. 3.9) erhalten geblieben sind.

Das **Hochpenninikum (= Südpenninikum)** besteht aus stark deformierten Ophiolith[1]-Tiefseesediment-Decken und -schuppen sowie aus tektonischen Mélangezonen (Abb. 27). Diese Einheiten unterlagern meistens die ostalpinen Decken. Die Ophiolithzüge des Hochpenninikums können in den Bündner Alpen von Davos über Arosa und die Lenzerheide ins Oberhalbstein und Engadin verfolgt werden. Im Tessiner Querschnitt wurden die hochpenninischen Decken wegerodiert. Gut erkennbar sind die Ophiolithzüge mit ihren dazugehörigen Tiefseesedimenten wieder im südlichen Wallis, von Saas Fee bis Zermatt.

---

1 Siehe Kapitel 8 für Erläuterungen zu den Begriffen «Ophiolith» und «Mélangezonen».

3.8 Ostalpin

Die **ostalpinen Decken** bilden das höchste Bauelement der Alpen. Der ostalpine Deckenstapel entstand schon in der Kreidezeit, als der Alcapa-Mikrokontinent mit dem Tisza-Kontinent kollidierte.

Die ostalpinen Decken bauen in Graubünden die Gebirgszüge östlich einer Linie Bivio–Tiefencastel–Lenzerheide und südlich der Linie Arosa–Davos–Prättigau auf. Eine Ausnahme bildet ein tektonisches Fenster im Unterengadin. Dort wurde der ostalpine Deckenstapel wegerodiert und das Fenster erlaubt einen Einblick in die tektonisch tieferen penninischen Decken, zu denen die Berge nördlich des Unterengadins gehören.

Die ostalpinen Decken bestehen aus einer Gesteinsabfolge von kristallinem Grundgebirge, permischen Sedimentgesteinen und Vulkaniten, flachmeerischen Trias-Kalken und -Dolomiten und aus vorwiegend tiefmarinen Gesteinen des Jura und der Kreide (jüngste Gesteine in den ostalpinen Decken Graubündens: späte Kreide; Abb. 28).

Die ostalpinen Grundgebirgsgesteine und deren Sedimentüberlagerung wurden im Verlauf der Gebirgsbildung bei der Kollision mit «Tisza» von ihrem tiefen Krusten- und Manteluntergrund abgerissen und in mehrere Teildecken zerbrochen. Die Teildecken können in ein strukturell tieferes «Unterostalpin» und in ein «Oberostalpin» aufgeteilt werden. Zu den tektonisch höheren oberostalpinen Decken gehören die grossen Sedimentdecken der nördlichen Kalkalpen (Österreich, bis an die Grenze zum Prättigau). In Graubünden kann man einerseits die Silvretta-, Languard- und Campodecken mit ihrer Sedimentbedeckung zum Oberostalpin zählen. Andererseits gehören auch die vom Grundgebirge abgescherten Sedimentdecken (Eladecke, Aroser und Engadiner Dolomiten) dazu. Manchmal wird für die genannten Bündner Decken auch der Begriff «Zentralostalpin» verwendet. Als Unterostalpin werden u. a. die tektonisch tiefsten ostalpinen Err-Julier-Bernina-Decken klassifiziert.

Im Wallis wird die räumlich kleine Dent-Blanche-Decke dem Ostalpin zugeordnet. Relikte von ostalpinen Decken sind auch in den tektonischen Klippen der Nordschweiz erhalten geblieben (z.B. Iberger Klippe). Im Tessin, der Zone der Deckenkulmination, sind die ostalpinen Decken wegerodiert.

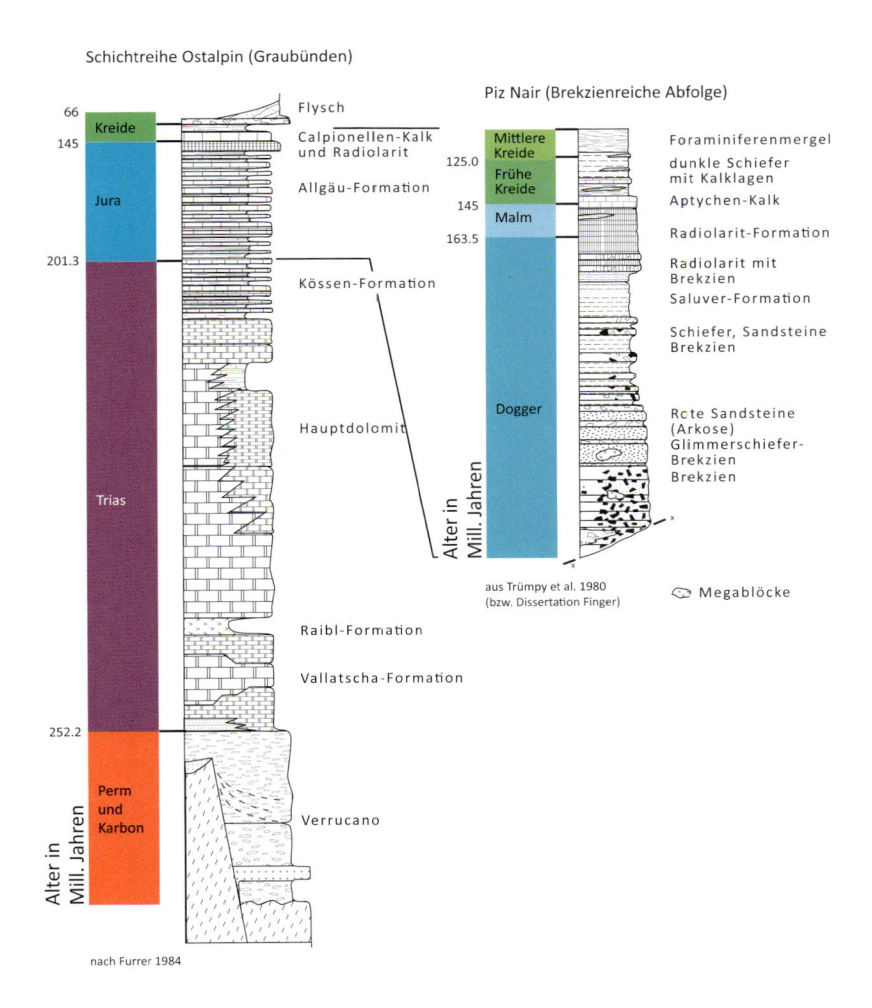

Abb. 28: Generalisiertes Schichtprofil des Ostalpins in Graubünden.

3.9 Tektonische Klippen

In der ersten Übersicht über das Alpengebäude sind wir bisher den **tektonischen Klippen** nur am Rande begegnet. Als tektonische Klippen liegen die Chablais Préalpes (südlich des Genfersees), die Préalpes Romandes (Freiburger Alpen), die Innerschweizer Klippen und die Klippen der Mythen tektonisch über den helvetischen Decken. Sie sind von ihren Decken im alpinen Deckenstapel isoliert worden und werden deshalb als Klippen bezeichnet. Innerhalb der verschiedenen Klippen können wir wiederum verschiedene Decken und Schuppen unterscheiden. Die Gesteinszusammensetzung der verschiedenen Bauelemente der Klippen variiert. Wir können die höchsten Bauelemente, z. B. der Préalpes Romandes («Nappe supérieure») mit ostalpinen Decken und

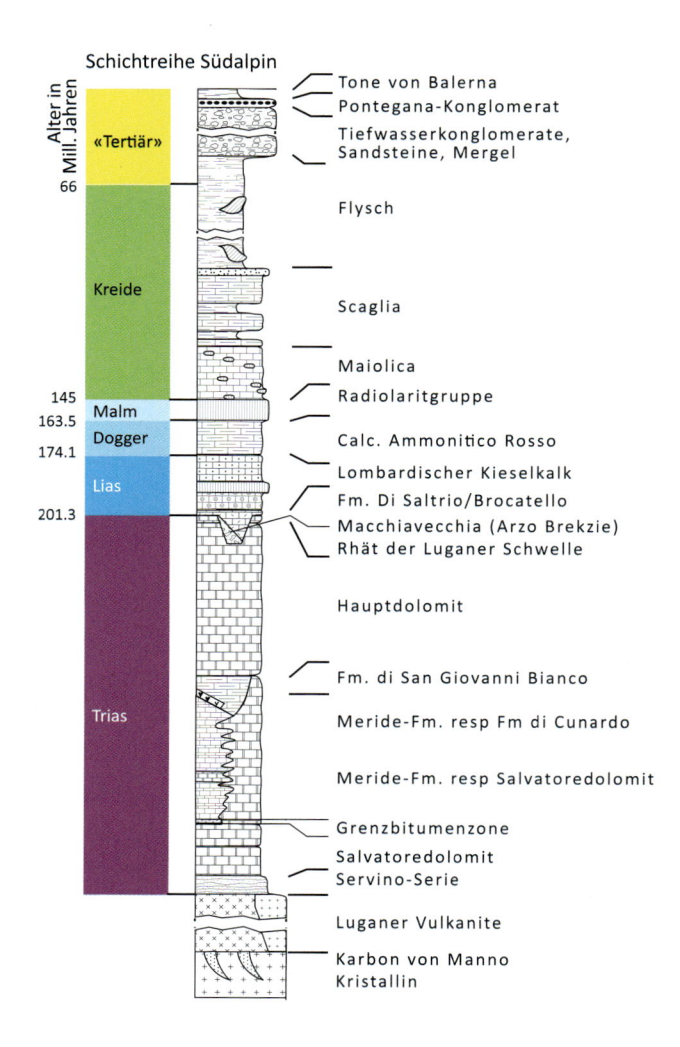

Abb. 29: Generalisierte Schichtabfolge der Südalpen (Fm = Formation).

dem Hochpenninikum in Verbindung bringen. Die tieferen Decken der «Préalpes Médianes» und der «Préalpes Rigides» korrelieren wir aufgrund ihrer stratigrafischen Abfolge mit den mittelpenninischen Decken, die dem paläogeografischen Raum des Briançonnais entstammen.

Die Klippendecken sind im Gegensatz zu den Decken der Bündner- und Walliser Alpen reine Sedimentdecken. Sie wurden von ihrem Grundgebirge während der Gebirgsbildung im «Tertiär» abgetrennt. Es stellt sich die Frage, warum solche von ihrem Untergrund abgescherten Klippen entstehen konnten. Die Klippen wurden während der Plattenkollision entlang von Evaporiten der Trias von ihrer Unterlage abgetrennt. Wo mächtige Evaporite im Mittelpenninikum fehlten, blieben Grundgebirge und Sedimentbedeckung ungetrennt.

Deshalb sind die Sedimente des Mittelpenninikums sowohl in den grossen Decken des Wallis (z.B. Bernhard-Decke) und Graubündens (Tambo-, Suretta- und Schamser-Decke) als auch in den Klippendecken zu finden.

3.10 Südalpin

Die Insubrische Linie, die im Tessin von Locarno entlang der Magadino-Ebene nach Osten verfolgbar ist, bildet die Grenze zwischen den Alpen und den Südalpen. In den Südalpen kann den ältesten erhaltenen Sedimentgesteinen ein spätpaläozoisches Alter (Karbon – Perm) zugeordnet werden. Die jüngsten marinen Sedimente entstanden vor gut 4 Millionen Jahren im Adria-Küstenmeer, das damals bis nach Chiasso reichte. In den mesozoisch-«tertiären» Sedimenten, die auch den Monte San Giorgio und den Monte Generoso aufbauen, ist die Geschichte der südlichen Tethys und des Mikrokontinents Adria aufgezeichnet, der im «Tertiär» mit Europa und dem an Europa angeschweissten alpinen Gebirgszug kollidierte (Abb. 29).

Zwei spezielle geologische Körper südlich (Ivrea-Zone) bzw. nördlich der Insubrischen Linie (Sesia-Zone) liefern Einblicke in die tieferen Bereiche der kontinentalen Kruste.

3.11 Literaturhinweise

ALLEMANN, F. 2002. Erläuterungen zur Geologischen Karte des Fürstentums Liechtenstein. Bern/Vaduz (Regierung des Fürstentums Liechtenstein), 129 p.

AUF DER MAUR, F. und JORDAN, P. 2002. Geotope Fenster in die Urzeit. Ott Verlag, 207 p.

BOLLIGER, T. 1999. Geologie des Kantons Zürich. Ott Verlag, 163 p.

HEIM, A. 1919–1922. Geologie der Schweiz. Tauchnitz, Leipzig, 2 Bde.

HSÜ, K. J. und BRIEGEL, U. 1991. Geologie der Schweiz. Birkhäuser, 219 p.

KÜNDIG, R. M., T. HOFMANN, F., SCHINDLER, C., ECKARDT, P., KEUSEN, H. R., VOGLER, R. und GUNTLI, P. 1997. Die mineralischen Rohstoffe der Schweiz. Schweizerische Geotechnische Kommission, 536 p.

LABHART, T. P. 2005. Geologie der Schweiz. Ott Verlag, 211 p.

MARTHALER, M. 2002. Das Matterhorn aus Afrika. Ott Verlag, 110 p.

SCHLÄFLI, A. 1999. Geologie des Kantons Thurgau. Mitteilungen der Thurgauerischen Naturforschenden Gesellschaft, 55, 102 p.

Schmid, S. M., Berger, A., Davidson, C., Giere, R., Hermann, J., Nievergelt, P., Puschnig, A. R. und Rosenberg, C. 1996. The Bergell Pluton (Southern Switzerland, Northern Italy): Overview accompanying a geological-tectonic map of the intrusion and surrounding country rocks. Schweizerische Mineralogische und Petrographische Mitteilungen, 76, p. 329–355.

Sommaruga, A., Eichenberger, U. und Marillier, F. 2012. Seismic Atlas of the Swiss Molasse Basin. Edited by the Swiss Geophysical Commission. Matér. Géol. Suisse, Géophys. 44.

Swisstopo (Hg.) 2005. Geologische Karte der Schweiz 1:500'000. Geologische Bearbeitung durch: Institut für Geologie, Universität Bern, und Bundesamt für Wasser und Geologie.

Swisstopo (Hg.) 2005. Tektonische Karte der Schweiz 1:500'000. Geologische Bearbeitung durch: Institut für Geologie, Universität Bern, und Bundesamt für Wasser und Geologie.

Trümpy, R. 1980. Geology of Switzerland – a guide book, Part A: An outline of the Geology of Switzerland, 104 p. und Part B: Geological Excursions Schweiz. Geol. Kommission, 334 p.

4. Sedimente auf Grundgebirge: Nachrichten aus dem Paläozoikum

Thema

Kapitel 4 bringt uns zuerst in die Nordschweiz, wo Zusammenhänge zwischen Grundgebirge und ältesten Sedimenten studiert werden können. Wir werden erfahren, weshalb ein Verständnis von lange zurückliegender Ablagerungsgeschichte für unsere Gesellschaft von ökonomischer Bedeutung ist, wenn man z. B. nach Lagern für radioaktive Abfälle sucht.

4.1 Einführung

Der hoch radioaktive Abfall der Schweiz sollte gemäss früher Visionen der NAGRA (Nationale Genossenschaft zur Lagerung radioaktiver Abfälle) im Granit tief unter der Nordschweiz vergraben werden. Die NAGRA begann ihre umfassende Untersuchung des geologischen Untergrundes der Nordschweiz mit einer ersten Tiefbohrung 1982. Schon in der zweiten Bohrung in Weiach (1983) traf die NAGRA auf 1000 Meter Tiefe nicht auf den prognostizierten Granit, sondern auf Sedimente, die als Füllungen eines bis zu 2 km tiefen kontinentalen Grabens identifiziert werden konnten. Die späteren NAGRA-Bohrungen trugen entscheidend zum besseren Verständnis des geologischen Untergrundes der Nordschweiz bei. Die NAGRA erkannte, dass die angebohrten paläozoischen Sedimente in einem Trog, dem «Nordschweizer Permokarbontrog» abgelagert worden waren (Abb. 30). Da die erhofften Granite in der Nordschweiz wegen des Permokarbontrogs erst in zu grosser Tiefe angebohrt wurden und an den Rändern des Trogs zu stark zerklüftet sind, musste die NAGRA ihr «Granit-Endlagerprojekt» schon in den 80er-Jahren des letzten Jahrhunderts aufgeben. Die doch massive Fehleinschätzung des geologischen Untergrundes der Nordschweiz vonseiten der NAGRA ist erklärbar, wenn man weiss, dass die

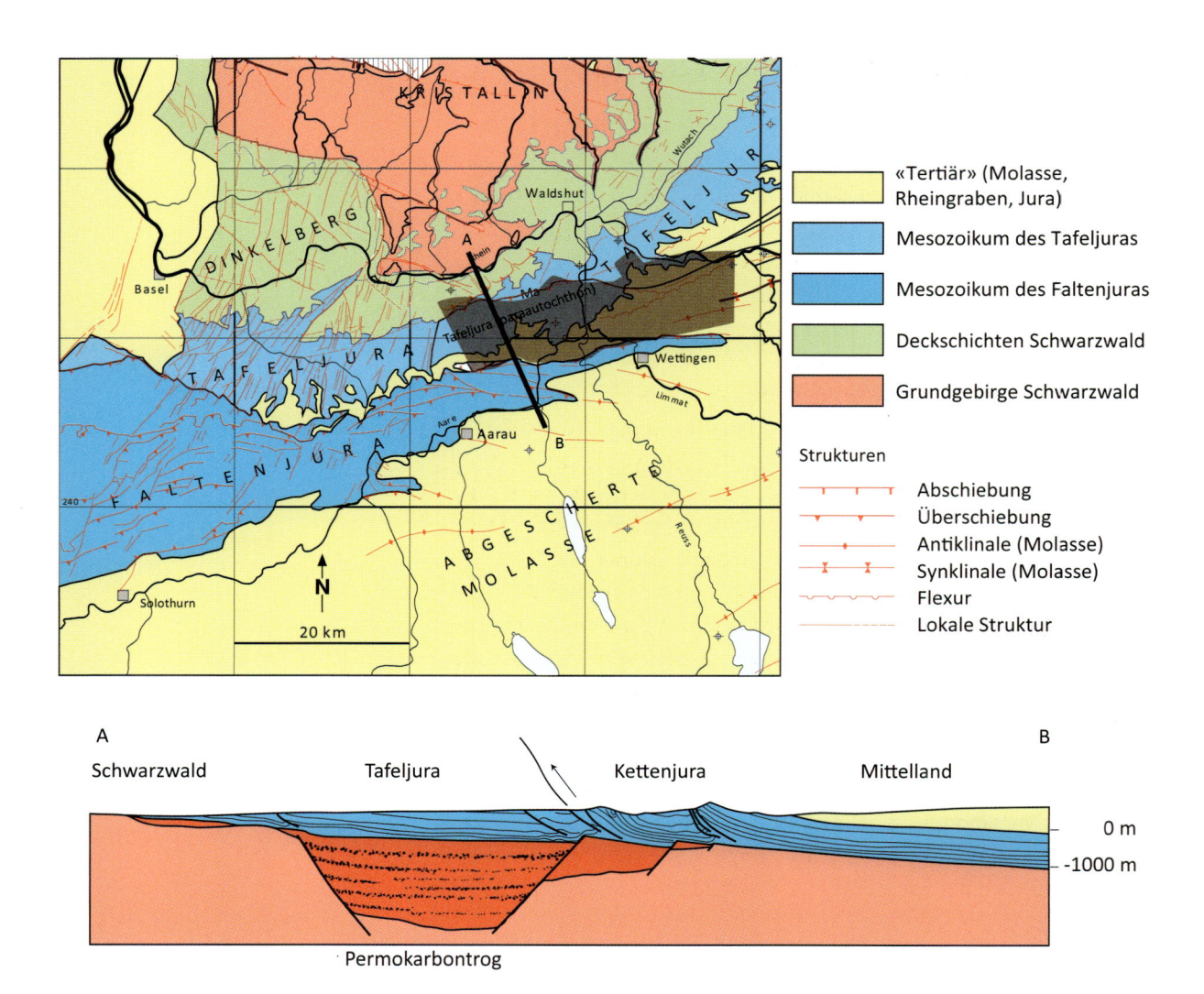

Abb. 30: Der Nordschweizer Permokarbontrog, nach verschiedenen Publikationen der NAGRA.

damalige NAGRA-Leitung die grosse Bohrkampagne in der Nordschweiz ohne detaillierte geophysikalische Voruntersuchungen plante. Heute konzentriert sich die Suche nach einem geeigneten Lagerstandort nicht mehr auf kristalline, sondern auf sedimentäre Gesteine.

4.2 Kristallines Grundgebirge: Archiv für frühe Plattentektonik

Das Grundgebirge, bestehend vorwiegend aus «Altkristallin» und aus paläozoischen Intrusivgesteinen, kann ausserhalb der Alpen im Schwarzwald und in den Vogesen studiert werden. In den Alpen baut das Grundgebirge die Massive des Mont Blanc und der Aiguilles Rouges der Westalpen und das Aarmassiv, Tavetscher Zwischenmassiv und Gotthardmassiv in den Zentralalpen auf («Zentralmassive»). Das Grundgebirge ist lokal von paläozoischen Sedimentgesteinen überlagert, deren Alter dank Pflanzenfunden als Karbon bestimmt werden konnte (Bsp. Tödi; Abb. 31). Die Gesteine des Schwarzwaldes können in der Schweiz am Burghügel von Laufenburg untersucht werden. Ein Einblick in die südlich an den Schwarzwald anschliessenden Gebiete wurde dank Bohrungen der NAGRA möglich. Die Fortsetzung des kristallinen Untergrundes der Nordschweiz finden wir in den Massiven der Zentral- und Westalpen. Diese Massive bilden das tiefste Stockwerk des alpinen Deckenstapels.

Das Grundgebirge findet seine Fortsetzung in den Altkristallindecken des Penninikums und des Ostalpins. In den Südalpen, die nicht zum alpinen Deckengebirge gehören, ist das Grundgebirge stratigrafisch von Gesteinen des Karbons und Perms, des Mesozoikums und des Känozoikums überlagert.

Die unter dem Begriff «Altkristallin» zusammengefassten Gesteine wurden während der spätpaläozoischen, variszischen Gebirgsbildung metamorph überprägt, aus Magmen, die in das Gebirge eindrangen, entstanden Granite. Eine Analyse der Metamorphose- und Verformungsgeschichte des «Altkristallins» ermöglicht den Geologen, die präalpine und sogar die prävariszische Geschichte der Alpen zu entziffern. Mineralvergesellschaftungen in Gneisen und

Abb. 31: Pflanzenfossilien vom Tödi. 1: Pecopteris, 2: Calamites (Schachtelhalm; Sammlung ETH-Z).

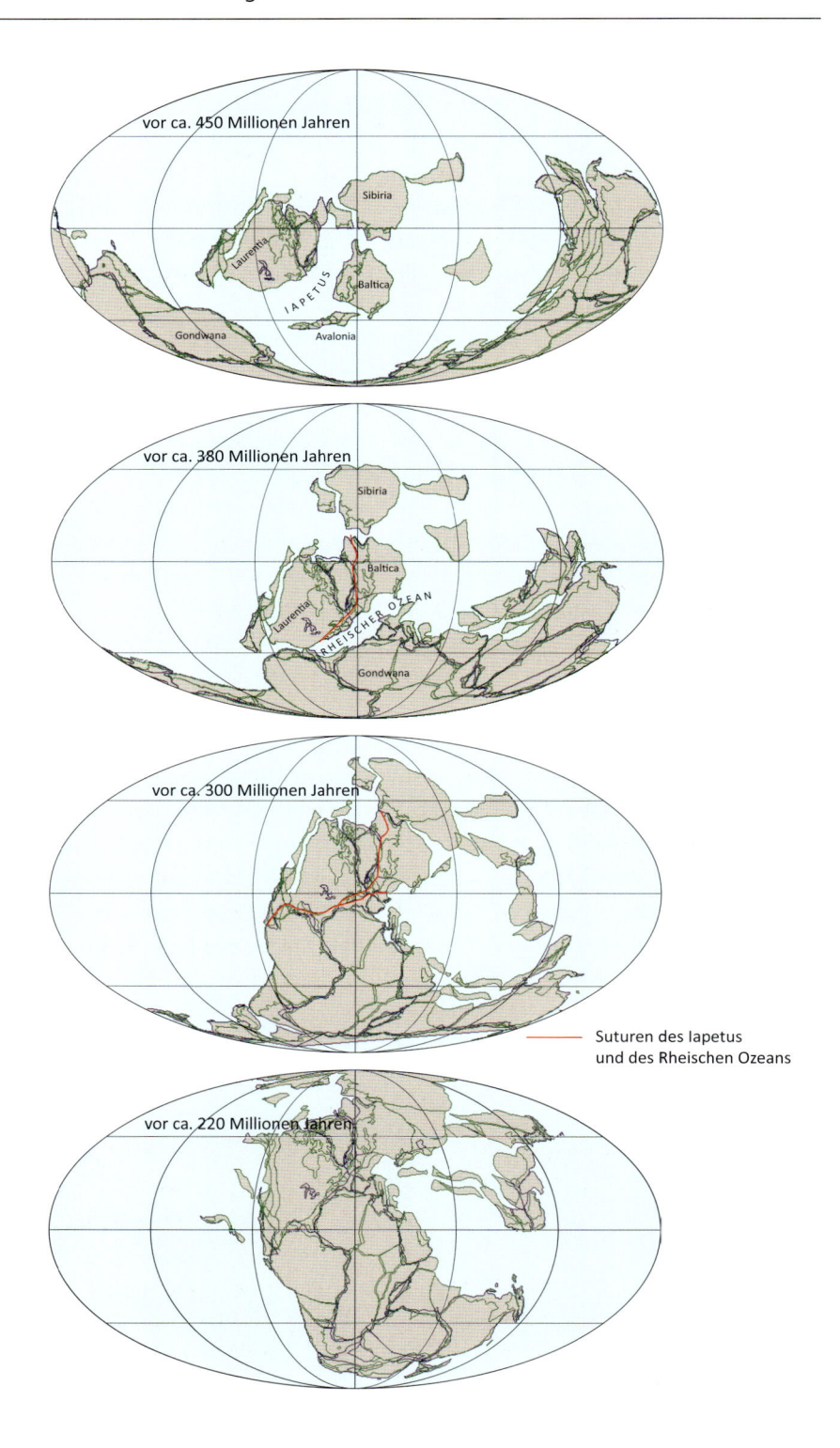

Abb. 32: Paläogeografie vor ca. 450 bis 220 Millionen Jahren (erstellt mit Paleo Map Software Plate Tracker von J. Eldridge, D. Walsh und C.R. Scotese).

in metamorphen Peliten geben Hinweise auf Druck, Temperatur und auf Zusammensetzung der fluiden Phase bei der Metamorphose. Altersdatierungen, z. B. an Zirkon, ermöglichen eine stratigrafische Zuordnung der metamorph überprägten Gesteine des «Altkristallins». Weit verbreitet sind metamorphe Sedimentgesteine beispielsweise aus dem Gotthardmassiv: Metapelite, metamorphe Sandsteine und Marmore. Sie stammen gemäss Datierungen aus dem jüngsten Präkambrium und wurden vermutlich am alten Kontinentalrand des Gondwanakratons abgelagert. Altersdatierungen an Zirkonen zeigen, dass die im Altkristallin gespeicherte Geschichte mindestens eine Milliarde Jahre zurückreicht. Die Geologen erkennen in Amphiboliten und in ultramafischen Gesteinen (Serpentinite, Peridotite), die im Altkristallin der Massive identifiziert wurden, die Signatur vergangener Ozeane. So weist der Name «Finsteraarhorn» im Aarmassiv auf dunkle Gipfelgesteine hin, welche mehrheitlich als Amphibolite bestimmt werden können. In den lepontinischen Alpen markieren ultrabasische Linsen Deckengrenzen. Die Vergesellschaftung dieser Gesteine lässt vermuten, dass es sich um Reste ozeanischer Lithosphäre handelt. Es ist aber schwierig, diese ozeanischen Bodenfragmente in einen paläogeografischen Kontext zu stellen. Zirkone, die aus Amphiboliten des Gotthardmassivs gewonnen wurden, ergaben ein Alter von 870 Millionen Jahren. Einige dieser Gesteine durchliefen in der Folge eine jüngere Hochdruckmetamorphose (Eklogitfazies), die jedoch später durch noch jüngere Metamorphoseereignisse wiederum retrograd überprägt wurden.

Die jüngere Erdgeschichte, beginnend im frühen Paläozoikum, hinterliess zunehmend besser identifizierbare Spuren in den Gesteinen des Grundgebirges. Im früheren Paläozoikum wird das Bild daher allmählich klarer: Damals, vor über 450 Millionen Jahren, lag ein grosser Gondwana-Kontinent auf der südlichen Hemisphäre. Die drei Nordkontinente Laurentia, Sibiria und Baltica, alle in etwa äquatorialer Position, waren durch einen grossen Ozean von Gondwana getrennt (Abb. 32). Der kleine Insel-Kontinent Avalonia lag zwischen Gondwana und den Nordkontinenten. Im Verlauf des Paläozoikums bewegten sich Gondwana und Avalonia nordwärts. Zwischen den Kontinentalmassen liegende ozeanische Kruste wurde subduziert. Als erster Ozean verschwand der Iapetus-Ozean, der die Nordkontinente vom südlichen Mikrokontinent Avalonia trennte. Nach der vollständigen Subduktion des Iapetus-Ozeans kollidierte Avalonia mit den Nordkontinenten. An der Kollisionsnaht entstand der kaledonische Gebirgszug im Zeitraum zwischen 500 und 400 Millionen Jahren (vgl. Abb. 15). Den neu zusammen geschweissten Kontinent bezeichnen die Geologen als Laurasia. Heute sind in Europa Relikte des kaledonischen Gebirges von Skandinavien bis Irland verfolgbar, aber auch in den Alpen ist dieses Ereignis dokumentiert: so stammt die eklogitfazielle Metamorphose der oben erwähnten basischen und ultrabasischen Gesteine möglicherweise aus dieser Zeit. Diese Metamorphose – charakterisiert durch hohen Druck bei vergleichsweise geringer Temperatur – kann als Hinweis für eine aktive Subduktionszone in der kaledonischen Gebirgsbildung (Ordovizium) interpretiert werden. Auch die migmatitische Metamorphose vieler Gneise scheint ein entsprechendes Alter zu haben. Diese Gebirgsbildung wurde auch von einer Reihe von granitischen Intrusionen begleitet, wie entsprechende Datierungen von Orthogneisen aus den Massiven von Aiguilles Rouges, Mont Blanc, Gotthard oder Gastern belegen.

Ein zweiter Ozean, der nach der Entstehung des kaledonischen Gebirges Gondwana von Laurasia trennte, der Rheische Ozean, wurde im späteren Paläozoikum subduziert. Gondwana kollidierte mit Laurasia und ein weiteres Gebirge, das variszische Gebirge (ca. 360–260 Mio. Jahre), zeugt von dieser Kollisionsgeschichte (Abb. 16). Die Kontinente wurden zu einem Grosskontinent Pangaea verschmolzen. Die Vogesen, der Schwarzwald und die alpinen Kristallingebiete waren Teil des variszischen Gebirges, das sich vom Ural bis in die Appalachen verfolgen lässt. In den Alpen lässt sich ein Hochtemperatur-Metamorphoseereignis, bei dem Gesteine erneut aufgeschmolzen wurde (Anatexis) dieser Gebirgsbildung zuweisen.

Radiometrische Datierungen an Hornblenden ergaben, dass die Gneise während der variszischen Gebirgsbildung in Tiefen von bis zu 25 km bei Temperaturen um 500 Grad und vor etwa 330 Millionen Jahren entstanden.

Doch das wohl prägendste Ereignis der variskischen Gebirgsbildung waren die umfangreichen, oft fast flächendeckenden Intrusionen von Granitstöcken und Ganggesteinen in Mitteleuropa. Diese Intrusionen erfolgten in einer Spätphase der Gebirgsbildung, in der extensive Bewegungen zu dominieren begannen. Die granitischen Gesteine, die heute auch in Laufenburg am Rhein studiert werden können, wurden während der variszischen Gebirgsbildung aus Magmen in grosser Tiefe von 20 bis 30 km auskristallisiert. So entstanden unter anderem die Granite des Mont Blanc Massivs oder der rund 30 Millionen Jahre jüngere Aaregranit («Zentraler Aaregranit»: Visp – Grimsel – Reusstal – Tödi) mit seinen Ganggesteinen.

Der gleichkörnige zentrale Aaregranit wurde mit radiometrischen Methoden datiert. Er entstand vor etwa 300 Millionen Jahren, als granitische Schmelzen in das noch junge variszische Grundgebirge eindrangen. Ganggesteine, die zusammen mit dem Aaregranit im Paläozoikum entstanden sind, sind im Aarmassiv verfaltet. Diese Falten und dazugehörige Verschieferung des Granits belegen, dass die Aaregranite während der alpinen Gebirgsbildung deformiert wurden.

Im Verlauf des späten Paläozoikums wurden die metamorphen Gesteine und die Granite um 0.3 mm/Jahr «exhumiert» (angehoben und freigelegt).

Diese Gesteine wurden während der alpinen Gebirgsbildung unterschiedlich stark überprägt. Während im Aarmassiv die alpine Gebirgsbildung vergleichsweise geringe Spuren hinterliess, sind das Tavetsch- und Gotthardmassiv, die sich direkt südlich anschliessen, bereits deutlich stärker betroffen (Abb. 33, 34). Die Massive finden noch weiter südlich ihre lithologische Entsprechung in den Grundgebirgsdecken des Penninikums. Diese tektonisch über dem Gotthardmassiv liegenden Decken sind im Nordtessin bestens aufgeschlossen. Entlang der Leventina ist das Grundgebirge in mehreren Decken übereinander gestapelt. Die penninischen Grundgebirgsdecken tauchen im Osten, in Graubünden, unter die penninischen Sedimentdecken ab. Auf dem Weg vom Tessin über den San Bernardino nach Splügen und Andeer kann man beobachten, wie die Decken von der Tessiner Kulmination gegen Osten abtauchen. Nochmals gut erkennbar sind bei Andeer Granite, die zu den mittelpenninischen Decken gehören. Der dort abgebaute «Rofna-Porphyr» (Abb. 35) ist ein Granit-Porphyr, der während der alpinen Gebirgsbildung metamorph überprägt wurde und dabei die für dieses Gestein typische Grünfärbung erhielt. Reist man vom Tessin gegen Westen ins Wallis, dann entdeckt man, dass das variszische Grundgebirge in den penninischen Decken der südlichen Walliser Alpen weit verbreitet ist. Manche 4000er-Gipfel der Walliser Alpen bestehen aus Gesteinen des variszischen Grundgebirges.

Auch im Ostalpin enthalten grosse Deckenkomplexe Gesteine des Grundgebirges. Die Silvretta-Decke mit ihren Gneisen und Amphiboliten baut die Ge-

Abb. 33: Hornblende-Garbenschiefer aus der Tremola-Serie, Gotthard; deutlich erkennbar sind die stängeligen Hornblende- und die isometrischen braunen Granatkristalle (Bildbreite ca. 50 cm).

Abb. 34: 2-fach überhöhter Querschnitt durch die Massive entlang des Gotthard-Basistunnels (nach Publikationen des Bundesamtes für Verkehr).

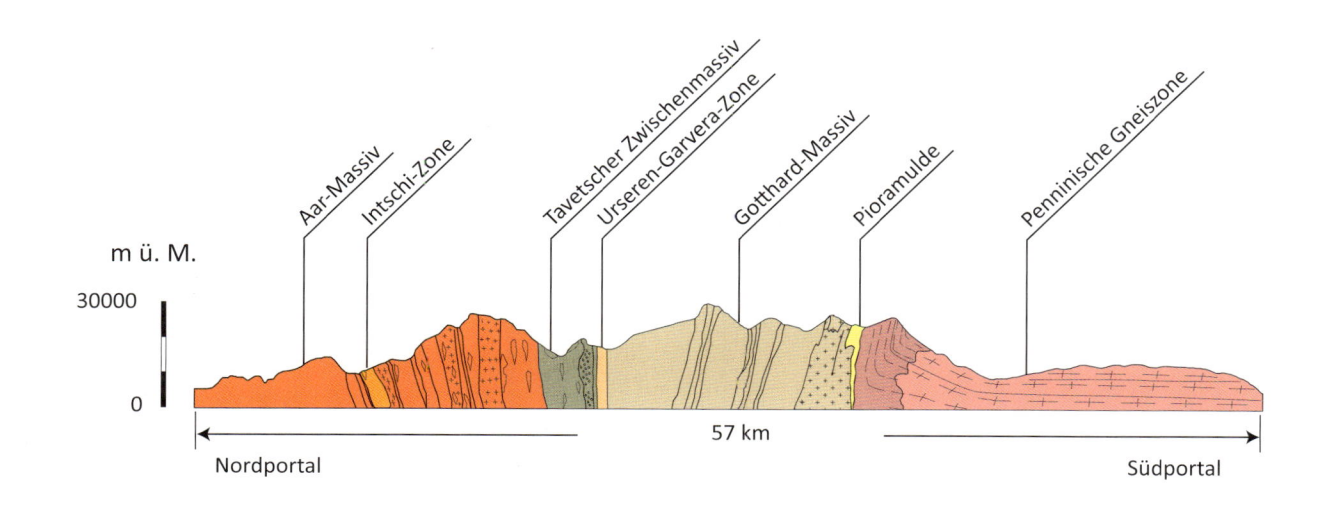

Abb. 35: Makroaufnahme des Rofna-Porphyrs mit grossen Feldspataugen (Bildbreite: ca. 5 cm).

birgszüge im Grenzgebiet Graubünden–Österreich auf. Das Oberengadiner Berninamassiv und der Julier bestehen vorwiegend aus Gneisen und Graniten. Zum variszischen Grundgebirge gehörten auch Teile der Dent-Blanche-Decke im Wallis und der Südalpen, welche die Berge um den Monte Ceneri bilden.

Der erosive Abbau des variszischen Gebirges war im späten Karbon und im Perm schon weit fortgeschritten. In manchen Teilen von Zentraleuropa war die frühpaläozoische Sedimentbedeckung schon komplett wegerodiert. Im Gebiet der heutigen Vogesen, des Schwarzwaldes bis in die Regionen des heutigen Italien bildeten schnell verwitternde Granite und Gneise die spätpaläozoische Landschaftsoberfläche. In einer späten Phase der variszischen Gebirgsbildung entstanden grosse Transversalbrüche, die das damals junge variszische Gebirge quer durch Europa bis zum Ural durchsetzten (Abb. 36). Entlang der Brüche entstanden kontinentale Tröge wie der Nordschweizer Permokarbontrog.

4.3 Kontinentale Gräben in Karbon und Perm

Der dank den Untersuchungen der NAGRA am besten dokumentierte Permokarbontrog der Nordschweiz ist gemäss seismischer Untersuchungen mehrere Kilometer breit und ca. 60 km lang.

Im Karbon und im frühen Perm wurden bis zu 1000 m Sedimente in das flache kontinentale Becken abgelagert. Sedimentation und schnelle Subsidenz des Beckens blieben in einem Gleichgewicht. Sandsteine, Seeablagerungen,

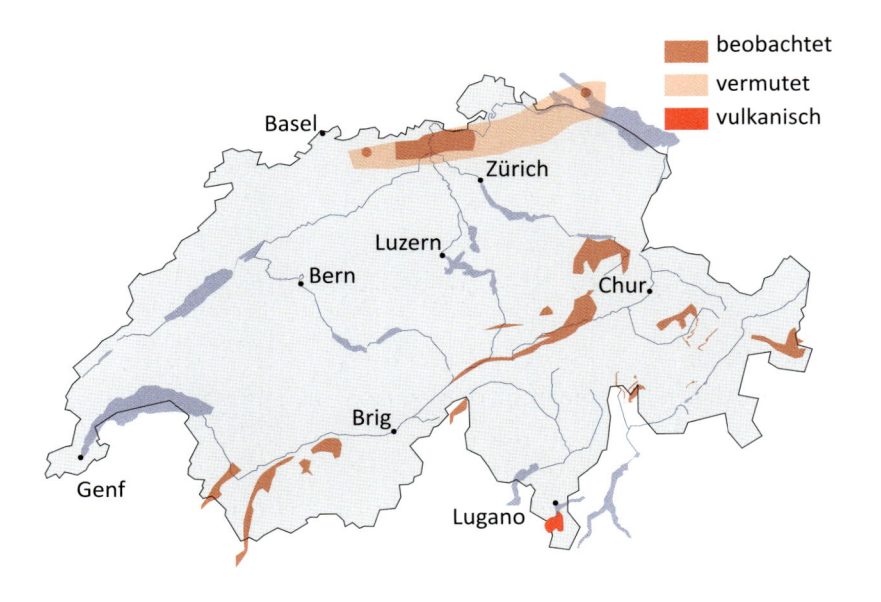

Abb. 36: Permokarbontröge der Schweiz (modifiziert nach Funk, pers. Mitteilung).

Paläoböden mit Wurzelresten und Kohlelagen wurden in der Bohrung Weiach in einer Tiefe von 1200–2000 m angebohrt. Geringmächtige Tufflagen zwischen den Sedimenten sind Indikatoren für vulkanische Aktivität, die mit der Tektonik entlang der entstehenden Grabenbruchsysteme in Verbindung gebracht werden kann. Pflanzenfunde in den bis zu 30 m mächtigen Kohleschichten ermöglichen den Geologen, das Ablagerungsmilieu der «Kohlezeit» im Karbon und frühen Perm zu rekonstruieren. Das Klima muss feucht und warm gewesen sein. Sumpfwälder und Seen bedeckten die damalige Landschaft. Aus den holzreichen Sümpfen entstanden nach langer Vergrabungsgeschichte die Kohleflöze.

Die über den dunklen Sedimenten der unteren Trogfüllung (Karbon – frühes Perm) abgelagerten Sedimente des «Oberrotliegenden» (spätes Perm) wurden unter zunehmend aridem oder wechselnd feucht-trockenem Klima abgelagert. Es entstanden rote Sandsteine, Brekzien und ziegelrote fossilleere Tonsteine, die als Wüstenablagerungen interpretiert werden. Brekzien werden als «Fingerabdrücke» von Schutt- und Schlammlawinen nach Extremniederschlägen interpretiert («Murgang-Brekzien»).

Die von der NAGRA in der Nordschweiz angebohrten Sedimente des Karbons und Perms können wir auch in alpinen Gesteinsabfolgen studieren. In den helvetischen Decken im Glarnerland oder im Lötschental sind die permischen Grabenfüllungen als Verrucano bekannt. Im penninischen Faziesgürtel konnten sie in der alpin-metamorphen «Zone Houillère» im Wallis (Grosser St. Bernhard) nachgewiesen werden. Eindrücklich sind die kilometermächtigen roten Sedimentabfolgen in den Bergamasker Alpen. Die Bildung der alpinen Permokarbon-Gräben war oft von vulkanischer Aktivität begleitet. Der «Luganeser Quarzporphyr» und der «Bozener Quarzporphyr» sind beide permischen Alters. Die bis zu 2000 m mächtigen Rhyolithe von Bozen werden bis heute als Bausteine genutzt. Oft prägen die roten Pflastersteine das Stadtbild mit, wie z. B. in Lugano.

4.4 Klima und Sedimentation

Der Grosskontinent Pangaea erreichte am Übergang des Paläozoikums ins Mesozoikum die grösste Ausdehnung. Plattentektonische Rekonstruktionen zeigen, dass der Kontinent symmetrisch über Nord- und Südhemisphäre verteilt war. In der Karbonzeit konnten bei warm-feuchtem Treibhaus-Klima im äquatorialen Osten von Pangaea riesige Sumpfgebiete entstehen. Diese wurden zu den heute grössten Kohlelagerstätten in Nordamerika und Eurasien. Hohe Ver-

Was ist Kohle?

Ausgangsmaterial für Kohle ist pflanzliches Material. Aus Pflanzenvergesellschaftungen in Waldmooren oder Sumpfwäldern entstanden die verbreiteten Kohlelager der Karbonzeit. Selten gibt es subaquatische Kohlebildungen mit Algen als Ausgangsmaterial. Bei der Inkohlung entstehen aus Holz und Torf durch Erhöhung von Druck und Temperatur kohlenstoffhaltige Gesteine. Die dabei entstehenden Produkte unterscheiden sich in ihrem Kohlenstoffgehalt:

Holz (C = 50 %) → Torf (C = 60 %) → Braunkohle (C = 70 %) → Steinkohle (C = 80 %) → Anthrazit (C = 90 %) → Graphit (C = 100 %). Mit zunehmendem Kohlenstoffgehalt nimmt in den Kohlen auch der Anteil an flüchtigen Gasen ab.

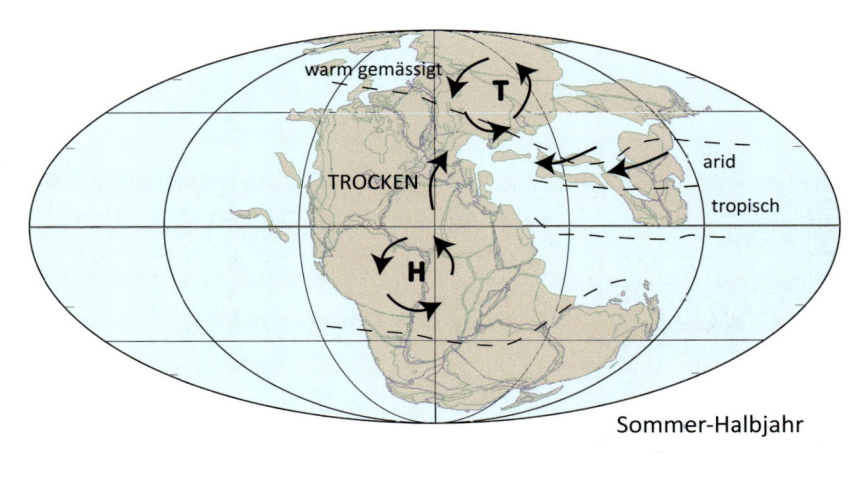

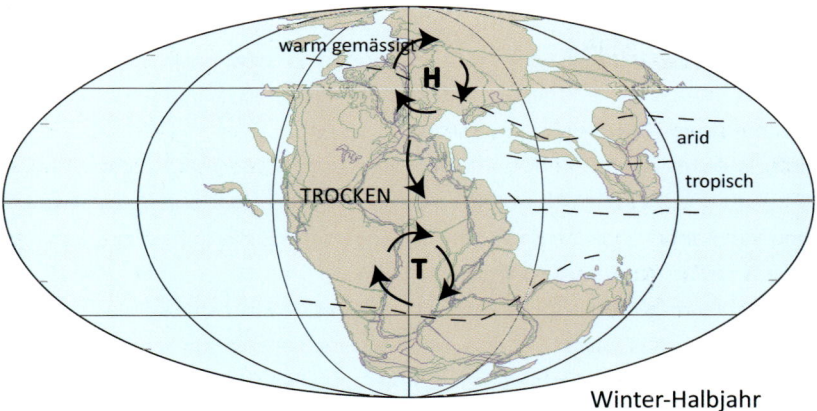

Abb. 37: Das Klimasystem der Permzeit (erstellt mit Paleo Map Software Plate Tracker von J. Eldridge, D. Walsh und C.R. Scotese).

grabungsraten von pflanzlichem Material führten zu einer Reduktion des Kohlendioxidgehaltes in der Atmosphäre und damit zu einer markanten Abkühlung. Am Ende der Karbonzeit bildeten sich riesige Eismassen in hohen und mittleren Breitengraden. Die Abkühlung veränderte auch das Klima um den Nordschweizer Permokarbontrog. Die Kohlewälder verschwanden und bei wechselfeuchtem Klima entstanden die roten Sedimente des Perm. Eine weitere Abkühlung im Perm wurde nicht zuletzt dank geringeren Ablagerungsraten von Pflanzenresten gestoppt. Man spricht in der Wissenschaft von klimastabilisierenden Rückkopplungsprozessen in der Biosphäre.

Nicht nur schwankende Kohlendioxidgehalte prägten das spätpaläozoische Klima. Eine in der Erdgeschichte ausserordentliche Verteilung von Kontinent und Ozean veränderte globale Windmuster und die Verteilung der Niederschläge. Ein ausgeprägtes Monsunklima mit starkem, saisonalem Niederschlag

Sedimente auf Grundgebirge: Nachrichten aus dem Paläozoikum

Abb. 38: «Verrucano» mit hellen Vulkanitlagen, westlich Spitzmeilen (Flumserberge). Im Hintergrund Glärnisch und Tödi.

und geringen jährlichen Temperaturschwankungen bildete sich aus und beeinflusste vom Perm bis in die Trias Verwitterung, Erosion und Sedimentation. Wie konnte ein solches Monsunklima entstehen? Die hufeisenförmige Verteilung von Pangaea über beide Hemisphären kontrollierte die grossräumige atmosphärische Druckverteilung (Abb. 37).

Im Sommer bildete sich über dem nördlichen Pangaea eine ausgeprägte Tiefdruckzelle aus. Diese kontrastierte mit einem ebenso kräftigen Hochdruckgebiet auf der kühlen Südhemisphäre. Im Winterhalbjahr waren die Druckverhältnisse umgekehrt. Diese Druckverteilung erklärt, weshalb es im Perm und in der Trias keine zonalen Klimagürtel gab. Die Druckverteilung hatte zur Folge, dass ein transäquatoriales, monsunales Windsystem entstand. Auf der Nordhemisphäre waren saisonale Niederschläge am intensivsten in mittleren östlichen Breiten, äquatoriale Gebiete im Westen des Grosskontinents blieben trocken. Dieses Klimamuster bildet sich in der Verteilung von klimatypischen Sedimentgesteinen des Perms ab. Die Verrucano-Ablagerungen entstanden, als Niederschläge saisonal stark schwankten (Abb. 38). Heftige Monsunniederschläge lösten Murgänge aus, die heute als rote Konglomerate im Verrucano erhalten sind.

4.5 Literaturhinweise

LABHART, T. P. 2007. Granitland Grimsel. Ott Verlag und Druckerei, 88 p.

LELOUP, P. H., ARNAUD, N., SOBEL, E. R. und LACASSIN, R. 2005. Alpine thermal and structural evolution of the highest external crystalline massif: The Mont Blanc. Tectonics, 24, TC4002, doi:10.1029/2004TC001676.

MÜLLER, W. H., Huber, M., ISLER, A. und KLEBOTH, P. 1984. Geologische Karte der zentralen Nordschweiz 1:100'000 mit Erläuterungen. Nagra, Technischer Bericht 84–25, 234 p.

TRÜMPY, R. 2003. Trying to understand Alpine sediments – before 1950. Earth-Science Reviews, 61, p. 19–42.

5. Trias – Das Salz des Meeres

Thema

In diesem Kapitel geht es um Salz und um Sedimente, die oft zusammen mit Salz abgelagert werden. Es geht um Gips und Anhydrit, Problemgesteine beim Tunnelbau und ideale Schmiermittel bei der alpinen Deckenbildung.

5.1 Einführung

Salz ist seit der Steinzeit einer der wichtigsten Rohstoffe, ein wichtiges Handelsprodukt, eine Steuerquelle, sogar Arbeit wurde mit Salz bezahlt, der Ausdruck Salär erinnert daran. Salz ist einer der wenigen Rohstoffe, der auch in der Schweiz seit Jahrhunderten abgebaut wird. Schon im 16. Jahrhundert erteilte der Kanton Bern erste Konzessionen zur Nutzung salzhaltiger Quellen in den Waadtländer Alpen, bei Bex und Ollon. Das nur leicht salzhaltige Wasser wurde eingedampft, wofür riesige Holzmengen verbraucht wurden. Der allzu grosse Ressourcenverbrauch zwang die Salinenbetreiber, nach neuen Abbaumethoden zu suchen. Mit dem Bau von Stollen hoffte man, im Innern des Berges auf salzreicheres Wasser zu stossen. Dies gelang den Mineuren in Bex erstmals 1684 (Abb. 39). Dank dieser neuen Abbaumethode blieb Bex bis ins 19. Jahrhundert wichtigste Salzquelle für die Schweiz.[2] Die Entstehung der Geologie als Wissenschaft an der Wende vom 18. zum 19. Jahrhundert veränderte die Suche nach Rohstoffen grundlegend. Um 1813 nutzte der damals neu eingesetzte Salinendirektor und Bergbau-Ingenieur *Jean de Charpentier* (1786–1855) als erster geologische Erkenntnisse zum weiteren Abbau von Salz in Bex. Geologische Untersuchungsmethoden wurden auch anderswo bei der Suche nach Steinsalz erfolgreich eingesetzt. Der Basler *Peter Merian* (1795–1883) fand dank geologischer Kenntnisse in der Nordschweiz neue Salzlagerstätten. Er wusste von den Salzminen in Deutschland, wo schon länger riesige Salzlagerstätten

---

2 Das Bergwerk von Bex ist heute als Besucherbergwerk ausgebaut.

Abb. 39: Portal des heutigen Besucherbergwerkes in Bex (VD).

aus dem «Zechstein» (Perm) ausgebeutet wurden. Er kannte auch die Arbeiten von *Friedrich von Alberti* (1795–1878), dem Leiter der württembergischen Salzwerke. In Württemberg wurde Salz aus dem jüngeren «Muschelkalk» abgebaut. *Alberti* war ein ausgezeichneter Kenner der regionalen Geologie. Er schlug vor, dass drei unterschiedliche, aber im Fossilinhalt ähnliche Gesteinsformationen in Deutschland zu einem System zusammengefasst werden sollten. Der rote Buntsandstein, der oft salzhaltige Muschelkalk und der tonreiche Keuper wurden von ihm zur Trias zusammengefasst. *Peter Merian* erkannte 1834, dass die Gesteinsformationen bei Basel jenen von Württemberg sehr ähnlich sind. Er war deshalb von der Existenz von Salzlagerstätten des Muschelkalks in der Nordschweiz überzeugt. Auf der Suche nach Salz war er 1837 in der Region Basel erstmals erfolgreich, als in Triasgesteinen 6 m reines Steinsalz angebohrt wurde: In «Schweizer Hall» begann eine Salzproduktion, die sich bald als ökonomischer erwies als jene in Bex. Das (vorläufige) Ende der Salzmine Bex schien besiegelt, doch dank innovativer Technik kann die Mine bis heute betrieben werden. Die aktuelle Jahresproduktion beträgt 35'000 Tonnen. In der Region Schweizerhalle und Riburg werden heute 400'000 bis 500'000 Tonnen Salz pro Jahr abgebaut. Bex übernimmt die gesetzlich geregelte Versorgung des Kantons Waadt, während die Rheinsalinen die entsprechende Versorgung der übrigen Kantone sowie des Fürstentums Liechtenstein abdecken.[3]

---

3   Siehe: www.rheinsalinen.ch und www.selbex.com.

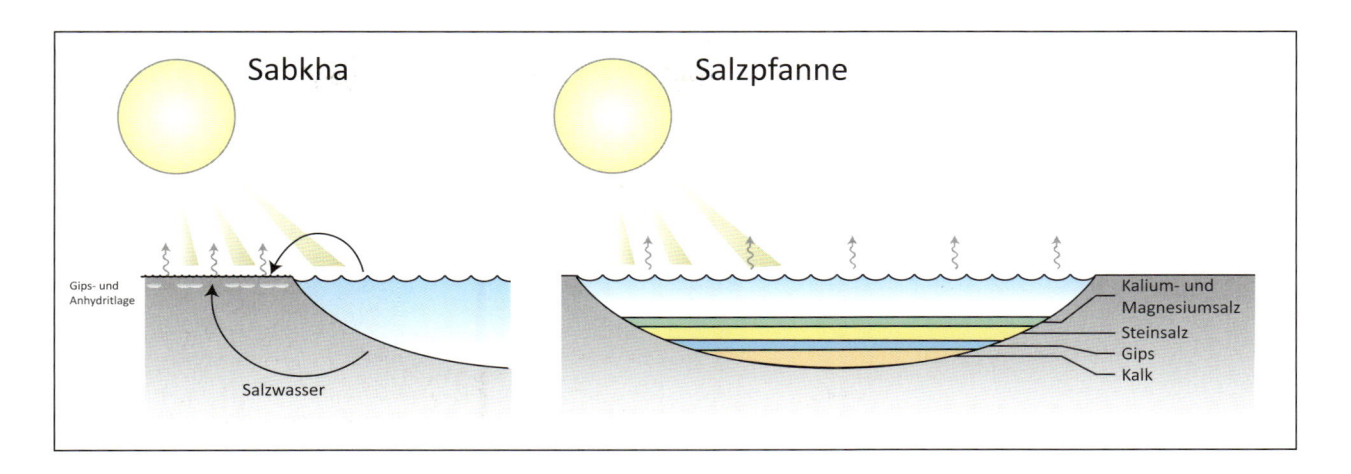

5.2 Die Kehrseite des Salärs

Steinsalz ist nicht das einzige Evaporitgestein der Trias, das eine wirtschaftliche Bedeutung hat. Beim Verdampfen von Meerwasser werden je nach Verdunstungsverhältnis Karbonate – Gips/Anhydrit – Steinsalz und Bittersalze gebildet (siehe Abb. 40). Auch Gips gilt als wichtiger Rohstoff, der auch heute noch in

Abb. 40: Schematische Darstellung der Entstehung von Evaporiten. Bei kontinuierlicher Evaporation entsteht eine charakteristische Abfolge von Salzen. In der Natur sind vollständige Abfolgen aber nur sehr selten zu beobachten.

Abb. 41: Im Städtchen Staufen in Süddeutschland ergaben sich im Jahr 2007 infolge von Erdwärmesonden grosse Probleme: tiefliegendes, gespanntes Grundwasser konnte durch die Bohrungen in die höher liegenden, anhydritführenden Schichten des Keupers eindringen. Dadurch setzte ein kaum aufzuhaltender Hebungsprozess im Bereich von einem Zentimeter pro Monat im historischen Stadtkern ein.

der Schweiz abgebaut und mehrheitlich in der Bauindustrie verwertet wird (heutige Abbaustellen: Kerns, Leissigen, Bex und Granges). In historischer Zeit wurde Gips jedoch häufig auch als Düngergips abgebaut bzw. eingesetzt. Anhydrit dagegen sorgt eher für Kosten als für Ressourcen. Anhydrit ($CaSO_4$) ist das wasserfreie Äquivalent von Gips ($CaSO_4 \times 2H_2O$). Zwar bildet er sich auch bereits primär, doch teilweise wird Anhydrit im Rahmen geologischer Prozesse auch durch den Einfluss von Druck und Temperatur aus Gips gebildet. Umgekehrt kann Anhydrit wiederum in Gips umgewandelt werden, wenn eine Druckentlastung bei gleichzeitigem Zutritt von Wasser erfolgt. Dabei nimmt das Volumen des Minerals um rund 60 % zu.

Diese Volumenzunahme ist überall dort problematisch, wo durch Bautätigkeiten des Menschen Anhydritgesteine mit Wasser in Berührung kommen (Abb. 41). Dies ist beispielsweise im Belchentunnel (BL) geschehen. Der Belchentunnel liegt auf einer Länge von rund 44 % der Gesamtlänge oder 1,4 km in sogenanntem Gipskeuper, einer Mischung aus Anhydrit, Gips und Tonmineralien. Fliesst diesem Mischgestein Wasser zu, geschehen zwei Dinge: Die Tonmineralien binden das Wasser und quellen auf, und der Anhydrit verwandelt sich unter dem Einfluss des Wassers zu Gips. Das Volumen des Gesteins nimmt dabei signifikant zu. Kann es sich nicht entsprechend ausdehnen, steigt der Druck auf die Umgebung massiv. Sichtbar wird das im Innern des Tunnels an Abplatzungen und Verformungen an Tunnelwänden und Tunnelsohle. Dazu kommen oft massive Korrosionsprobleme, die diese Salzgesteine begleiten. Probleme ergeben sich auch, wenn durch Bohrungen beispielsweise für Erdwärmesonden Wasser in Anhydrit führende Schichten gelangt. Dies führte in Staufen bei Freiburg (D) zu enormen baulichen Schäden durch Hebungen.

Evaporitlagen spielten aber auch in der tektonischen Entwicklung der Alpen eine entscheidende Rolle. Als mechanisch schwache Gesteine bilden sie besonders stark deformierte Zonen: Entlang von Evaporitlagen wurden die helvetischen, die penninischen und die ostalpinen Sedimentdecken oft von ihrer Unterlage abgeschert, und Evaporite bestimmen die räumliche Ausdehnung des Faltenjuras mit (vgl. Kap. 14).

5.3 Germanische Trias im Jura und im Helvetikum

Friedrich von Albertis Begriff «Trias» etablierte sich in der geologischen Literatur. Allerdings erkannten die Geologen, dass sich die Trias in den Alpen erheblich von jener Deutschlands unterscheidet. Man spricht deshalb in der Fachliteratur von der «Germanischen Trias» und von der «Alpinen Trias» (Abb. 42). Die Germanische Trias ist z. B. im deutschen Mittelgebirge sehr schön und vollständig erhalten. Weiter südwärts fehlen oft Ablagerungen der frühen Trias, d. h. Teile des Buntsandsteins. Am Südrand des Schwarzwaldes bei Laufenburg oder im süddeutschen Raum angrenzend an den Kanton Schaffhausen ist dennoch eine bis auf den meist fehlenden unteren Buntsandstein recht komplette Triasabfolge erhalten, die hier in der Regel direkt und in stratigrafischem Kontakt dem kristallinen Grundgebirge, also den erodierten und eingeebneten Resten des variskischen Gebirges (siehe Kap. 4), aufliegt (nur sehr lokal – wie beispiels-

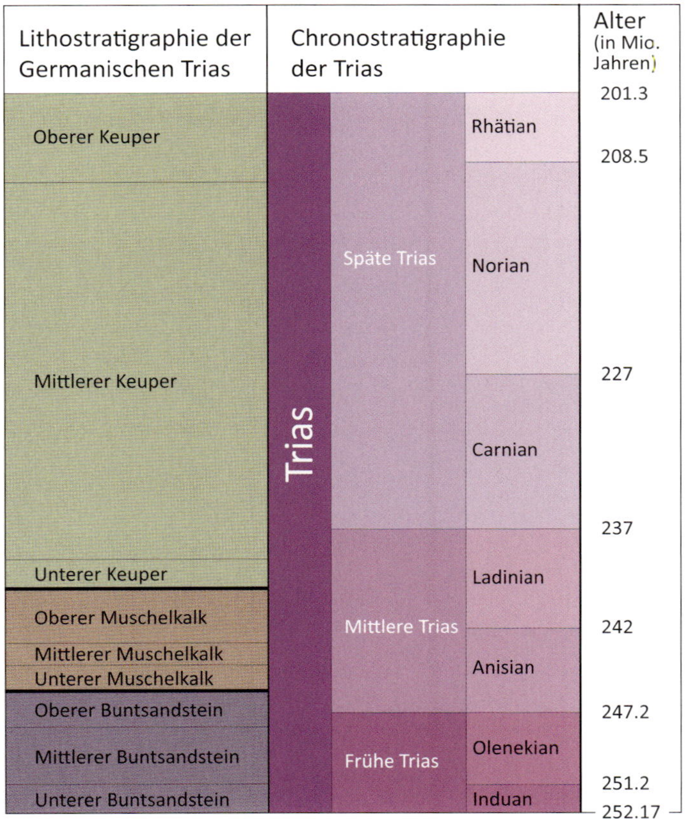

Lithostratigraphie der Germanischen Trias	Chronostratigraphie der Trias		Alter (in Mio. Jahren)
Oberer Keuper	Späte Trias	Rhätian	201.3 – 208.5
Mittlerer Keuper		Norian	
		Carnian	227
Unterer Keuper	Mittlere Trias	Ladinian	237
Oberer Muschelkalk			242
Mittlerer Muschelkalk		Anisian	
Unterer Muschelkalk			
Oberer Buntsandstein	Frühe Trias	Olenekian	247.2
Mittlerer Buntsandstein			251.2
Unterer Buntsandstein		Induan	252.17

Abb. 42: Chronostratigrafische Korrelation der Germanischen mit der Alpinen Trias.

Abb. 43: Die Küste von Abu Dhabi, ein modernes Analog der Keuperbildung Mitteleuropas und der Hauptdolomit-Fazies der Alpinen Trias.

Abb. 44: Gefaltete Wechsellagerung von Gips und Tonstein, Solothurner Jura.

weise bei Säckingen – konnte auch das permische Rotliegende als Unterlage des Buntsandsteins nachgewiesen werden).

Die Gesteinsabfolge der Germanischen Trias im Bereich des Südschwarzwaldes und der Nordschweiz beginnt mit roten Sandsteinen des Buntsandsteins. Aufgrund einer kleinräumigen Topografie setzt die Sedimentation nicht überall gleichzeitig ein. Sedimente im Kontakt mit dem unterliegenden Kristallin haben daher oft ein sehr unterschiedliches Alter. Kalke, Tonsteine und Evaporite bauen die Serie des Muschelkalks auf, Sandsteine, Mergel, Tonsteine, Gips-, Anhydrit- sowie Kohleablagerungen und Dolomite schliesslich jene des Keupers.

Die Fazies der Sedimente erlaubt, Ablagerungsbedingungen zur Triaszeit zu rekonstruieren (Abb. 43, 44, 45). In den roten Sandsteinen sind Strömungssignaturen erhalten, die auf Flussablagerungen hinweisen. Eingeschaltete Bodenbildungen deuten auf ein arides Klima. Sedimentstrukturen der Flussablagerungen können in den als Naturstein im Städtebau häufig verwendeten roten Sandsteinen Basels studiert werden (Basler Münster: Buntsandstein aus Degerfelden und Wiesental).

Mit der Ablagerung der Muschelkalk-Formation änderte sich das Ablagerungsregime im Bereich des Schwarzwaldes und im Gebiet der Nordschweiz.

Abb. 45: Paläogeografie während der frühen und mittleren Trias (vereinfacht nach Ziegler, 1982).

Frühe Trias

Mittlere Trias

★ Vulkanismus
↘ Schüttungsrichtung

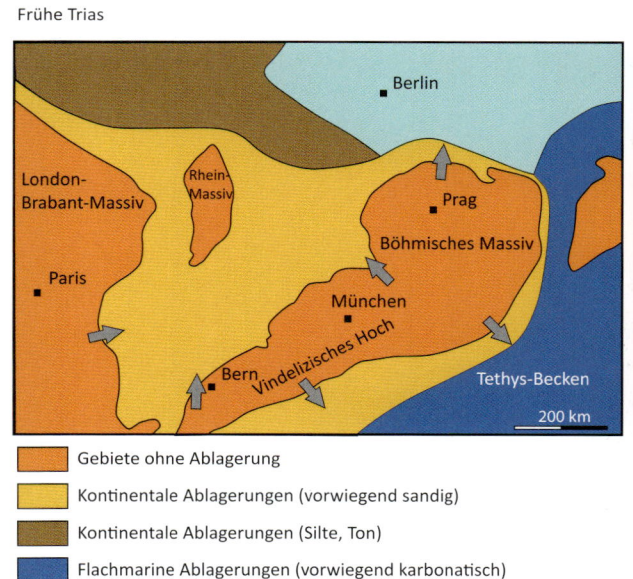

- Gebiete ohne Ablagerung
- Kontinentale Ablagerungen (vorwiegend sandig)
- Kontinentale Ablagerungen (Silte, Ton)
- Flachmarine Ablagerungen (vorwiegend karbonatisch)
- Flachmarine Ablagerungen (Silte, Ton)

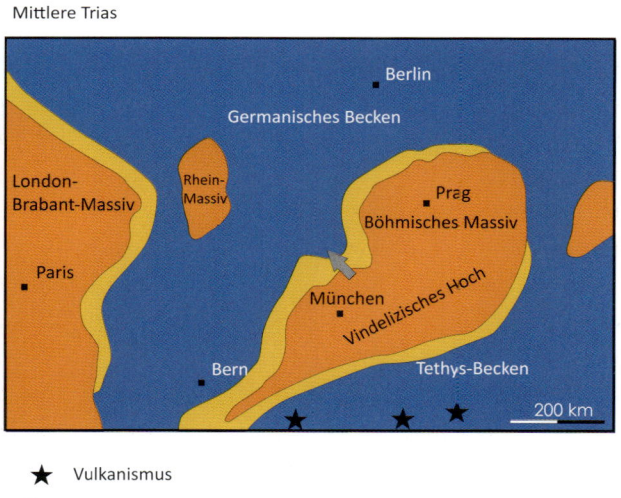

Abb. 46: Dinosaurierskelett (Plateosaurus) aus den Ablagerungen einer Küstenebene der späten Trias aus Frick (Foto: Sauriermuseum Frick).

Kalkablagerungen dokumentieren dort die erste verbreitete marine Transgression. Die Kalke entstanden in marinen Küstengebieten unter trocken-heissem Klima. Die Anhydritgruppe des mittleren Muschelkalks besteht, wie der Name besagt, vorwiegend aus evaporitischen Gesteinen, die in der mittleren Triaszeit in einem Meer, das mit dem heutigen Persischen Golf vergleichbar ist, entlang des Südrandes des Schwarzwaldes abgelagert wurden.

Verfolgt man die Sedimentabfolge vom oberen Muschelkalk in den Keuper, so fallen einerseits wieder terrestrische Sedimente wie Kohleablagerungen, Fluss- und Seeablagerungen, andererseits flachmarine Kalke mit Fossilien aus küstennahen Gebieten auf (Abb. 46). Geringmächtige Evaporitlagen («Gipskeuper») dokumentieren, wie das Küstengebiet der heutigen Nordschweiz damals zwar wiederholt überflutet, aber auch immer wieder von dem grossen Meeresgebiet im Süden abgeschnitten wurde. In flachen Salzseen und -sümpfen entstanden, ähnlich wie in der mittleren Trias, Salz- und Gipslagerstätten, die allerdings nie mehr die Grösse und Mächtigkeit der älteren Lagerstätten erreichten.

Abb. 47: Symmetrische Rippelmarken: Wellenrippeln der Trias, Helvetikum.

Die Schichten der Südschwarzwälder Trias sind heute im nördlichen Tafeljura aufgeschlossen und fallen sanft gegen Süden ein. Sie verschwinden unter jüngeren Sedimenten und erst in den Faltenkernen des Juragebirges tauchen sie wieder auf. Allerdings sind dort die Trias-Gesteine von ihrer Unterlage abgeschert und oft stark deformiert. In einer späten Phase der alpinen Kompression wurden nämlich die Gesteinsabfolgen des Juras auf Salze und Gipse der mittleren Trias abgeschert, verfaltet und sogar übereinander geschoben (siehe Kap. 14).

Werden die Trias-Schichten noch weiter gegen Süden/Südosten verfolgt, so verschwinden sie erneut unter jüngeren Sedimenten. Doch der ehemalige helvetische Ablagerungsraum des nördlichen Tethys-Randes ist unter der heuti-

Gebiete ohne Ablagerung

Kontinentale Ablagerungen (vorwiegend sandig)

Flachmarine Ablagerung (evaporitisch)

Flachmarine Ablagerungen (vorwiegend Sand)

Flachmarine Ablagerungen (vorwiegend karbonatisch)

Tiefermarine Ablagerungen (vorwiegend karbonatisch)

★ Vulkanismus

➤ Schüttungsrichtung

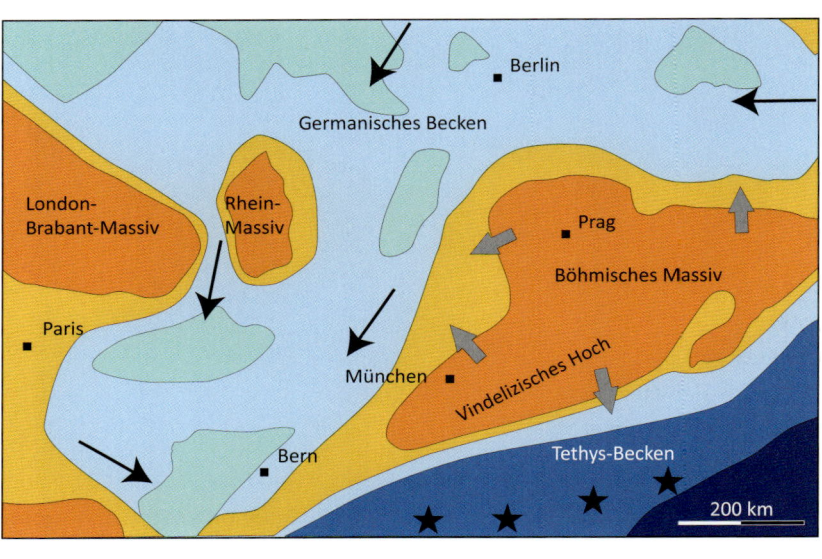

→ Strömungsrichtung

Abb. 48: Paläogeografie Mitteleuropas während der späten Trias (vereinfacht nach Ziegler, 1982).

gen Molasse mit dem Jura verbunden. Die Mehrheit der triassischen Sedimente von Helvetikum bis Jura wurden in einem flachen, mit Inseln durchsetzten Küstenmeer abgelagert. Küstenablagerungen (vgl. Abb. 47–49) können zum Beispiel in den Glarner Alpen (Mürtschen-Decke) und auf den Flumserbergen studiert werden.

Den dort erhaltenen Sedimentgesteinen der Trias wurden schon von *Escher* lokale Formationsnamen gegeben. Der Melser Buntsandstein ist in seiner Fazies den Sandsteinen der unteren Germanischen Trias vergleichbar. Der «Rötidolomit» entspricht den Ablagerungen des Muschelkalks. Die «Quartenschiefer» mit Tonsteinen, Sandsteinen und Dolomitgesteinen wurden unter wechselnd marinen und kontinentalen Ablagerungsbedingungen in der späten Trias gebildet. Diese Sedimentabfolgen des Helvetikums erinnern in ihrer Fazies an jene der Nordschweiz. Auch die Lokalität Bex mit ihren Salzlagerstätten gehört zum Helvetikum.

Abb. 49: Im Scheidnössli-Profil (Kt. Uri), gezeichnet von Albert Heim (1917 und 1921), erkennt man, dass in der Trias-Zeit Sedimente auf das Kristallin des Aarmassivs abgelagert wurden.

5.4 Trias im Penninikum

Die Trias-Gesteinsabfolge der penninischen Decken ist in mancher Hinsicht mit jener der Germanischen Trias in den helvetischen Decken vergleichbar. Einzig der Anteil an Kalk und Dolomit ist in den penninischen Abfolgen grösser als in jenen des Helvetikums oder des Jura. Das heisst, der penninische Faziesraum war in der Trias stärker von Meereseinflüssen geprägt als der nördlichere germanische Faziesraum (Abb. 48). Die Fazies der penninischen Trias stellt einen Übergang zur Fazies der eigentlichen «Alpinen Trias» dar, die in den ostalpinen Decken (z.B. Engadiner Dolomiten) und in der südalpinen Schichtabfolge erhalten ist (z.B. Monte San Giorgio).

Die für die mittlere und späte Trias typischen Evaporite sind auch in die penninische Sedimentgesteinsabfolge eingeschaltet. Diese Evaporite bilden mit ihren speziellen mechanischen Eigenschaften auch hier ideale tektonische Gleithorizonte. Deshalb wurden die Evaporite der Trias während der alpinen Gebirgsbildung analog zum Juragebirge und zum Helvetikum zu wichtigen tektonischen Abscherhorizonten. Die tief- und mittelpenninischen Decken sind deshalb oft in Grundgebirgs- und Sedimentdecken unterteilbar (Abb. 50). Grosse Sedimentdecken entstanden in Gebieten, wo mächtige Evaporite als geeignete Abscherhorizonte dienen konnten. Zu diesen Decken gehören die Klippendecken (Mythen, Iberger Klippen, Préalpes Romandes, Chablais).

In den hochpenninischen Ophiolithdecken fehlen Gesteine der Trias. Dank der Erkenntnisse aus der Plattentektonik können wir heute dieses Fehlen der

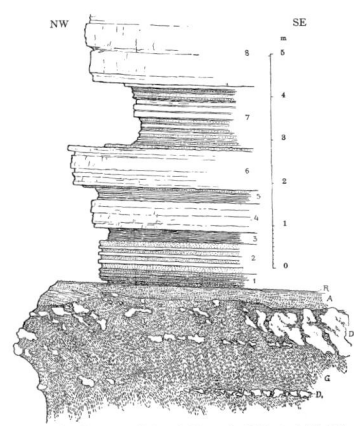

Sedimentstrukturen des Küstenmeeres

Neben Fossilvergesellschaftungen werden Sedimentstrukturen als wichtige Proxies oder Indikatoren für bestimmte Ablagerungsbedingungen genutzt. In heutigen Küstenmeeren bilden sich bei starken Strömungen Rippelmarken, subaquatische Dünenstrukturen und Sturmlagen. Gezeiten hinterlassen charakteristische «Herring bone»-Strukturen in den Sedimenten. Diese bipolaren Kreuzschichtungen, entstanden im Wechselspiel von Ebbe und Flut, sind verbreitet in Ablagerungen des flachen Schelfs. Neben Gezeiten hinterlassen Wellen und Sturmereignisse ihre Signaturen im Sediment.

Paläogeographische Zuordnung heutiger Grundgebirgseinheiten

Paläogeographie	Tektonische Einheiten	Grundgebirge, Deckennamen	
Adria, Alcapa	Süd- und Ostalpin		
Piemonttrog	Hochpenninikum	Kein Kristallin	
Briançonnais Walliser Trog	Mittelpenninikum	Suretta, Adula, Tambo	Monte Rosa und Bernhard
	Tiefpenninikum	Simano, Lucomagno	
Proximaler Nordrand der Tethys	Helvetikum	Gotthard	Mont Blanc
	Grundgebirgsdecken, Mittelland	Aarmassiv	Aiguilles Rouges
	Jura		

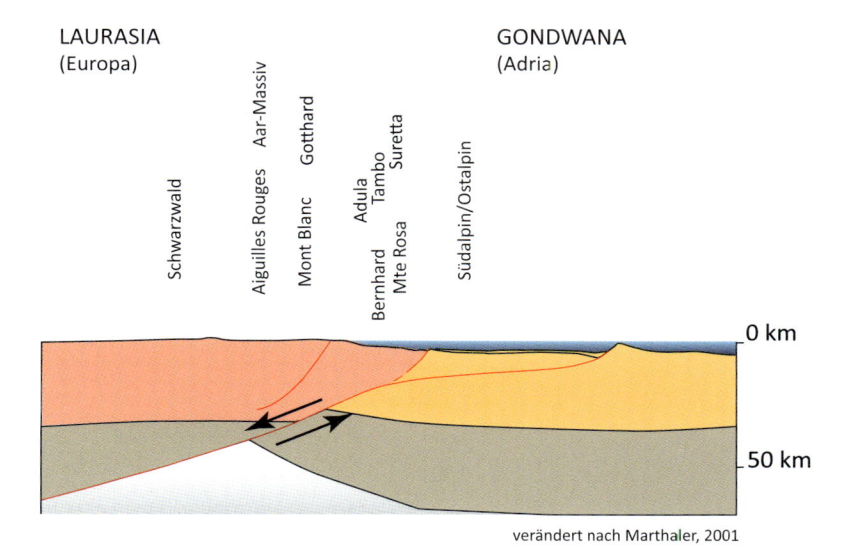

Abb. 50: Beginnendes Aufbrechen von Pangaea in der Trias und paläogeografische Zuordnung heutiger Grundgebirgseinheiten.

verändert nach Marthaler, 2001

Triasgesteine erklären. Die Ophiolithe und ihre dazugehörenden Sedimente der späten Jura- und Kreidezeit entstammen aus einem «neuen» Ablagerungsraum, der erst in der «Drifting-Phase» der späten Jurazeit während des Auseinanderdriftens von Europa und Adria entstand. Hier konnten daher keine Trias-Sedimente abgelagert werden.

Schichtreihe Monte San Giorgio

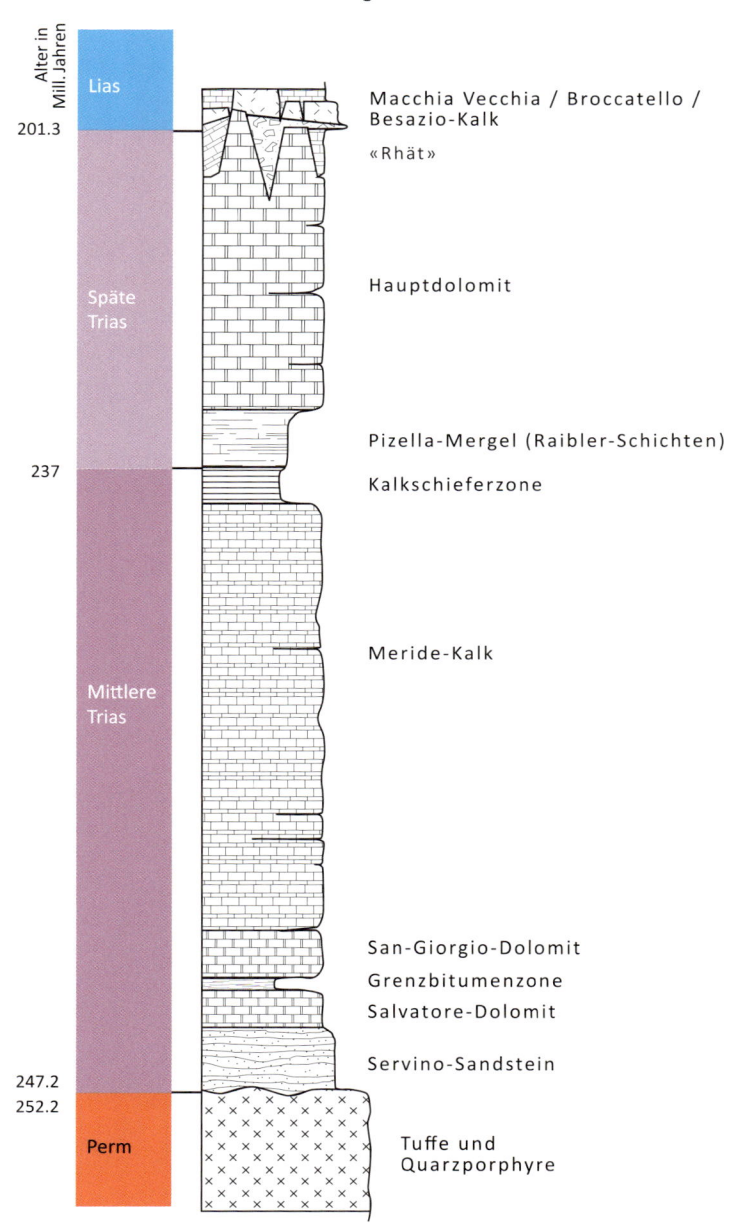

Alter in Mill. Jahren

- Lias — 201.3
- Späte Trias
- 237
- Mittlere Trias
- 247.2
- 252.2 — Perm

Schichten (von oben nach unten):
- Macchia Vecchia / Broccatello / Besazio-Kalk
- «Rhät»
- Hauptdolomit
- Pizella-Mergel (Raibler-Schichten)
- Kalkschieferzone
- Meride-Kalk
- San-Giorgio-Dolomit
- Grenzbitumenzone
- Salvatore-Dolomit
- Servino-Sandstein
- Tuffe und Quarzporphyre

Abb. 51: Die Schichtreihe des Monte San Giorgio als Beispiel für die Ost- und Südalpine Trias.

So kam der Fisch auf den Berg

An der Ducan-Kette bei Davos werden seit Jahren grosse Mengen von Fossilien aus der mittleren Trias (Prosanto-Formation) geborgen. Besonders bedeutsam sind dabei die Fische und die Meeressaurier. In Bezug auf Erhaltung und Alter sind diese Funde mit jenen des weltberühmten Monte San Giorgio vergleichbar. Doch die Fundsituation auf 2700 m ü. M. macht die Fundstelle trotzdem einmalig (Furrer, 2004).

5.5 Alpine Trias in den ostalpinen Decken und in den Südalpen

Die als «Alpine Trias» definierte Gesteinsabfolge in den ostalpinen Decken und in den Südalpen ist viel mächtiger als die Abfolge der Germanischen Trias in der Nordschweiz (Abb. 51). Ebenso deutlich unterscheiden sich Alpine und Germanische Trias in ihrer Fazies. Am Anfang allerdings, im Perm und in der frühen Trias, bestanden kaum Unterschiede zwischen Germanischer und Alpiner Trias. Wie im germanischen Raum gelangten in dieser Zeit im Gebiet der späteren Südalpen und im Ablagerungsraum der Ostalpen noch vorwiegend kontinentale Sedimente zur Ablagerung. Diese fluvialen Sandsteine und Konglomerate sind von mächtigen Dolomitabfolgen mit eingeschalteten bituminösen Schiefern, von Flachwasserkalken und Evaporiten der mittleren Trias überlagert. Die in Deutschland klar erkennbare Gesteinstrilogie erkennt man im Ablagerungsraum der Alpinen Trias nicht; man verwendet dort die lithostratigrafischen Begriffe «Buntsandstein», «Muschelkalk» und «Keuper» nicht mehr. Die in der Alpinen Trias auftretenden Evaporite (Carn-Stufe) wurden allerdings zeitgleich mit den Keuper-Gipsen der Germanischen Trias gebildet. Die alpinen Evaporite bestehen vorwiegend aus Gips, Steinsalzablagerungen fehlen.

Fossilvergesellschaftungen und Sedimentstrukturen beweisen, dass die Sedimente der mitteren und späten Alpinen Trias vorwiegend unter flachmari-

Abb. 52: Nahaufnahme eines laminierten Dolomits (Stromatolith, Ofenpass). Diese Stromatolithen werden als versteinerte Mikrobenmatten interpretiert. Mikrobenmatten fanden auf einer Gezeitenebene des noch flachen alpinen Tethysmeers geeignete Wachstumsbedingungen (Bildhöhe ca. 25 cm).

nen Ablagerungsbedingungen entstanden sind. Auf weiten, von kontinentalen Einflüssen weitgehend unbeeinflussten Gezeitenebenen gelangten Karbonate mit millimeterfeinen Laminationen zur Ablagerung. Diese in den Trias-Dolomiten typischen «Stromatolith»-Strukturen werden heute als fossile Mikrobenmatten interpretiert (Abb. 52). Ablagerungsbedingungen, wie wir sie heute an der flachen Küste des Arabischen Golfs antreffen, dürften jenen in der mittleren und späten Alpinen Trias ähnlich gewesen sein. Mikrobenmatten wachsen am Persischen Golf bevorzugt im Gezeitenbereich.

Die Mächtigkeitsunterschiede zwischen Alpiner und Germanischer Trias sind auf unterschiedliche Subsidenz bzw. auf unterschiedliche Raumentwicklung der Ablagerungsgebiete zurückzuführen. Da der südliche Ablagerungsraum der Alpinen Trias sich durch grössere Subsidenz auszeichnet, sind hier die Trias-Ablagerungen entsprechend mächtiger. Diese tektonisch ausgelöste Subsidenz in der Trias signalisiert das beginnende Auseinanderbrechen von Pangaea.

Abb. 53: Mixosaurus und Cymbospondylus, zwei Gattungen von Meeresreptilien vom Monte San Giorgio (Zeichnung B. Scheffold/Paläontologisches Museum Universität Zürich).

Die Sedimentation hielt in den Ablagerungsräumen der Ostalpinen Trias Graubündens und in jenen der Südalpinen Trias des Tessins noch meistens mit der hohen Subsidenz mit. Das heisst, der durch das Absinken des Untergrundes entstehende Raum wurde durch die neu abgelagerten Sedimente laufend verfüllt, sodass die Sedimentoberfläche immer nahe dem Meeresspiegel blieb. Es wurden in der ganzen Trias vorwiegend Flachwassersedimente abgelagert (Abb. 54).

Den besten Einblick in die Alpine Trias der Südalpen erlaubt das Gebiet des Monte San Giorgio südlich des Luganer Sees (Abb. 51, 53). Mächtige Dolomite und Kalke, alle mit Sedimentstrukturen und Fossilien, die auf Ablagerungsbedingungen in einem warmen Flachmeer hinweisen, bauen den Monte San Giorgio auf. Bemerkenswert sind die weltweit einmaligen Saurier- und Fischfundstellen dieser Gegend aus der mittleren Trias. Die reichhaltigsten Saurierlagerstätten wurden in bituminösen, marinen Sedimenten der «Grenzbitumenzone» (Besano-Formation) der mittleren Trias gefunden. Die Zone ist 16 m mächtig, sie enthält schwarz gefärbte marine Sedimentgesteine, welche sich durch hohe Anteile an organischem Kohlenstoff auszeichnen. Diese Sedimente wurden in einem kaum 100 m tiefen, anoxischen (sauerstofffreien) Meeresbecken abgelagert. Reptilien und Fische wurden unter diesen Bedingungen nach ihrem Tod im Sediment «konserviert». Die Bedeutung des Monte San Giorgio für die Paläontologie wurde durch die UNESCO gewürdigt. Seit 2003 gehört das Gebiet zum «Natural World Heritage».

Die Trias des Ostalpins (Abb. 54, 55) ist in den Gesteinsabfolgen der Silvretta-Decke im Gebiet des Ducan zwischen Davos und Bergün exemplarisch erhal-

Abb. 54: Gips, Sandsteine und Dolomit der Raibler-Gruppe, Carn, Trias (S-Charl, Engadin, Kt. GR).

Abb. 55: Dolomitberge nördlich des Ofenpasses (GR). Die mächtigen Trias-Dolomit-Abfolgen der ostalpinen Decken prägen die Landschaft zwischen Ofenpass und Unterengadin.

Dinosaurierspuren

Spurenfossilien sind wichtige paläoökologische Informationsquellen, da sie nicht vom Tod, sondern vom Leben von Organismen erzählen. Dies gilt insbesondere auch für Saurierspuren, also Spuren von Dinosauriern, Flugsauriern, Thecodontiern und anderen Sauriern. Lange Zeit galten Saurierspuren in der Schweiz als grosse Seltenheit, da man annahm, dass das Gebiet der Schweiz während der Blütezeit der Saurier weitgehend mit Wasser bedeckt war. Heute jedoch kennt man eine ganze Reihe von Fundorten im Jura (u.a. Lommiswil, Moutier, Courtedoux) und in den Alpen (u.a. Tödigebiet, Albulatal, Piz dal Diavel, Vieux Emosson).
Diese Funde helfen, ein sehr viel differenzierteres Bild der Paläogeografie zu entwickeln. Es wird deutlich, dass unser Gebiet nicht ständig von Wasser bedeckt war, sondern dass es durchaus Phasen gab, in denen Dinosaurier einwandern konnten. Entsprechende Funde im Apennin beweisen heute, dass auch Apulien im Mesozoikum nicht von jeglichem Festland isoliert war, wie man das lange Zeit annahm.

ten. Dort beobachtet man allerdings, dass schon in der Trias die Subsidenz in sich ausbildenden Becken schneller war als die Sedimentation. In so entstandenen kleinen Meeresbecken wurden Sedimente abgelagert, deren Fazies auf grössere Wassertiefen hinweist. Allerdings wurde ein in der mittleren Trias entstandenes submarines Relief in der späten Trias wieder ausgeglichen. In den Südalpen und in den Ostalpen entstanden während der späten Trias Sedimente, die in einem gezeitendominierten Flachmeer abgelagert wurden («Hauptdolomit», «Dolomia Principale»). Als Beispiel von Flachwassersignaturen dienen z. B. Dinosaurierspuren, wie sie von *H. Furrer* (Universität Zürich) in den Trias-Gesteinen des Schweizerischen Nationalparks beschrieben wurden.

5.6 Vom Festland zum Küstenmeer

Seit der Karbonzeit bis in die Triaszeit lag unser Untersuchungsgebiet einige Hundert Kilometer von der nächsten Küstenlinie zum paläozoischen Tethysmeer im Südosten entfernt. Erst mit dem beginnenden Zerbrechen des Pangaea-Kontinents in der Triaszeit verschob sich das Küstenmeer aus südöstlicher Richtung gegen Nordwesten zum Gebiet des heutigen Jura und des Schwarzwaldes (Abb. 56). Wenn wir die Verschiebung der Küstenlinie des entstehenden neuen atlantischen Tethysmeeres am Übergang vom Paläozoikum zum Meso-

Abb. 56: Randmarine Wechsellagerung von Ton, Mergel und Dolomit aus dem Keuper, Frick (Kt. AG).

zoikum rekonstruieren wollen, dann erkennen wir, dass in der Permzeit das Gebiet der östlichen Dolomiten schon von einem Küstenmeer überflutet war. Plattentektonische Prozesse hatten die beschleunigte Subsidenz der damaligen Küstengebiete ausgelöst.

5.7 Literaturhinweise

BERGIER, J. F. 1989. Die Geschichte vom Salz. Campus Verlag, Frankfurt/New York, 255 p.

BERNOULLI, D. 1964. Zur Geologie des Monte Generoso. Mat. Carta Geol. Svizzera (NF), 118, 134 p.

FURRER, H. 2004. Der Monte San Giorgio im Südtessin – vom Berg der Saurier zur Fossil-Lagerstätte internationaler Bedeutung. Neujahrsblatt der Naturforschenden Gesellschaft in Zürich, 206, 64 p.

FURRER, H. 2004. So kam der Fisch auf den Berg – Eine Broschüre zur Sonderausstellung über die Fossilfunde am Ducan, 32 p.

ZIEGLER, P. A. 1982. Paleogeography of Western and Central Europe. Shell International Petroleum, Maatschapp, BV, The Hague, Elsevier, 130 p.

6. Ein Meeresbecken entsteht

Thema

Im Kapitel 6 geht es um Tektonik und Subsidenz, um Klima und Sedimentation im frühen und mittleren Jura. Wir erfahren, wie Geologen aus Sedimentgesteinen die Veränderung von Ablagerungsräumen rekonstruieren und wie Sedimentstrukturen zur Entzifferung von Sedimentationsprozessen genutzt werden können.

IODP

Das International Ocean Discovery Program (IODP) hat die Erforschung der Ozeane und ihrer Geschichte durch Bohrungen als Ziel. Es hat im Herbst 2013 begonnen und es ist Nachfolgeprojekt des Deep Sea Drilling Project (DSDP, 1968–1983) und des Ocean Drilling Program (ODP, IODP, 1983-2013).
Einige wichtige Forschungsschwerpunkte des Projekts sind: Geschichte des Klimas in der Erdgeschichte und Zusammenwirken zwischen Leben und physikalischer Umwelt
Leben am Meeresboden, im Gesteinsuntergrund der Ozeane unter oft extremen Bedingungen. Unter dem Stichwort «Deep Biosphere» wird u. a. die neu entdeckte Bakterienwelt in hydrothermalen Systemen der Ozeane untersucht.
Dank einem neuen von Japan gebauten Forschungsschiff können Bohrungen in aktive Subduktionszonen gemacht werden und Messinstrumente in Bohrlöchern können über Zeiträume von mehreren Jahren hinweg chemische, physikalische und biologische Veränderungen in Subduktionszonen aufzeichnen.

6.1 Einführung

Die Geologen wussten schon vor 100 Jahren dank Fossilfunden in Südamerika und in Afrika, dass es in der Erdgeschichte zwischen den beiden Kontinenten eine Verbindung gegeben haben musste. Man dachte zuerst an eine Landbrücke, die irgendwann in der erdgeschichtlichen Vergangenheit zerstört wurde. *Alfred Wegener* (1880–1930) suchte eine neue Erklärung. Er schlug vor, dass die beiden Kontinente entlang einer Bruchspalte «auseinandergezogen» worden waren. Als er 1915 die Theorie der Kontinentaldrift präsentierte, stützte er sich auf paläontologische und paläoklimatologische Argumente. Kohlevorkommen in der Antarktis dienten ihm als Hinweis, dass die Antarktis in der erdgeschichtlichen Vergangenheit nahe dem Äquator gelegen haben musste. Er schlug vor, dass heutige Kontinente früher zu einem Urkontinent «Pangaea» zusammengeschweisst worden waren. Noch fehlte ihm eine überzeugende physikalische Erklärung der Kontinentaldrift. Seine Theorie blieb umstritten, bis nach 1960 die Theorie der Plattentektonik dank revolutionärer neuer Erkenntnisse zur Ozeanbodengeologie zu einem eigentlichen Paradigmenwechsel in den geologischen Wissenschaften führte.

Die Alpen wurden zu einem Testfeld für die Überprüfung der Plattentektonik. Gleichzeitig wurde im Rahmen des weltumspannenden Deep Sea Drilling Program (DSDP, später Ocean Drilling Program (ODP), das Integrated Ocean Drilling Program (IODP)) und heute des International Ocean Discovery Program unter an-

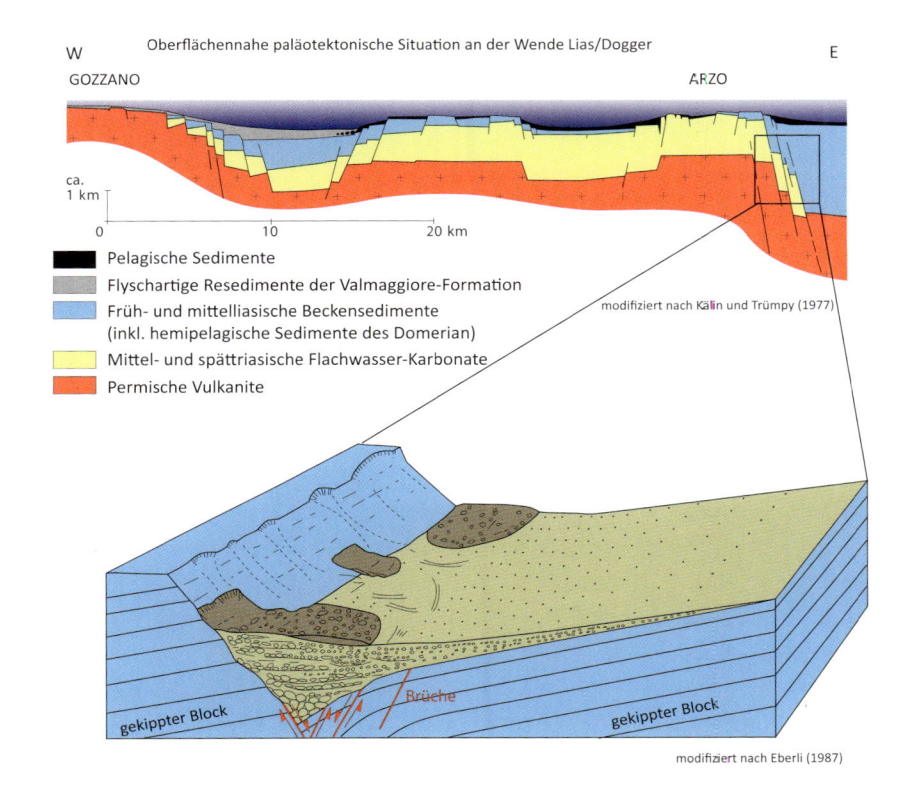

Abb. 57: Brüche, wie sie in den süd- und ostalpinen Sedimentabfolgen beobachtet werden.

derem die Theorie der Plattentektonik in den Ozeanen erhärtet. In den 90er-Jahren des letzten Jahrhunderts gelang es den Geologen in einer koordinierten Studie der Alpen und des östlichen Kontinentalrandes im Nordatlantik, die Signatur des Zerbrechens eines Kontinents in Bohrkernen, in seismischen Profilen und in Gesteinsaufschlüssen der Alpen zu entziffern (Manatschal und Bernoulli, 1999).

In den Alpen finden wir in Gesteinen der frühen Jurazeit deutliche Spuren des beschleunigten Auseinanderdriftens von Europa und Afrika/Adria/Alcapa-Mikroplatte (Abb. 57).

Sedimente, abgelagert in der breiter werdenden Tethys, dienen auch als Klimaindikatoren. Sie dokumentieren uns, wie das Klima in warmen tropischen Gebieten starken Schwankungen unterworfen war und wie in den Jura-Meeren Bedingungen herrschten, die nur in bestimmten Zeiten für das Wachstum von Korallenriffen günstig waren. In anderen Zeiten wurden unter sauerstoffarmen Bedingungen Sedimente abgelagert, die unter Umständen nach Jahrmillionen zu Erdölmuttergesteinen werden konnten. Ob solche Gesteine wie der Opalinuston auch als Wirtgesteine für radioaktive Abfälle geeignet sind, wird in der Schweiz von der NAGRA untersucht.

Rifting-Drifting-Subduktion-Kollision

Die Lithosphäre ist aus mehreren grossen und kleinen Platten zusammengesetzt. Konvektionsströme treiben die Bewegung der Platten an. Die Plattengrenzen werden als konstruktiv, destruktiv oder konservativ bezeichnet. Konservative Grenzen bilden sich an Orten, wo sich Platten entlang von Bruchzonen horizontal aneinander vorbei bewegen. Mittelozeanische Rücken bilden die Grenzen konstruktiver Plattenränder; hier entsteht neue Lithosphäre. Tiefseegräben entstehen an destruktiven Rändern, wo Lithosphäre in den Erdmantel abtaucht. Konstruktive Plattenränder entstehen beim Auseinanderbrechen einer kontinentalen Platte. Bevor an einer neu entstehenden Plattengrenze ozeanische Lithosphäre entsteht, werden die Ränder des auseinanderbrechenden Kontinents gestreckt. Als «proximalen Teil» eines Randes wird der kontinentnahe Bereich bezeichnet. Der «distale», kontinentferne Teil sinkt während des Streckungsprozesses in grosse Meerestiefen von mehr als 2 km ab. Die Phase des Zerbrechens eines Kontinents wird als Rifting-Phase bezeichnet. Mit dem Auftreten erster ozeanischer Kruste an einem neu entstehenden mittelozeanischen Rücken beginnt die Drifting-Phase des neuen Ozeans. An den Tiefseegräben wird, angetrieben durch Konvektion, ozeanische Lithosphäre unter kontinentale Lithosphäre subduziert. Dabei zieht die am destruktiven Rand absinkende kalte und dichte ozeanische Lithosphäre die ozeanische Platte in die Subduktionszone («slab pull»).
Von Kontinent-Kollision spricht man, wenn, nach kompletter Subduktion einer ozeanischen Lithosphärenplatte, zwei kontinentale Platten zusammenstossen. An entsprechenden Kollisionsnähten entstehen neue Gebirgszüge.

6.2 Das Ende von Pangaea

In der Jurazeit zerbrach der Grosskontinent Pangaea entlang von Bruchzonen, die sich zwischen Nordamerika und Europa und zwischen Europa und Afrika entwickelten. Zwischen Nordamerika und Europa öffnete sich der Atlantik, zwischen Europa und Afrika die alpine Tethys. Beide Ozeane haben ein etwa gleiches Entstehungsalter. Vor der Neubildung ozeanischer Kruste, die in der alpinen Tethys im mittleren Jura einsetzte, entwickelten sich in der sogenannten Rifting-Phase zwei Kontinentalränder (Lias – früher Dogger). Der nördliche Kontinentalrand gehörte zum eurasischen Kontinent, der südliche Rand war Teil der Mikrokontinente Adria und Alcapa. An den zukünftigen Rändern der auseinanderdriftenden Kontinente wurde die kontinentale Kruste gestreckt und ausgedünnt, sie zerbrach entlang von Brüchen in Hochzonen und Becken (vgl. Abb. 57). Die küstenfernen, distalen Teile der Kontinentalränder sanken im Verlauf des Streckungsprozesses in Meerestiefen von bis zu 2–3 km ab. Diese grosse Subsidenz während der Rifting-Phase im Jura übertraf die Sedimentationraten. Dies erklärt, wie ehemalige Flachmeerablagerungsräume in der frühen Jurazeit zu Sedimentationsräumen in einem tiefer werdenden Meer wurden.

Die Sedimentgesteine der ostalpinen Decken und der Südalpen archivieren die Subsidenzgeschichte des distalen südlichen Kontinentalrandes. In küstennahen (= proximalen) Gebieten der Kontinentalränder blieb die Subsidenzrate geringer. Die Sedimentation konnte mit tektonischer Subsidenz Schritt halten und Ablagerungstiefen der Sedimente veränderten sich wenig. In der Schweiz dokumentieren die marinen Sedimente des frühen und mittleren Juras im Juragebirge beispielhaft die Subsidenzgeschichte eines proximalen Kontinentalrandes. Subsidenz und Sedimentation blieben in einem Gleichgewicht.

6.3 Der südliche Kontinentalrand der alpinen Tethys im frühen Jura: Signatur eines zerbrechenden Kontinents

Signaturen der Tektonik im frühen Tethysmeer sind bestens in Gesteinen des südlichen Tethys-Randes erhalten geblieben. Vom Südrand der alpinen Tethys ist in der Schweiz in den Südalpen und in den ostalpinen Decken vor allem der distale (= kontinentferne) Teil erhalten. Ein eigentlicher Querschnitt durch den gesamten südlichen Kontinentalrand ist in den Südalpen zwischen dem Lago Maggiore und Slowenien erhalten geblieben. In Slowenien können wir die proximalen (= küstennahen) Ablagerungsräume des südlichen Kontinentalrandes der alpinen Tethys studieren. Am Westende der Südalpen sind die Sedimente, die am distalen Kontinentalrand gebildet wurden, aufgeschlossen. Da keine grossen Flüsse von Adria und Afrika ins südliche Tethysmeer mündeten, wurde entlang des südlichen Kontinentalrands wenig Erosionsschutt abgelagert. Deshalb kontrastieren vergleichsweise reine Flachwasserkalke und pelagische (= offenmarine) Kalke und Mergel mit den im Norden viel häufigeren Ton- und Mergelablagerungen. Ton, Silt und Sand gelangten in der Jurazeit über europäische Flüsse ins nördliche Tethysmeer. In den Sedimentgesteinen des Südtessins entzifferte in den 60er-Jahren des 20. Jahrhunderts der Basler Geologe und spätere ETH-Professor *Daniel Bernoulli*, wie im frühen Jura ein Kontinent entlang von listrischen (= schaufelförmigen) Bruchzonen gestreckt und zerbrochen wurde und wie unterschiedliche Subsidenz zur Ausbildung schnell tiefer werdender Becken führte. Ein submarines Relief entstand, mit tiefen Becken und dazwischen liegenden, wasserbedeckten submarinen Hochzonen. Im Südtessin bilden die dort erhaltenen Gesteine der Jurazeit ein solches submarines Relief ab, das während des Zerbrechens eines Kontinentalrandes typischerweise entsteht.

Am Monte San Giorgio können wir Gesteine einer ehemaligen marinen Hochzone (Trias – früher Jura) untersuchen. Brekzien im Steinbruch von Arzo (Abb. 58) am Südende des Monte San Giorgio zeugen von submariner Tektonik, die von heftigen Erdbeben begleitet war. Die Brekzien entstanden im frühen Lias und sie markieren das Zerbrechen einer in der Trias entstandenen Karbonatplattform.

Der Basler Geologe *Felix Wiedenmayer* studierte in den 60er-Jahren des letzten Jahrhunderts in minuziöser Kleinarbeit die Gesteine von Arzo. Er konnte

Der Kontinent-Ozean-Übergang

Das Auseinanderbrechen eines Kontinents kann symmetrisch erfolgen oder das Rifting beginnt mit dem Zerbrechen entlang einer grossen Bruchzone durch die Lithosphäre und entwickelt sich asymmetrisch. In den Alpen dürfte zu Beginn des Riftings ein grosser Dehnungsbruch zur Bildung einer Hauptabschiebung geführt haben. Dabei wurde der zukünftige europäische Kontinentalrand als Hangendes entlang dem Bruch abgeschoben und die Adria-/Afrika-/Ostalpine Mikroplatte bildete das «Liegende» der Hauptabschiebung. Mit weiterer Streckung der Kontinentalränder kamen Mantelgesteine des liegenden Kontinentalrandes entlang dem zentralen Dehnungsbruch an die Erdoberfläche (siehe Abb. 17.1).

Abb. 58: Die Brekzie von Arzo dokumentiert die Bruchbewegungen und beginnende Beckenbildung in der Trias.

Abb. 59: Parco delle Gole della Breggia, Südtessin. Entlang der Breggia-Schlucht ist die Entstehungsgeschichte des «Generosobeckens» in der Jurazeit archiviert. Eine auf dem Bild erkennbare submarine Rutschungsmasse wurde in der mittleren Jurazeit im tiefer werdenden Becken abgelagert.

erkennen, wie das ursprüngliche Gestein von unzähligen Rissen und Spalten durchzogen wurde, wie Meeressediment in diese Risse eingefüllt wurde. Die Spalten, als «Neptunian Dykes» bezeichnet, dringen bis einige Zehner von Metern in die Dolomite und Kalke der Hauptdolomitformation ein. Das zerbrochene Gestein wurde in mehreren Phasen nochmals zerbrochen. Die entstandene Brekzie wird als «Macchia Vecchia» bezeichnet und als «tektono-sedimentäre» Brekzie interpretiert. *Wiedenmayer* (1963) konnte mehrere Generationen von zuerst graufarbigen und dann roten marinen Einfüllsedimenten unterscheiden. Die roten fossilreichen Kalke der frühen Jurazeit (Broccatello-Formation) bilden die Füllung der jüngsten Risse und Spalten. Die so entstandenen rotgrauen Kalk-Gesteine werden bis heute abgebaut und sind in der Natursteinindustrie als «Arzo-Marmor» bekannt (auch wenn sie petrografisch mit «Marmor» nichts zu tun haben).

Arzo und der Ostrand des Monte San Giorgio lagen am Übergang der submarinen Hochzone in einem entstehenden tiefen Becken, bekannt als Generoso-Becken (Abb. 57, 59). Der Monte Generoso ist vorwiegend aus Kalken aufgebaut, die in der frühen Jurazeit in diesem schnell tiefer werdenden Becken abgelagert wurden. Der am Monte Generoso bis mehrere Tausend Meter mächtige graue, im Dezimeterbereich gebankte Kalk ist von unzähligen Silexlagen und -knollen durchsetzt. Die Fazies dieser Kalke, die als Lombardische Kieselkalke bezeichnet wurden (heute «Moltrasio-Formation»), kann in der Valle Muggio im Südtessin studiert werden. Das ganze Tal ist in diese Kieselkalke des Lias eingeschnitten. In der Valle Muggio und in der Breggia-Schlucht bei

Morbio Superiore erkennt man, dass die Kieselkalk-Abfolge vorwiegend aus Turbiditen besteht. Turbidite sind Ablagerungen von Suspensionsströmen, welche Kalkschlamm und Kieselschwammreste von der nahen Arzo-Hochzone ins Becken transportierten.

Sowohl die submarine Hochzone als auch das Generoso-Becken sanken als Teil des Adria-Kontinentalrandes in der späteren Rifting-Phase (später Lias und Dogger) in grössere Meerestiefen ab. In den Sedimenten sind Zeichen zunehmender Wassertiefe erkennbar, Kieselkalke im Generosobecken werden von zunehmend feinkörnigen und rotgefärbten «pelagischen» Kalken überlagert. In den Gesteinsserien der Arzohochzone werden Flachmeerkalke von roten pelagischen Kalken des mittleren Jura überlagert (siehe Kap. 8).

Mit den Südalpen vergleichbare Gesteine blieben in den Decken des Ostalpins in Graubünden erhalten. Die «Alvbrekzie» bei Pontresina im Engadin kann als Äquivalent zu den Brekzien von Arzo bezeichnet werden, mächtige Liaskalke der «Agnelliformation» am Julierpass entsprechen dem «Lombardischen Kieselkalk» des Monte Generoso.

6.4 Literaturhinweise

Bernoulli, D. 1964. Zur Geologie des Monte Generoso. Mat. Carta Geol. Svizzera (NF), 118, p. 134.

Bernoulli, D., Brun, J. P. und Burg, J. P. 2007. Continental extension: Introduction. International Journal of Earth Sciences, 96, p. 977–978.

Bertotti, G., Picotti, V., Bernoulli, D. und Castellarin, A. 1993. From rifting to drifting: tectonic evolution of the South-Alpine upper crust from the Triassic to the Early Cretaceous. Sedimentary Geology, 86, p. 53–76.

Manatschal, G. und Bernoulli, D. 1998. Rifting and early evolution of ancient ocean basins: the record of the Mesozoic Tethys and of the Galicia-Newfoundland margins. Marine Geophysical Researches, 20, p. 371–381.

Manatschal, G. und Bernoulli, D. 1999. Architecture and tectonic evolution of nonvolcanic margins: Present-day Galicia and ancient Adria. Tectonics, 18, p. 1099–1119.

Manatschal, G., Engstrom, A., Desmurs, L., Schaltegger, U., Cosca, M., Muntener, O. und Bernoulli, D. 2006. What is the tectono-metamorphic evolution of continental break-up: The example of the Tasna Ocean-Continent Transition. Journal of Structural Geology, 28, p. 1849–1869.

Trümpy, R. 1960. Paleotectonic Evolution of the Central and Western Alps. Geological Society of America Bulletin, 71, p. 843–907.

Wegener, A. 1915. Die Entstehung der Kontinente und Ozeane. Vieweg, Braunschweig, 94 p.

Wiedenmayer, F. 1963. Obere Trias bis mittlerer Lias zwischen Saltrio und Tremona (Lombardische Alpen). Die Wechselbeziehungen zwischen Stratigraphie, Sedimentologie und syngenetischer Tektonik, Eclogae Geol. Helv., 56, p 529–640.

Winterer, E. L. und Bosellini, A. 1981. Subsidence and sedimentation on Jurassic passive continental margin, Southern Alps, Italy. AAPG Bulletin, 65, p. 394–421.

Winterer, E. L. M. und Sarti, M. 1991. Neptunian dykes and associated breccias (Southern Alps, Italy and Switzerland): role of gravity sliding in open and closed systems. Sedimentology, 38, p. 381–404.

7. Das Küstenmeer der Jurazeit

Thema

Im Kapitel 7 verfolgen wir die Entwicklung des nördlichen Küstenmeers in der Jurazeit. Klima, Ozeanografie und tektonische Subsidenz spiegeln sich in der Fazies der Flachmeergesteine.

7.1 Der Jura – ein Begriff mit mehreren Bedeutungen

Auf seinen Wanderungen durch den schweizerischen und französischen Jura erkannte *Alexander von Humboldt* im frühen 19. Jahrhundert, wie helle, massige Kalke das eigentliche Gerüst des Juragebirges bilden. Die geologische Zeit, in welcher Jurakalk abgelagert wurde, bezeichnete Humboldt als «Jura-Zeit». Der Begriff «Jura» erlangte dank Humboldt bald grosse Verbreitung unter den Geologen. Jura wurde zum anerkannten stratigrafischen Begriff, der heute in der geologischen Zeitentabelle einem System entspricht. *Leopold von Buch* präzisierte den Begriff «Jura» im Jahr 1839 in seinem Werk «Über den Jura in Deutschland». Er erkannte, wie in Süddeutschland und im Juragebirge neben den hellen Jurakalken braune, eisenreiche Kalke und schwarze Tonsteine verbreitet auftreten, und er schlug eine Dreiteilung des Jurasystems vor:

Der «Schwarze Jura» mit schwarzen Tonen, Mergeln und dazwischen eingeschalteten Kalkpaketen (rund 150 m) entspricht in der heutigen Zeitentabelle dem Lias und dem frühen Dogger. Heute werden in der Nordschweiz die schwarzen Sedimente mit den lithologischen Namen wie «Obtusus-Ton» (Frick-Member) und «Posidonien-Schiefer» (Rietheim-Member) der bis etwa 70 m mächtigen Staffelegg-Formation zugeordnet. Die siltig-sandigen Opalinus-Tone und Mergel gehören zur entsprechenden 60–120 m mächtigen Opalinuston-Formation

Der «Braune» oder mittlere Jura mit oft eisenreichen Gesteinen und Flachwasserkalken (bis 500 m) kann mit dem englischen Dogger und dem frühesten Malm korreliert werden. Bekannt sind in der Nordschweiz die eisenreichen Sedimente, die bis 1967 bei Herznach (Kt. AG) als Eisenerz abgebaut wurden.

Der «Weisse Jura» kann heute den gut gebankten Flach- und Küstenmeer-Kalken der Reuchenette-Formation (160 m) gleichgesetzt werden. Diese Kalke des mittleren Malm eignen sich oft als Bausteine. So findet man Kalke der Reuchenette-Formation aus der Gegend Solothurns weit verbreitet als Bausteine in Schweizer Städten.

7.2 Der nördliche Kontinentalrand im frühen und mittleren Jura: Subsidenz und Sedimentation im Gleichgewicht

Der nördliche Kontinentalrand erstreckte sich von den Ablagerungsräumen des Juragebirges über den helvetischen Faziesgürtel in den nordpenninischen Ablagerungsraum (Walliser Trog). Zum nördlichen Kontinentalrand wird auch der Ablagerungsraum des Mittelpenninikums (= «Briançonnais») gezählt. Dieser Raum lag in der frühen Jurazeit einige Hundert Kilometer westlich vom helvetischen Sedimentationsgebiet vor dem «Iberischen» Kontinent. Als tektonische Scholle wurde das Briançonnais erst später, in der späten Jura- und Kreidezeit, entlang von Bruchzonen über mehrere Hundert Kilometer gegen Osten verschoben (siehe Kap. 10).

Die Fazies der Sedimentgesteine des Juragebirges, die am proximalen, küstennahen Teil des nördlichen Tethys-Kontinentalrands abgelagert wurden, zeigt Signaturen eines Flachmeeres (Küstenfazies abwechselnd mit Fazies, die auf etwas tiefere Schelfmeerbedingungen von bis zu ca. 200 m Tiefe schliessen lässt; Abb. 60, 61).

In den jurazeitlichen Sedimentgesteinen im schweizerischen und französischen Jura fehlen, im Gegensatz zu jenen der Trias, Evaporite oder reine Sandsteine. Die Faziesanalyse gibt den Geologen nicht nur Hinweise auf die Ablagerungstiefe und damit auch auf Subsidenzgeschichte. Organismenvergesellschaftungen, chemische Signaturen im Gestein und die Sedimentzusammensetzung dienen als Informationsquellen zu Wassertemperaturen, zu Nährstoff-Verhältnissen und zur Wasserchemie der Tethys. Wiederholte Wechsel von kalkigen zu mergeligen oder sogar tonigen Gesteinen («Schwarzer Jura», «Weisser Jura») und episodisch hohe Eisenanteile in den Sedimentgesteinen («Brauner Jura») deuten auf variierende Ablagerungsbedingungen im Jura-Flachmeer hin. Solche Wechsel in der sedimentären Fazies wurden einerseits durch Veränderungen im globalen Meeresspiegel («eustatische Meeresspiegelschwankungen»), andererseits durch Veränderungen in den

Das Küstenmeer der Jurazeit

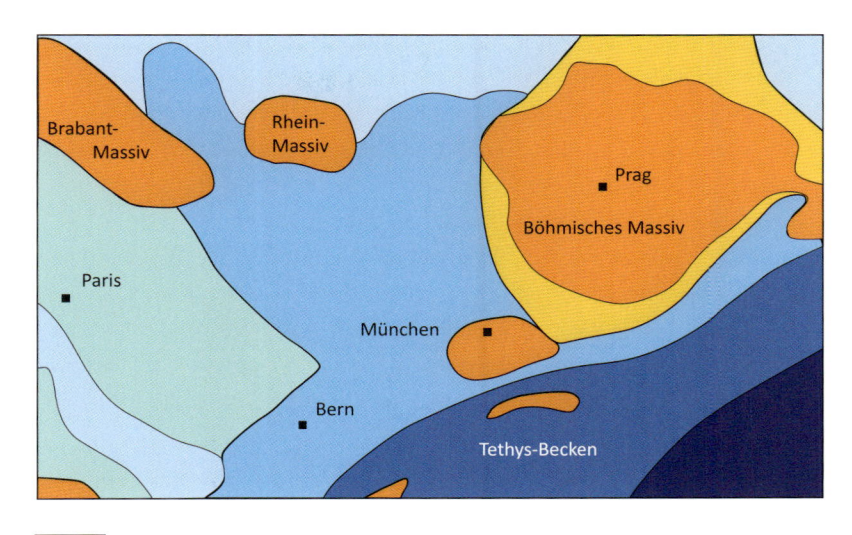

- Gebiete ohne Ablagerung
- Kontinentale Ablagerungen (vorwiegend sandig)
- Flachmarine Ablagerungen (Karbonatplattform)
- Beckensedimente (tonig)
- Flachmarine Ablagerungen (tonig-sandig)
- Flachmarine Ablagerungen (Tethys)
- Tiefermarine Ablagerungen (Tethys)

Abb. 60: Paläogeografie Mitteleuropas im mittleren Jura.

Abb. 61: In der Tongrube von Frick ist der Übergang von terrestrischen Sedimenten der späten Trias (hellgrau) und marinen Sedimenten des frühen Jura (braun und dunkelgrau) aufgeschlossen.

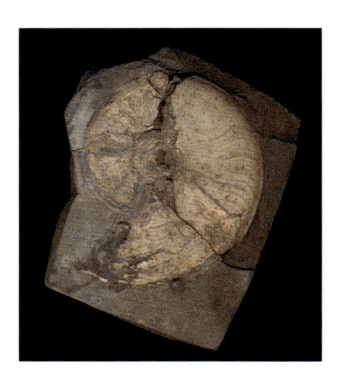

Abb. 62: Leioceras opalinum, das namengebende Fossil des Opalinus-Tones (Bildbreite ca. 6 cm).

Abb. 63: Fossile Korallen aus dem oolithischen Kalken des Hauptrogensteins der Nordschweiz (Bildbreite ca. 10 cm).

ozeanischen Verhältnissen (Nährstoff-Budgets, Strömungen) und durch Klimaschwankungen ausgelöst.

Im frühen und zu Beginn des mittleren Juras entstanden in den flachen Küstenmeeren neben fossilreichen Kalken auch der Obtusus-Ton, der «Posidonien-Schiefer» und der kalkarme schwarze Opalinus-Ton («Schwarzer Jura»). Der Opalinus-Ton (Abb. 62) wird von der NAGRA als mögliches Endlagergestein für radioaktive Abfälle in Betracht gezogen. Der Opalinus-Ton liegt am untersuchten Standort Benken auf ca. 540 bis 650 m Tiefe. Der hohe Tonanteil macht den Opalinus-Ton wasserundurchlässig und bindet Radionuklide. Wasserundurchlässiges Gestein soll garantieren, dass die hoch radioaktiven Nuklearabfälle über Jahrhunderttausende vom Grundwasserfluss getrennt bleiben.

Die schwarze Farbe dieser Sedimentgesteine weist auf erhöhte organische Kohlenstoffgehalte von mehr als 1 % hin. Der erhöhte Kohlenstoffgehalt macht die «Posidonien-Schiefer» zu möglichen Erdölmuttergesteinen. Die europäischen Erdölfirmen starteten deshalb nach dem 2. Weltkrieg ausgedehnte geochemische und geologische Untersuchungsprogramme zur Genese der «Posidonien-Schiefer». Diese Tonsteine und Mergel wurden mit marinen Sedimenten verglichen, in denen heute hohe Anteile an organischem Kohlenstoff gemessen werden. Wir finden heute Sedimente mit erhöhten Anteilen an organischem Kohlenstoff z. B. entlang der Westküste Nordamerikas, in den California Borderlands vor Los Angeles. Das ist ein Gebiet, wo die biologische Produktivität aus ozeanografischen Gründen («upwelling») hoch ist. Man findet Sedimente mit viel organischem Kohlenstoff auch in Regionen, wo das Bodenwasser sauerstoffarm ist und wo deshalb das absinkende organische Material nicht «verbrennen» kann. Bei der oft mikrobiell gesteuerten «Verbrennung» oder Oxidation von abgestorbenem organischem Material im tiefen Meerwasser oder im Meeressediment wird Zellmaterial wieder in gelöstes Karbonat, Wasser und in gelöste Nährstoffe zurückgeführt. Unter sauerstofffreien Bedingungen können sulfatreduzierende Bakterien das Zellmaterial zerstören (z.B. Schwarzes Meer). Heute sind Erdgasgesellschaften erneut an Posidonien-Schiefer und auch am Opalinuston interessiert. In diesen Gesteinen sind möglicherweise grosse unkonventionelle Gasreserven gespeichert, die mit der «Fracking-Methode» gewonnen werden könnten.

Im mittleren Jura wechselten klimatische und ozeanografische Bedingungen im Gebiet des Tethysmeeres. Helle, oolithische Kalke des Hauptrogensteins (Abb. 63) kontrastieren mit den schwarzen Sedimenten des Lias und des frühen Doggers. Sie bilden heute in der Juragebirgslandschaft der Nordwestschweiz – wie z. B. bei Liestal – markante Kalkklippen. Verbreitet treffen wir im

Jura auch eisenreiche Gesteine an. Sie entstanden im späten Dogger unter ausserordentlichen klimatischen Bedingungen entlang des Nordrandes der Tethys (z.B. Eisenerz in Herznach, Kt. AG; Abb. 64). Eisen wurde in dieser klimatisch feuchten Zeit vermutlich aus tief verwitterten kontinentalen Böden ausgewaschen und in küstennahen Sedimenten in sogenannten Eisenooiden und in submarinen Eisenkrusten fixiert.

Zum nördlichen Kontinentalrand gehörte auch der Ablagerungsraum der Gesteine unter dem heutigen Mittelland und des Helvetikums. Die Faziesentwicklung im helvetischen Ablagerungsraum ist in der frühen und mittleren Jurazeit mit jener des Juragebietes vergleichbar.

Allerdings fallen in den helvetischen Decken grosse Mächtigkeitsunterschiede zwischen den Sedimenten des nördlichen Raumes und jenen des südlichen Ablagerungsaumes auf. Grosse Mächtigkeitsunterschiede sind z. B. in den Liasgesteinen der helvetischen Decken im Glarnerland zu erkennen. Dabei weist die Zunahme der Mächtigkeit gegen Süden, gegen den penninischen Ablagerungsraum, auf zunehmende Subsidenz des distalen Teils des auseinanderbrechenden nördlichen Kontinentalrandes hin.

Aus dem Tiefpenninikum sind z. T. mächtige, aber schlecht datierte Sedimentabfolgen des Juras bekannt (z.B. Vorderrheintal), und im Mittelpenninikum zeichnen die vorwiegend in einem Flachmeer gebildeten Sedimente des frühen Jura die Entstehung einer Hochzone, des Briançonnais, auf. Wir können diese Gesteine z. B. in den mittelpenninischen Klippen an den Mythen, am Stanserhorn und in den Préalpes Medianes studieren. Im Ablagerungsraum des Briançonnais waren Subsidenz und Sedimentation im frühen Jura ähnlich wie im Juragebirge in einem Gleichgewicht.

Abb. 64: Ammonit aus dem Eisenerz von Herznach (Bildbreite ca. 8 cm).

7.3 Der nördliche Kontinentalrand im späten Jura

Im Gegensatz zu den weiter südlich liegenden Gebieten blieb der nördliche Kontinentalrand flachmarin. Im Juragebirge und in den helvetischen Decken archivieren die Sedimente des mittleren und späten Juras die Entwicklung eines Schelfmeeres, das den nördlichen Rand der alpinen Tethys umfasste. Zur Zeit der Neubildung ozeanischer Kruste im mittleren Jura gelangten in diesem flachen Meer ähnlich wie im Jura-Meer Eisenooide zur Ablagerung (Bsp. Erzegg, Melchsee-Frutt). Neben Eisenoolithen entstanden auch Eisenkrusten mit Laminationsstrukturen, die als Spuren von Bakterienmatten interpretiert werden. Einzelne Forscher vermuten, dass nicht nur das warm-

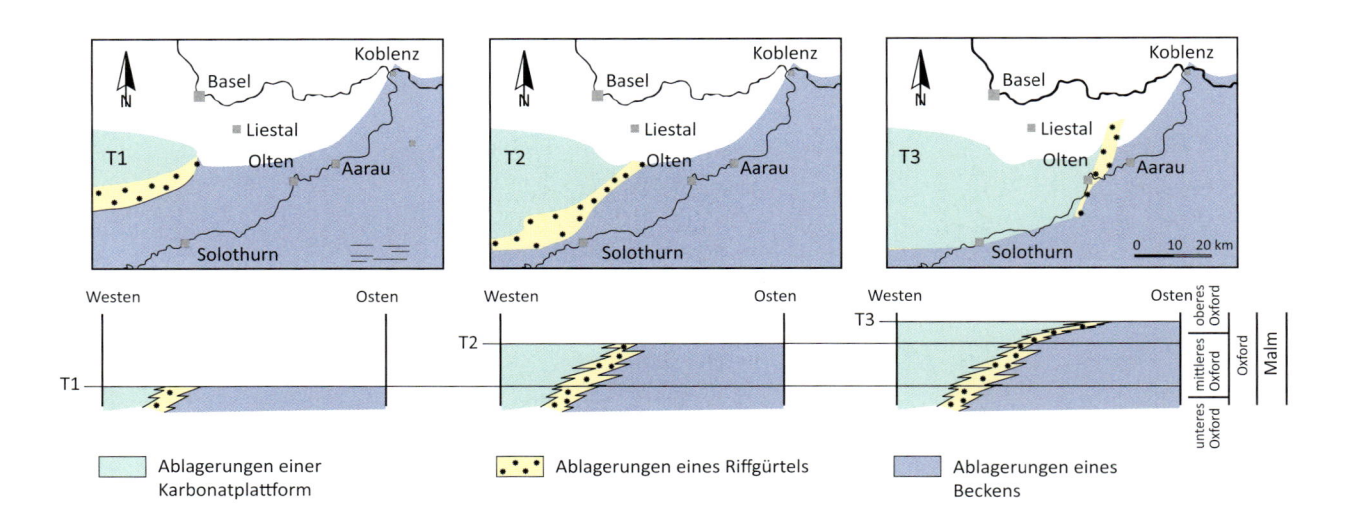

Abb. 65: Progradation des Riffgürtels im späten Jura der Nordschweiz.

feuchte Klima in der mittleren Jurazeit, sondern auch die verbreitete Neubildung ozeanischer Kruste als Quelle von grossen Mengen hydrothermalen Eisens im Meerwasser in Frage kommt.

Die mächtigen Kalkablagerungen des späten Juras wurden auf einem schnell absinkenden Schelf abgelagert. Die Sedimentation konnte aber mit der tektonischen Subsidenz Schritt halten: Am Übergang zur Kreidezeit bildeten sich auf dem Nordtethys-Schelf verbreitet Riffe, die z. B. in Sedimenten des Helvetikums studiert werden können.

Riffgürtel veränderten sich in der Zeit und im Raum. Die Nordschweiz eignet sich für Untersuchungen der Wachstumsdynamik von Riffen am besten (Abb. 65). Dort erkennt man im mittleren und späten Jura zwei generelle Ablagerungsräume; den westlichen keltischen (raurakischen) und den östlichen schwäbischen (argovischen) Faziesraum. Der keltische Raum wird von Flachwasserkalken (neritische Kalke), Riffkalken und lagunären Sedimenten dominiert. Der schwäbische Raum ist geprägt durch Mergel, Tone und Flachwasserkalke, die in tieferen Schelfbecken abgelagert wurden. Als Folge von Meeresspiegelschwankungen in der Grössenordnung von einigen Zehnern von Metern haben sich Faziesgürtel und somit auch die Grenze zwischen dem keltischen und dem schwäbischen Bereich im Raum verschoben. Beispielhaft ist das ostwärts Wandern des Jura-Riffgürtels am Übergang vom Dogger in den Malm (bis 35 km Verschiebung des Riffgürtels; Abb. 65). Der Oberjura-Riffgürtel kann bis in die helvetischen Decken verfolgt werden. In der Ostschweiz (Kt. Glarus) wird der Quintenkalk vom korallenführenden Troskalk überlagert. Der Korallenkalk entstand im späten Malm, als die Nord-

Abb. 66: Blick auf die Quintenkalk-Formation des späten Jura, Helvetikum, Gemmipass (Kt. VS).

tethys-Küste bei tiefem Meeresspiegel vom Juragebiet weit gegen Süden auf den «helvetischen Schelf» verschoben wurde (Abb. 66).

7.4 Literaturhinweise

Funk, H. P. 1985. Mesozoische Subsidenzgeschichte im Helvetischen Schelf der Ostschweiz. Eclogae Geol. Helv., 64, p. 249–272.

Gygi, R. A. 1992. Structure, Pattern of Distribution and Paleobathymetry of Late Jurassic Microbialites (Stromatolites and Oncoids) in Northern Switzerland. Eclogae Geologicae Helvetiae, 85, p. 799–824.

Von Buch, L. 1839. Über den Jura in Deutschland. Abhandlungen der Königlichen Akademie der Wissenschaften zu Berlin, 1837, p. 49–135.

8. Tiefsee im Hochgebirge

Thema

In diesem Kapitel verfolgen wir, wie die Geologen schon im frühen 20. Jahrhundert erkannten, dass Ablagerungen eines ehemaligen tiefen Meers in den Alpen erhalten sind. Wir rufen in Erinnerung, dass ein Verständnis der modernen Ozeanografie nötig ist, wenn man die Entstehung von alpinen Tiefseesedimenten verstehen will.

Im ausgehenden 19. Jahrhundert waren weite Teile der Erde entdeckt, die europäischen Länder hatten ihre Kolonialreiche ausgedehnt. Weitgehend unerforscht blieben die grossen Ozeane. 1872 brach eine englische Forschergruppe unter der Leitung von *Charles Thomson* und *John Murray* zur ersten weltumspannenden ozeanografischen Forschungsreise auf. Für die Expedition wurde die HMS Challenger der «British Navy» umgebaut und mit Forschungslaboratorien ausgerüstet. Mit diesem Schiff sollten chemische, physikalische und biologische Informationen aus den Ozeanen gesammelt werden. Auf der vierjährigen Expedition wurden an 362 Stationen Proben genommen. Die Forscher massen Wassertiefe, sie nahmen Wasserproben aus verschiedenen Tiefen für chemische Analysen, die nach dem Ende der Expedition an der Universität Edinburgh durchgeführt wurden. Sie sammelten Sedimentproben, zeichneten Wetterbedingungen und Strömungsverhältnisse auf. Die Forschungsresultate wurden bis 1896 in einem Werk von 50 Bänden veröffentlicht.

Mit der Expedition wurde das neue Forschungsgebiet «Ozeanografie» initiiert. Die Resultate der Challenger-Reise waren aber auch von grösster Bedeutung für die geologische Forschung. Alpengeologen erkannten, dass ein Verständnis der alpinen Geologie ohne Kenntnisse der modernen Ozeanografie unmöglich war. Auf grosses Interesse stiessen die von der Expedition zurückgebrachten Tiefseesedimente. Die Forscher fanden hauptsächlich drei Sedimentfaziestypen: Kalkschlamm, Kieselschlamm und Tiefseeton. Der aus Fossiltrümmern von planktischen Organismen (an der Wasseroberfläche lebend:

Kalkalgen, Foraminiferen) bestehende Kalkschlamm ist im Atlantik nur bis in einer Tiefe von ca. 5000 m erhalten, im Pazifik gar nur bis etwa 4000 m. Wie eine Schneegrenze lässt sich diese sogenannte «Calcit-Kompensationstiefe» (CCD) durch die Ozeane verfolgen. Unter dieser Grenze ist das Meerwasser in Bezug auf Calcit so stark untersättigt, dass alle von der Meeresoberfläche absinkenden Kalkschalen aufgelöst werden. Diese Kompensationstiefe, heute auf ca. 4000–5000 m, ist von der Meerwasserchemie abhängig. Mit zunehmendem Anteil an gelöster Kohlensäure im Wasser nimmt die Löslichkeit von Calcit zu. Unterhalb der Kompensationstiefe fand schon die Challenger-Expedition vorwiegend Sedimente, die aus kieseligen Skeletten aufgebaut sind (Radiolarien, Kieselalgen). Wenn auch diese Skelette fehlen, dann werden in den grossen Meerestiefen nur noch Tiefseetone abgelagert (Tone, die von den Kontinenten mit Wind- und Wasserströmungen in die offenen Meere transportiert werden).

Der deutsche Alpengeologe *Gustav Steinmann* (Abb. 67) verglich 1905 erstmals feine Kalke der Südalpen und des Hochpenninikums mit dem von der Challenger-Expedition gesammelten Tiefseekalkschlamm. Ferner sah er in den kalkfreien Radiolariten der Juraabfolge in den Südalpen, den Ostalpen und in den hochpenninischen Decken Äquivalente der Tiefseekieselsedimente. *Steinmanns* Beobachtung, dass in einem Gebirge Tiefseesedimente erhalten sind, wurde noch bis 1950 von einzelnen Alpengeologen infrage gestellt. Erst mit der Plattentektonik stand den Geologen ein Konzept zur Verfügung, das die steinmannschen Tiefseesedimente in einen sinnvollen genetischen Rahmen stellte.

Die Calcit-Kompensationstiefe (Calcite Compensation Depth, CCD)

Die Lage der CCD ist vergleichbar mit einer Schneelinie. Unter der CCD ist der Untersättigungsgrad des Meerwassers in Bezug auf Calcit so gross, dass dieser aufgelöst wird. Diese Verhältnisse werden heute in grossen Wassertiefen von mehr als 4 km erreicht. In Gebieten hoher biologischer Produktivität kann die CCD weniger tief liegen. Beim Absterben der Organismen wird Zellmaterial verbrannt und das tiefe Wasser wird an Kohlendioxid angereichert. Calcitschalen werden im tiefen Wasser beschleunigt aufgelöst.

Abb. 67: Gustav Steinmann, 1856–1929.

8.1 Neuer Ozeanboden

Schon 1813 beobachtete der französische Geologe *Alexandre Brongniart* (1770–1847), dass Serpentinite, Gabbros und Basalte in gewissen Gebieten der Alpen und der Apenninen weit verbreitet sind. Er prägte für diese Gesteine den Begriff «Ophiolith». *Steinmann* postulierte vor 100 Jahren, dass diese Ophiolithe allochthone Gesteine sind, die erst während der Gebirgsbildung in ihre heutige Position gebracht wurden. Mit der Entdeckung der Plattentektonik konnten *Brongniarts* Ophiolithe neu als Reste ozeanischer Lithosphäre definiert werden. Unter dem Begriff «Ophiolith» verstehen wir heute eine Vergesellschaftung von mafischen und ultramafischen Gesteinen. Eine ideale Ophiolith-Abfolge, definiert an einer Penrose-Konferenz 1972, umfasst: Mantelgesteine: Peridotit/Serpentinit; ozeanische Kruste: Gabbros, «Sheeted Dyke» Basalt, Pillowbasalt und dazugehörige Tiefseesedimente.

Heute erklärt man sich die Bildung ozeanischer Kruste in der Tethys folgendermassen: Mit zunehmender Subsidenz der Tethys-Kontinentalränder sanken deren distale Bereiche im Verlaufe der Jurazeit in zunehmend grössere Tiefen ab. Die Phase des «Rifting» wurde durch die plattentektonische Phase des «Drifting» abgelöst. Neue ozeanische Kruste entstand zwischen den beiden sich auseinander bewegenden Kontinenten Europa und Adria (bzw. Ostalpen-Mikroplatte oder Afrika) ab mittlerem Jura (Dogger). Etwa gleichzeitig entstand im zentralen Atlantik zwischen Nordamerika und Europa ein mittelozeanischer Rücken (Abb. 68, 69). Im Gegensatz zum Atlantik mit seinem bis heute aktiven Nord-Süd gerichteten mittelozeanischen Rücken war die alpine Tethys durch einen von ozeanischen Bruchzonen zerstückelten mittelozeanischen Rücken gekennzeichnet. Viele der in den Alpen erhaltenen Ophiolithe entsprechen nicht der für ozeanische Lithosphäre typischen Abfolge. *Weissert* und *Bernoulli* haben 1985 Ophiolithe als Relikte ozeanischer Bruchzonen interpretiert. In neueren Interpretationen werden die alpinen Peridotite und Serpentinite als Reste von kontinentalem Mantel beschrieben. Diese Mantelgesteine wurden zu Beginn der ozeanischen Drifting-Phase am Übergang Kontinent – ozeanische Lithosphäre durch tektonische Abscherungsprozesse am Meeresboden freigelegt. Dort wurden sie oft von Basaltlagen und von marinen Sedimenten überdeckt. Im Gebiet des Julierpasses in Graubünden gelang es dem Bündner Geologen *Gianreto Manatschal* in den 90er-Jahren des letzten Jahrhunderts, den eigentlichen Übergang zwischen kontinentaler Kruste und neuem Ozeanboden zu erkennen. An dieser Grenze wurden in der letzten Streckungsphase des Kontinentalrandes Mantelgesteine (Peridotite, Septentinite) bis an den Meeresboden versetzt und freigelegt.

Abb. 68: «Pillow-Laven» auf der Alp Flix (Graubünden), typische Anzeichen submariner vulkanischer Aktivität (Pillows: ca. 100 cm breit).

Abb. 69: Blick von W gegen das Hörnli (links im Bild). Basalte, Serpentinite und Tiefseesedimente (Hochpenninikum) prägen die Landschaft westlich von Arosa.

Tiefsee im Hochgebirge

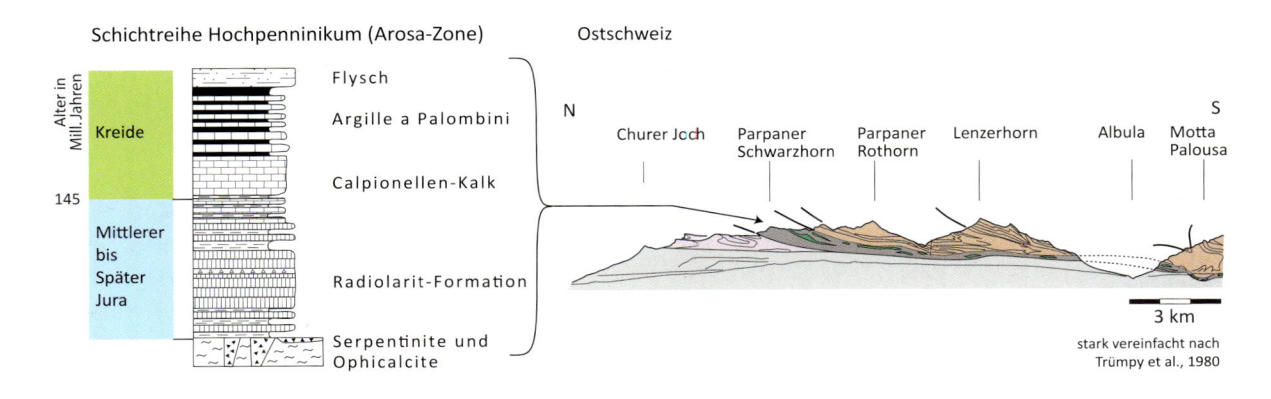

Abb. 70: Ozeanische Kruste im Südpenninikum: Ozeanische Krusten- und Mantelgesteine werden von pelagischen Sedimenten überlagert (Radiolarit, heller Kalk; mittlerer Jura – frühe Kreide).

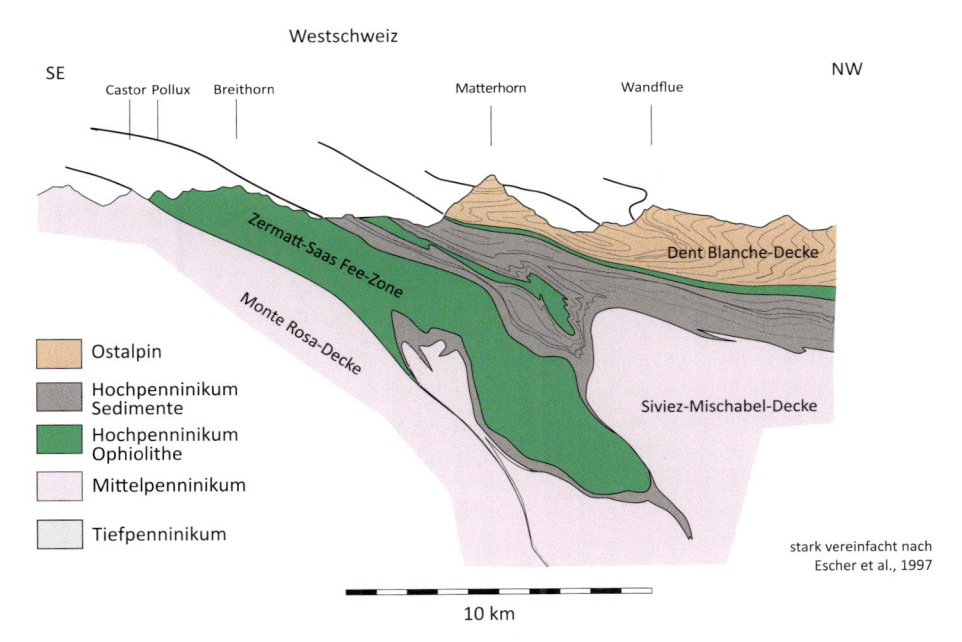

Eigentliche Reste ozeanischer Lithosphäre oder Ophiolithe sensu stricto, wie sie an mittelozeanischen Rücken neu entstanden, sind in den Alpen kaum erhalten (Abb. 68). Man vermutet, dass grosse Teile der im Jura und in der Kreide neu entstandenen ozeanischen Tethys-Lithosphäre während der alpinen Gebirgsbildung in grosse Tiefen subduziert wurden und dass diese Gesteine deshalb in den Alpen nicht mehr gefunden werden. Der zentrale Bereich der alpinen Tethys, der durch neuen Ozeanboden gekennzeichnet ist, wird in der Fachliteratur als «Piemont-Ozean» oder «Piemont-Trog» bezeichnet.

Gesteine der Ophiolith-Sequenz lassen sich als Spur eines verschwundenen Ozeanbodens oder eines Kontinent-Ozeanübergangs in den hochpennini-

Abb. 71: Blick von der Alp Flix gegen Norden (Piz d'Err). Die dunklen Serpentinite im Vordergund (Mantelgesteine eines Kontinent-Ozeanübergangs) kontrastieren mit den Kalk- und Dolomitabfolgen des Piz Ela (Trias, Ostalpin).

schen Decken durch die Alpen verfolgen (Abb. 69, 70, 71). In Graubünden gehören die Aroser Zone, die Plattadecke und Malenco-Serpentinite zum Hoch- oder Südpenninikum. Im Wallis rechnet man die ophiolithführende Zone von Zermatt – Saas Fee ebenfalls zum Hochpenninikum. Im Piemonttrog wurden ursprüngliche stratigrafische Abfolgen während der Subduktion in der späten Kreidezeit meist zerrissen: Es sind nur noch bruchstückhafte Profile vorhanden («broken formations»).

An manchen Orten wurden während der Subduktion Gesteine verschiedenster Herkunft zusammengemischt und in einer oft schiefrigen Sedimentmatrix durchmischt. Der ETH-Geologieprofessor *Ken Hsü* bezeichnete diese stark durchmischten Gesteinspakete als «Mélange», entstanden durch das Zusammenspiel von tektonischen und sedimentären Prozessen an Subduktionszonen (siehe Kap. 11). Trotz starker Deformation der Gesteinsabfolgen gelang es den Geologen, die Sedimentabfolge, die über den Ophiolithen abgelagert wurde, zu rekonstruieren.

An Lokalitäten mit gut erhaltenen Mantel- und/oder Krustengesteinen (z. B. bei Davos-Parsenn, Arosa) findet man über Serpentiniten oder Basalten Tiefseesedimente des mittleren und späten Juras (Radiolarite) und feinkörnige weisse Kalke (spätester Jura – frühe Kreide). Schwarze Kalke und Tonschiefer (frühe – «mittlere» Kreide) überlagern die Kalke.

Der Übergang der zentralen Tethys mit dem neu gebildeten Ozeanboden zum nördlichen Tethys-Kontinentalrand ist nicht so gut rekonstruierbar wie jener zum südlichen Kontinentalrand. Grosse tektonische Transformbrüche

Abb. 72: Verfalteter Radiolarit, Gotschnagrat (Klosters). Der Radiolarit gehört zum Hochpenninikum. Er wurde in der mittleren bis späten Jurazeit als Radiolarienschlamm unterhalb der CCD im Piemont-Becken abgelagert.

entstanden in der späten Jurazeit und in der frühen Kreide entlang des nördlichen Tethys-Randes. Übergänge wie jener am Julierpass zwischen distalem südlichem Kontinentalrand und dem neuen Ozeanboden sind für den Übergang Europa/Iberien – Ozeanische Kruste nicht dokumentiert.

8.2 Tiefseesedimente und Jura-Ozeanografie

Während die Radiolarite in der zentralen Tethys auf Ophiolithen abgelagert wurden, bildete die mächtige Kontinentalrandabfolge, die im Kapitel 6 beschrieben wurde, die Unterlage der Radiolarite in Süd- und Ostalpen. Radiolarite (Dogger – Malm; Abb. 72) und feine weisse Kalke («Maiolica-Formation», frühe Kreide; Abb. 73) werden als «pelagische» Sedimente bezeichnet. Diese sind vorwiegend aus marinen planktischen Organismen (kieselige Radiolarien und kalkiges Nannoplankton) zusammengesetzt. Der Anteil an feinem kontinentalem Verwitterungsschutt ist gering, Kontinente waren weit entfernt. Es gab kaum grosse Flüsse, die in die Südtethys mündeten, und der distale südliche Kontinentalrand lag, wie die neue zentrale Tethys ab mittlerem Jura in grossen Meerestiefen (1000 m und mehr; Abb. 74).

Reste dieses südlichen Kontinentalrandes der alpinen Tethys sind heute in Gesteinen der Südalpen und der ostalpinen Decken erhalten. Als auffälliges Sediment sind die kalkfreien Radiolarite über weite Bereiche der südlichen und zentralen Tethys entstanden. *Gustav Steinmann* (1905) hat diese Sedimente mit

Silex oder Chert

Silex oder «Chert» ist ein Gestein, das aus einem Gemenge von mikrokristallinem Quarz (SiO_2) zusammengesetzt ist. Silex kann rote, grüne oder schwarze Knollen in Kalken bilden, Silex kann auch, wie beim Radiolarit, als geschichtetes Gestein auftreten. Quelle des Silicas sind meistens marine, kieslige Organsimen, wie z. B. Radiolarien (Strahlentierchen) oder Diatomeen (Kieselalgen). Die Schalen dieser Organismen bestehen ursprünglich aus amorphem, nicht kristallinem Silica, das während der Diagenese (Gesteinsbildung) über Lösung und Wiederausfällung zu kristallinem Quarz umgewandelt wird. Silex entsteht im Verlauf der Vergrabungsdiagenese bei Temperaturen bis zu 70° C und in Vergrabungstiefen von mehreren Hundert Metern.

Abb. 73: Weisser, feinkörniger, pelagischer Kalk (Maiolica, frühe Kreide, Südtessin). In die Kalke eingeschaltet sind dunkle Silex- oder Chertlagen.

Pelagisches Sediment

Für die Rekonstruktion der genauen Ablagerungstiefe von feinkörnigem, offenmarinem Kalk und von Radiolarit fehlen den Geologen oft direkte Informationen aus dem Sediment. Die Radiolarite der Jurazeit wurden unter der Calcit-Kompensationstiefe abgelagert, die heute in den Ozeanen auf 4000–5000 Metern Tiefe liegt. Im Mesozoikum dürfte die CCD weniger tief gelegen haben, da offenmarine Kalkproduktion weniger ausgeprägt war. Feinkörnige Kalke und Radiolarite werden deshalb nicht als Tiefseesedimente, sondern vorsichtiger als «pelagische» Sedimente bezeichnet. Das sind Sedimente, die weit weg von der Küste in einem offenmarinen Milieu gebildet wurden. Der Begriff «pelagisch» impliziert aber nicht eine bestimmte Wassertiefe.

den während der Challenger-Expedition gesammelten kalkfreien Tiefseesedimenten verglichen.

Heute interpretiert man die Radiolarite als Sedimentgesteine, die unterhalb der ozeanischen Calcit-Kompensationstiefe (CCD) abgelagert wurden. Der markante Wechsel von roten kieseligen Radiolariten und Radiolarienkalken zu weissen Kalken an der Jura-Kreide-Grenze wird mit einem Absinken der CCD, verursacht durch Änderungen in der Ozeanzirkulation des Tethysmeers erklärt. Radiolarienschlamme in der Tethys wurden vermutlich in äquatorialen Breitengraden sedimentiert. Die biologische Produktivität im Oberflächenwasser war hoch. Die jüngeren Kalke bildeten sich im breiter gewordenen Tethysmeer in paläomagnetisch bestimmten höheren Breitengraden von etwa 20 °N. Die zu Zeiten der Radiolaritentstehung starke Äquatorialströmung dürfte schwächer geworden sein und nährstoffarmes Oberflächenwasser begünstigte das Aufkommen von kalkigem Nannoplankton. Bei geringerer mariner Produktivität wurden weniger Organismenreste im Tiefenwasser verbrannt. Deshalb nahm der Anteil an gelöstem Kohlendioxid im tiefen Wasser ab und Kalkschlamm blieb auch im tiefen Tethysmeer erhalten.

Tiefsee im Hochgebirge

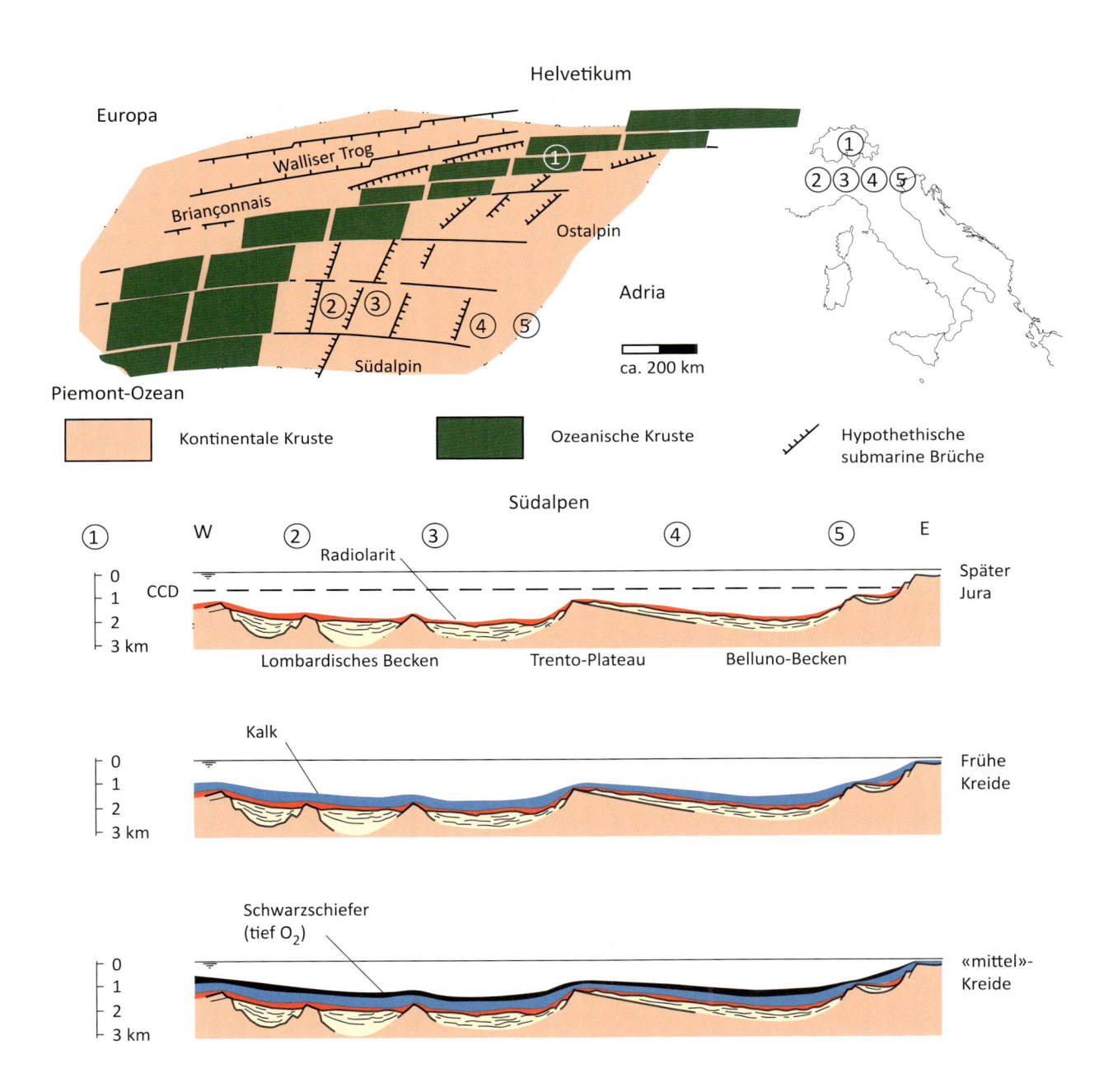

Abb. 74: Pelagische Sedimentation während des Jura.

8.3 Nord- und Mittelpenninikum

Radiolarite und Tiefseekalke fehlen in den Jura-Kreide-Gesteinsabfolgen, die heute in den Decken des Tiefpenninikums erhalten sind. Anstelle von Radiolariten und Kalken findet man dort Schiefer, die als Bündnerschiefer bezeichnet werden. Die Bündnerschiefer entstanden im Walliser Trog, einem Meerestrog, der zum distalen Nordrand der alpinen Tethys gehörte. Flüsse brachten in der Jura- und Kreidezeit grosse Mengen an feinem Verwitterungsschutt, Ton, Silt und Sand, ins nördliche Tethysmeer. Die Bündnerschiefer mit ihrem hohen Anteil an feinem Erosionsschutt ersetzen deshalb im Walliser Trog detritus-arme Radiolarite und Tiefseekalke. In oft monotonen Sedimentabfolgen des Nordpenninikums und v. a. in Decken, die zum Mittelpenninikum gezählt werden, fallen verbreitete Brekzienablagerungen auf, die im späten Jura entstanden sind. Im Kanton Graubünden findet man solche Brekzienablagerungen in der mittelpenninischen Falknisdecke. Im Wallis werden die vergleichbaren Brekzienablagerungen in der sogenannten Sion-Courmayeur-Zone gefunden, die dort lokal als tiefpenninische Decke klassifiziert wurde. Geologen interpretieren diese Jurabrekzien als submarine Bergsturzbrekzien (siehe Kap. 10).

8.4 Literaturhinweise

Bernoulli, D., Brun, J. P. und Burg, J. P. 2007. Continental extension: Introduction. International Journal of Earth Sciences, 96, p. 977–978.

Bernoulli, D. und Weissert, H. 1985. Sedimentary Fabrics in Alpine Ophicalcites, South Pennine Arosa Zone, Switzerland. Geology, 13, p. 755–758.

Bertotti, G., Picotti, V., Bernoulli, D. und Castellarin, A. 1993. From rifting to drifting: tectonic evolution of the South-Alpine upper crust from the Triassic to the Early Cretaceous. Sedimentary Geology, 86, p. 53–76.

Escher, A., Hunziker, J. C., Marthaler, M., Masson, H., Sartori, M. und Steck, A. 1997. Geologic framework and structural evolution of the western Swiss-Italian Alps. In: Pfiffner A. O. et al. (Eds.): Deep Structure of the Swiss Alps: Results From NRP 20. Birkhäuser, Basel, p. 205–221.

Funk, H. P. 1985. Mesozoische Subsidenzgeschichte im Helvetischen Schelf der Ostschweiz. Eclogae Geol. Helv., 64, p. 249–272.

Hsu, K. J. 1975. Paleoceanography of Mesozoic-Alpine-Tethys. Geology, 3, p. 347–348.

Manatschal, G. und Bernoulli, D. 1998. Rifting and early evolution of ancient ocean basins: the record of the Mesozoic Tethys and of the Galicia-Newfoundland margins. Marine Geophysical Researches, 20, p. 371–381.

Manatschal, G. und Bernoulli, D. 1999. Architecture and tectonic evolution of nonvolcanic margins: Present-day Galicia and ancient Adria. Tectonics, 18, p. 1099–1119.

Manatschal, G., Engstrom, A., Desmurs, L., Schaltegger, U., Cosca, M., Müntener, O. und Bernoulli, D. 2006. What is the tectono-metamorphic evolution of continental break-up: The example of the Tasna Ocean-Continent Transition. Journal of Structural Geology, 28, p. 1849–1869.

Manatschal, G., Müntener, O., Desmurs, L. und Bernoulli, D. 2003. An ancient ocean-continent transition in the Alps: the Totalp, Err-Platta, and Malenco units in the eastern Central Alps (Graubünden and northern Italy). Eclogae Geol. Helv., 96, p. 131–146.

Trümpy, R. 1960. Paleotectonic Evolution of the Central and Western Alps. Geological Society Of America Bulletin, 71, p. 843–907.

Steinmann, G. 1905. Geologische Beobachtungen in den Alpen: II. Die Schardt'sche Überfaltungstheorie und die geologische Bedeutung der Tiefseeabsätze und der ophiolithischen Massengesteine. Ber. Nat.forsch. Ges. Freiburg, 16, p. 18–67.

Weissert, H. J. und Bernoulli, D. 1985. A Transform Margin in the Mesozoic Tethys – Evidence from the Swiss Alps. Geologische Rundschau, 74, p. 665–679.

Winterer, E. L. und Bosellini, A. 1981. Subsidence and sedimentation on Jurassic passive continental margin, Southern Alps, Italy. AAPG Bulletin, 65, p. 394–421.

Winterer, E. L. M., Sarti, M. 1991. Neptunian dykes and associated breccias (Southern Alps, Italy and Switzerland): role of gravity sliding in open and closed systems. Sedimentology, 38, p. 381–404.

9. Gesteine der Kreidezeit: Beispiel eines Umweltarchivs

Thema

Im Kapitel 9 geht es um eine Zeit in der Erdgeschichte, die sich klimatisch und ozeanografisch von der heutigen stark unterscheidet. An solche Phasen der Erdgeschichte sollten wir uns erinnern, wenn wir Benzin tanken. Etwa ein Drittel des bis heute genutzten Erdöls entstand in der Kreidezeit. Wir suchen nach Spuren dieser Zeit in den Alpen.

9.1 Schwarzschiefer

Das Jahr 1859 markiert einen wichtigen Wendepunkt in der Geschichte der modernen Industriegesellschaft. In Pennsylvania wurde damals die erste erfolgreiche Erdölbohrung abgeteuft. Schon in 21 m Tiefe stiess man auf grosse Mengen ausbeutbaren Erdöls. Weshalb wurde ausgerechnet Pennsylvania für eine Erdölbohrung ausgewählt? Das Tal des «Oil Creek» war schon den einheimischen Indianern seit Jahrhunderten als Erdöllagerstätte bekannt. Indianer nutzten das im «Oil Creek» an verschiedenen Orten aus dem Erdboden an die Oberfläche sickernde Erdöl vor allem für medizinische Zwecke. Das neu gefundene Erdöl wurde zuerst als dringend nötiger Ersatz für das knapp werdende Walöl in Lampen gebraucht. Erst als gegen Ende des 19. Jahrhunderts die ersten Automobile gebaut wurden, erkannte man das Potenzial von Erdöl als wertvollem fossilem Energieträger. Allerdings blieb Kohle bis nach dem 2. Weltkrieg weltweit der wichtigste fossile Brennstoff. Nach dem 2. Weltkrieg setzte die beschleunigte weltweite Ausbeutung von Erdöl ein. In Europa begann die niederländische Shell mit Untersuchungen an den dunklen Posidonien-Schiefern der frühen Jurazeit. Diese Sedimente waren wichtige Erdölmuttergesteine, und Ziel der Untersuchungen war ein besseres Verständnis der Entstehungsbedingungen von Erdöl in der geologischen Vergangenheit. In den 70er-Jahren des letzten Jahrhunderts erkannten Geologen, dass zu gewissen Zeiten in der Erdgeschichte ausserordentlich günstige klimatische und ozeanografische Bedingungen existierten, welche die Ablagerungen von mit organischem Kohlenstoff angereicherten Sedimenten begünstigten.

Vulkanische Episoden fallen in der Erdgeschichte oft mit Zeiten zur Bildung von Schwarzschiefer zusammen. Deshalb wurde nach möglichen Zusammenhängen zwischen diesen Ablagerungen und dem Vulkanismus gesucht. Heute vermutet man, dass der Vulkanismus zu einer Erhöhung des atmosphärischen Kohlendioxid-Gehalts und damit zu einem Treibhaus-Klima geführt hat, das über Jahrhunderttausende aufrechterhalten blieb. Die marine Biosphäre reagierte mit verstärktem Algenwachstum auf die Klimastörungen und besondere, durch das Treibhaus-Klima verursachte ozeanografische Bedingungen mit Sauerstoff-Armut im Tiefenwasser trugen dazu bei, dass mehr Algen-Zellmaterial als üblich in Meeressedimenten gespeichert werden konnte. Mit der erhöhten Vergrabungsrate von organischem Material wurde auch das im Zellmaterial gespeicherte Kohlendioxid, das ursprünglich aus der Atmosphäre stammt, dem System entzogen. Verstärktes Pflanzenwachstum, kombiniert mit erhöhten Sedimentationsraten von organischem Material trug u. a. in der Kreidezeit zur Stabilisierung des Klimas bei. Nicht überraschend wurden Treibhaus-Episoden in der Kreidezeit von eigentlichen Kaltzeiten abgelöst. Diese komplexe Klimabiografie ist in den Schwarzschiefern der Alpen aufgezeichnet (Abb. 75, 76).

Marine Sedimente, die reich an organischem Kohlenstoff sind und die in Zeiten von Treibhaus-Klima entstanden, finden wir in den Alpen z. B. in den pela-

Fotosynthese, Kohlendioxid und fossile Brennstoffe

Bei der Fotosynthese wird mithilfe von Sonnenenergie aus Kohlendioxid und Wasser pflanzliche Materie produziert. Wichtig sind bei der Bildung von Zellmaterial auch die Nährstoffe Phosphor, Stickstoff, Eisen und andere Spurenelemente. Vereinfachte, auf CO_2 und H_2O reduzierte Darstellung der Fotosynthese-Verbrennung:

$CO_2 + H_2O \gg CH_2O + O_2$
Fotosynthese
$CH_2O + O_2 \gg CO_2 + H_2O$
Verbrennung

Bei der Verbrennung von fossilen Brennstoffen wird im Pflanzenmaterial gespeicherte Sonnenenergie und als unerwünschtes Nebenprodukt CO_2 freigesetzt. Bei der Verbrennung fossiler Brennstoffe nutzen wir Sonnenenergie, die über Jahrmillionen in Sedimenten gespeichert war.

Abb. 75: Wechsellagerung von schwarzen Schiefern mit Sandstein aus der «mittleren» Kreide der Sion-Courmayeur-Zone. Schwarzschiefer sind reich an organischem Kohlenstoff.

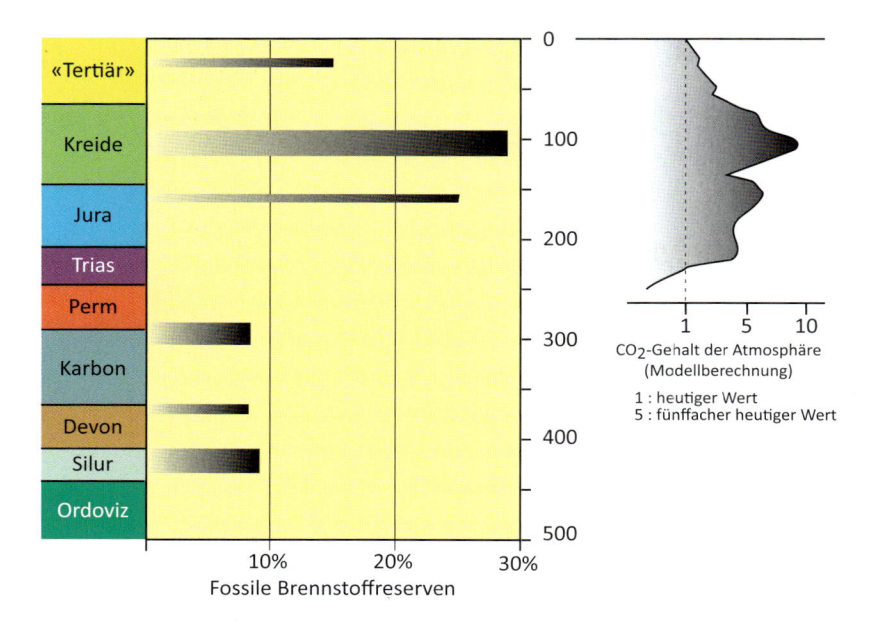

Abb. 76: Die Verteilung fossiler Brennstoffe in den Ablagerungen der letzten 500 Millionen Jahre.

gischen (Tiefsee-)Sedimenten der Südalpen (Breggiaschlucht). Dort werden Kalke, die über den Radiolariten in der frühen Kreide entstanden, von einer Wechselfolge von schwarzen Tonsteinen, Mergeln und Kalken überlagert. Die schwarzen Sedimente enthalten oft mehr als 1 % organischen Kohlenstoff. Sie werden in der wissenschaftlichen Literatur vereinfacht als «Schwarzschiefer» oder «black shales» umschrieben. Diese Tiefseesedimente wurden in eng definierten Zeitfenstern in der Kreidezeit abgelagert (Valanginian, Barremian und Aptian-Albian, Cenomanian-Turonian).

Die als Folge der extremen Klimabedingungen abgelagerten Sedimente wurden nach ihrer Vergrabung zu wichtigen Erdölmuttergesteinen. Unter günstigen Bedingungen bildet sich im Verlauf der Gesteinsdiagenese aus den an marinem organischem Kohlenstoff angereicherten Sedimenten Erdöl. In der Kreidezeit wurden etwa 30 % unserer Erdölvorkommen gebildet und gespeichert (Abb. 76)[4]. Heute nutzen wir bei der Verbrennung fossiler Brennstoffe die im organischen Material gespeicherte fossile Sonnenenergie. Als unerwünschtes Nebenprodukt entweicht bei der Verbrennung von Erdöl das im organischen Material gespeicherte Kohlendioxid in die Atmosphäre.

---

[4] Erdöl ist in der Erdkruste mobil. Man unterscheidet die sogenannten Erdölmuttergesteine (Schichten, in denen das organische Material ursprünglich sedimentiert wurde) und Erdölspeichergesteine (poröse Gesteinskörper, in denen sich das in der Gesteinssäule aufsteigende Erdöl aufgrund einer dichten Barriere gesammelt hat).

Gesteine der Kreidezeit: Beispiel eines Umweltarchivs   115

Abb. 77: Blick vom Col des Essets gegen die Haute Corde – Argentine (östlich Villars, Kt. VD). Gesteinsabfolgen der frühen Kreidezeit archivieren die Entwicklung des helvetischen Schelfs, als episodische Treibhaus-Klimabedingungen zu Kalkkrisen im helvetischen Schelfmeer führten. Graue Plattformkarbonat-Kalke (a: Berriasian-Valanginian) werden von dunklen kiesligen Kalken und Mergeln (Hauterivian-Barremian) abgelöst. Plattformkarbonatkalke bauen wiederum die Gipfelpartien auf (b: Barremian-Aptian).

Abb. 78: Die Nordflanke des Säntis, ungefährer Ausschnitt aus Abb. 80.

9.2 Karbonatablagerungen und die Signatur von Schwarzschiefer-Zeiten

Im Helvetikum wurden in der frühen Kreidezeit die mächtigen Kalkabfolgen gebildet, die heute am Nordrand der Alpen (z.B. Alpstein, Pilatus) die verbreiteten steilen Kalkklippen bilden (Abb. 77, 78, 79, 80). Diese Kalkabfolgen entstanden in einem Flachmeer am Nordrand der alpinen Tethys («Karbonatplattformen»).

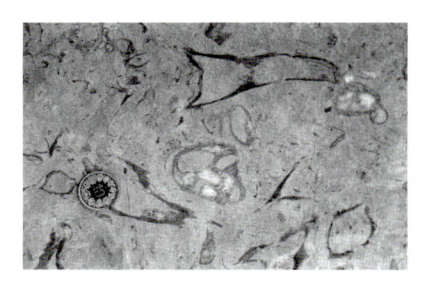

Abb. 79: Muscheln als wichtige Karbonatproduzenten im Schrattenkalk.

Ausserordentlich sind zwei am Nordrand der Tethys und im Atlantik registrierte Episoden, in denen auf weiten Teilen des Schelfs die biogene Kalkschalenproduktion gestoppt war. Man spricht von «Wachstumskrisen» der Karbonatplattformen. Diese markanten Störungen der Kalkproduktionen in Schelfmeeren fallen zeitlich mit den beschriebenen Schwarzschiefer- und Vulkanzeiten zusammen. Als eine mögliche Ursache der Karbonatkrisen kommt neben erhöhten Temperaturen oder Eutrophierung der Küstenmeere eine Veränderung der Meerwasserchemie infrage. Eine Erhöhung des Kohlendioxid-Gehalts in der Atmosphäre reduziert kurzfristig die Kalksättigung im Meerwasser. Heute ist Meerwasser in Bezug auf Calciumcarbonat bis fünffach übersättigt. Diese Übersätti-

Abb. 80: Die Schichtabfolge des Helvetikums zeugt von mehreren Wachstumskrisen der Karbonatrampe des nördlichen Kontinentalrandes, ausgelöst durch extreme Klimaänderungen. Die grauen Schelfmeer-Kalke (Schrattenkalk), abgelagert in der Barreme und Aptzeit (frühe Kreide) werden von einem Phosphorit-Horizont, von Quarzsandsteinen und sandigen Kalken (Garschella-Formation) überlagert.

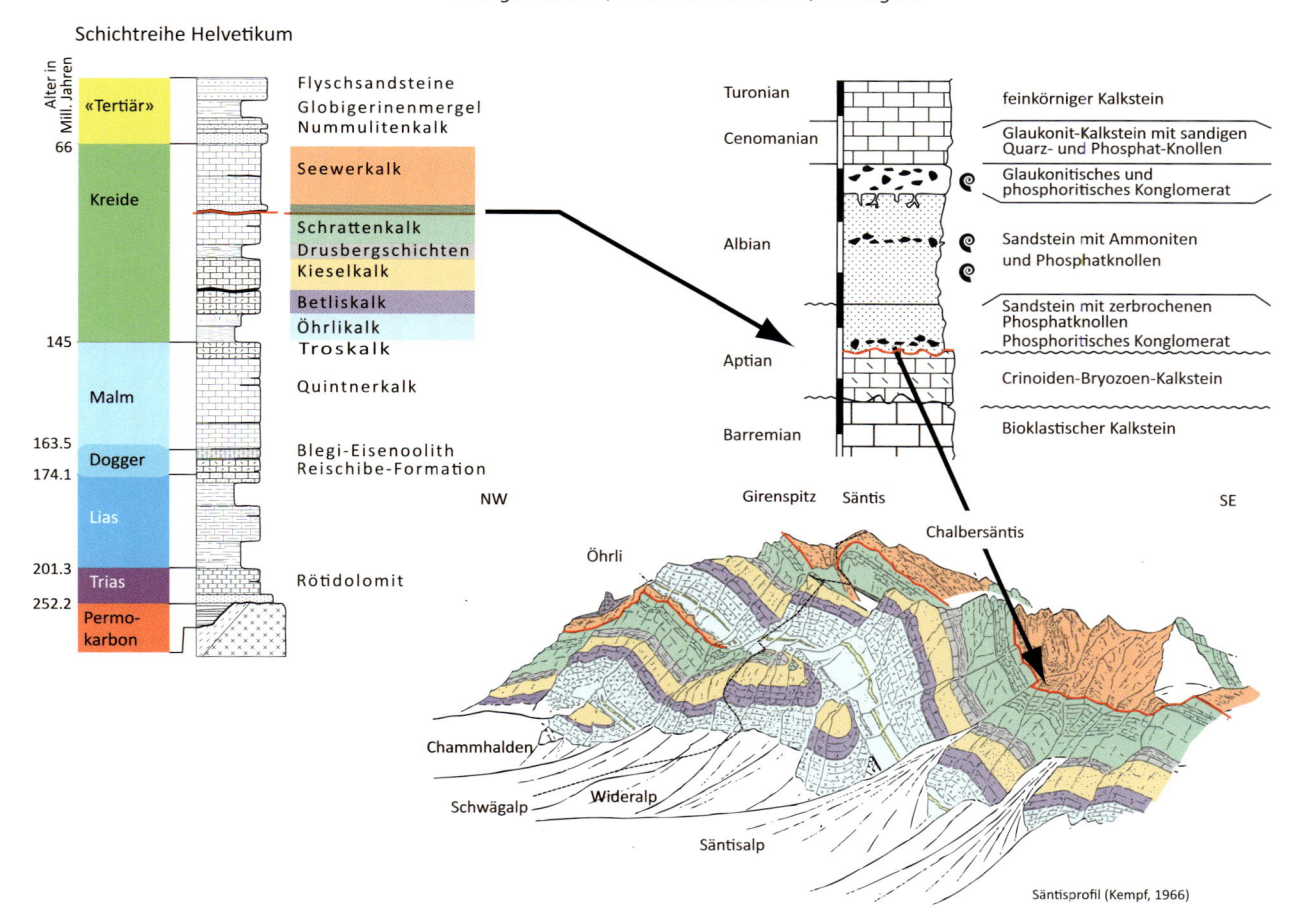

gung ist Voraussetzung für die biogene Karbonatproduktion. Erhöht sich der atmosphärische Kohlendioxid-Gehalt, so sinkt die Karbonat-Übersättigung des mit der Atmosphäre im Gleichgewicht stehenden Oberflächenwassers. In der Folge wird die Bildung von Kalkschalen erschwert oder verhindert. Sind die im Helvetikum beobachteten «Karbonatkrisen» vergleichbar mit Kalzifizierungskrisen in Korallenriffen, die bei weiterer Zunahme des Kohlendioxid-Gehalts für die nächsten hundert Jahre prognostiziert werden?

9.3 Literaturhinweise

ARTHUR, M. A. und SAGEMAN, B. B. 1994. Marine Black Shales – Depositional Mechanisms and Environments of Ancient-Deposits. Annual Review of Earth and Planetary Sciences, 22, p. 499–551.

FÖLLMI, K. B. 1989. Evolution of the Mid-Cretaceous Triad. Lecture Notes in Earth Sciences, 23, p. 153.

KEMPF, T. 1966. Geologie des westlichen Säntisgebirges. Beiträge zur geologischen Karte der Schweiz, p. 128, 2 Tafeln.

KLEMME, H. D. und ULMISHEK, G. F. 1991. Effective Petroleum Source Rocks of the World – Stratigraphic Distribution and Controlling Depositional Factors. AAPG Bulletin, American Association of Petroleum Geologists, 75, p. 1809–1851.

WEISSERT, H. und ERBA, E. 2004. Volcanism, CO_2 and palaeoclimate: a Late Jurassic-Early Cretaceous carbon and oxygen isotope record. Journal of the Geological Society, p. 695–702.

WISSLER, L., FUNK, H. und WEISSERT, H. 2003. Response of Early Cretaceous carbonate platforms to changes in atmospheric carbon dioxide levels. Palaeogeography, Palaeoclimatology Palaeoecology, 200, p. 187–205.

10. Als die Mythen bei Iberien lagen oder: Der Golf von Kalifornien als Modell für Walliser Trog und Briançonnais

Thema

Im Kapitel 10 gehen wir der Frage nach, ob und wie die grossen tektonischen Bewegungen entlang ozeanischer Bruchzonen in Gesteinsarchiven aufgezeichnet sind. Wir erfahren, dass in den Alpen eine Hochzone, jene des «Briançonnais», in der späten Jura- und der Kreidezeit entlang einer Bruchzone gegen Nordosten verschoben wurde. Ein Blick nach Kalifornien hilft uns, weit zurückliegende Prozesse sichtbar zu machen.

10.1 Einführung

Eine mehr als tausend Kilometer lange Bruchzone, bekannt als «San Andreas Fault», trennt in Kalifornien die Pazifische von der Nordamerikanischen Platte. Die Pazifische Platte bewegt sich entlang dieser Bruchzone mit einer Geschwindigkeit von mehreren cm/Jahr gegen Norden. Diese Transform-Bruchzone ist seit etwa 20 Millionen Jahren aktiv und man schätzt, dass der Versetzungsbetrag zwischen den beiden Platten mehrere Hundert Kilometer beträgt. Der San Andreas Fault setzt sich im Süden in den Golf von Kalifornien fort (Abb. 81, 82). Dort beobachtet man nicht nur Bewegungen entlang der Bruchzone, sondern auch Extension, kleine Riftbecken entstehen und neue ozeanische Kruste beginnt sich zu bilden. Der Golf von Kalifornien ist heute ungefähr 1000 km lang und wenige Hundert Kilometer breit. Die Öffnung des Golfs begann vor etwa 5 Millionen Jahren.

Plattentektonische Rekonstruktionen der alpinen Tethys deuten darauf hin, dass auch die alpine Tethys ein Ozean war, in dem Translationsbewegungen von Bedeutung waren. Ab der mittleren Jurazeit bildete sich zwischen Europa

Als die Mythen bei Iberien lagen

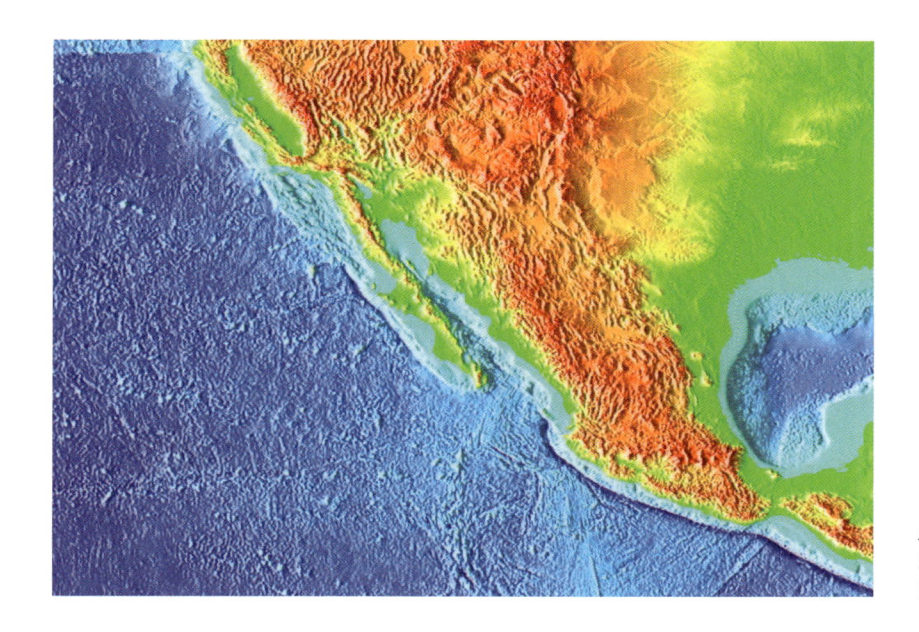

Abb. 81: Die Halbinsel von Baja California ist durch den Golf von Kalifornien vom Festland abgetrennt.

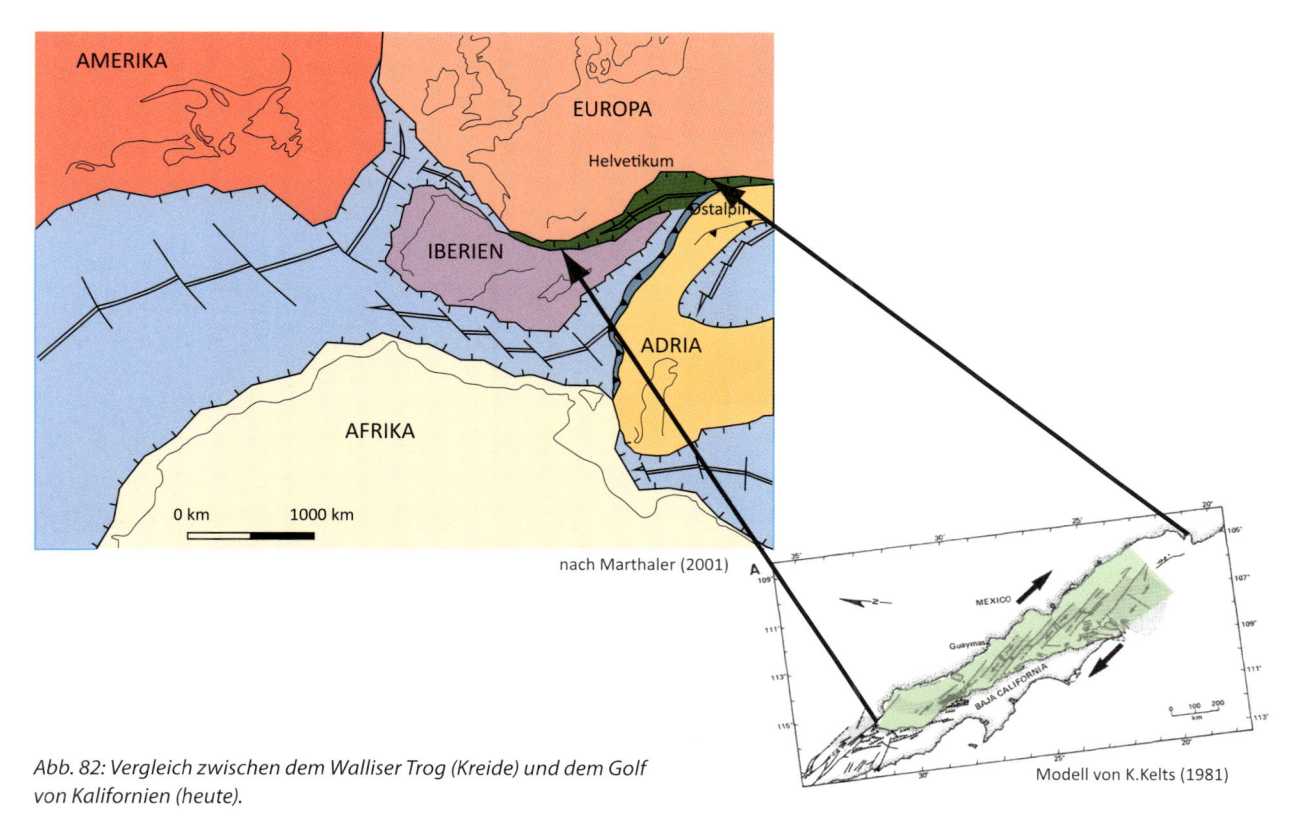

Abb. 82: Vergleich zwischen dem Walliser Trog (Kreide) und dem Golf von Kalifornien (heute).

Abb. 83: Entlang den steilen Flanken der Briançonnais-Hochzone wurden in der Jurazeit submarine Bergsturzbrekzien abgelagert, Bsp Falknisbrekzie, Gürgaletsch, Lenzerheide (s. Foto). In der Kreidezeit wurden auch Quarzsandsteine in den tiefen, sauerstoffarmen Wallisertrog geschüttet.

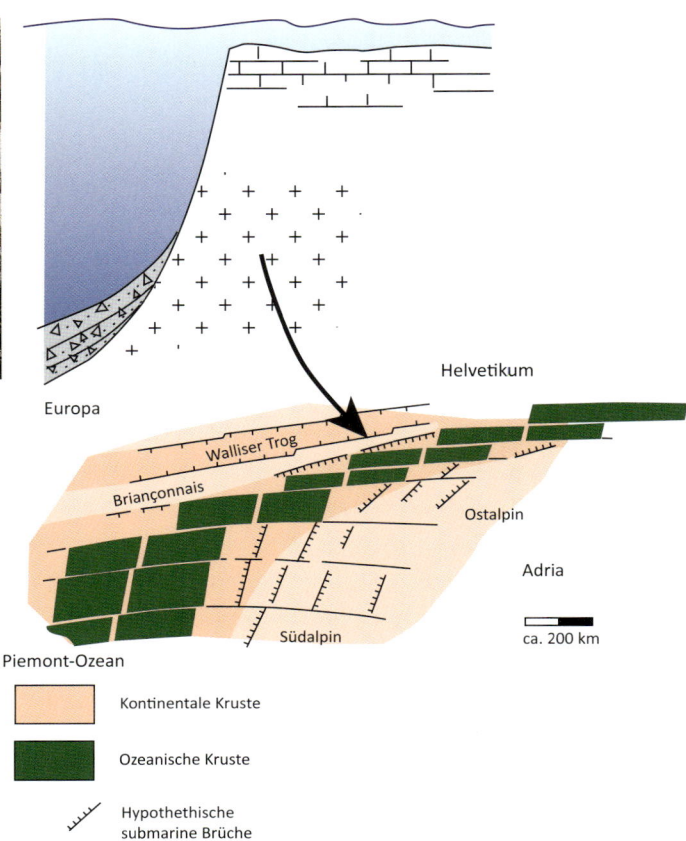

und Adria/Afrika eine neue ozeanische Kruste. Am Übergang von der Jura- in die Kreidezeit zeigen die plattentektonischen Rekonstruktionen, wie ein weiterer schmaler Ozeanarm entlang des Nordrandes der alpinen Tethys entstand. Dieses Meeresbecken hatte eine Grösse, die mit jener des heutigen Golfs von Kalifornien vergleichbar ist (Abb. 81, 82). Das Meeresbecken in der alpinen Tethys wird in der geologischen Literatur als «Walliser Trog» bezeichnet. Sedimente des Walliser Trogs und die zu diesen gehörenden Krustengesteine bilden heute den Deckenstapel des Tief- oder Nordpenninikums.

Der Walliser Trog trennte Europa von einem kontinentalen Krustensegment, das als «Terrane» oder als Mikroplatte wie ein Keil entlang der Bruchzone gegen Nordosten bewegt wurde. Diesen Keil kennen Alpengeologen als das «Briançonnais» (Abb. 84, 85). Im alpinen Deckenstapel ist das Briançonnais in den mittelpenninischen Decken erhalten geblieben.

Der früh verstorbene ETH-Geologe *Kerry Kelts* verwendete 1981 den Golf von Kalifornien und die Baja California erstmals als Vergleichsmodell für den Walli-

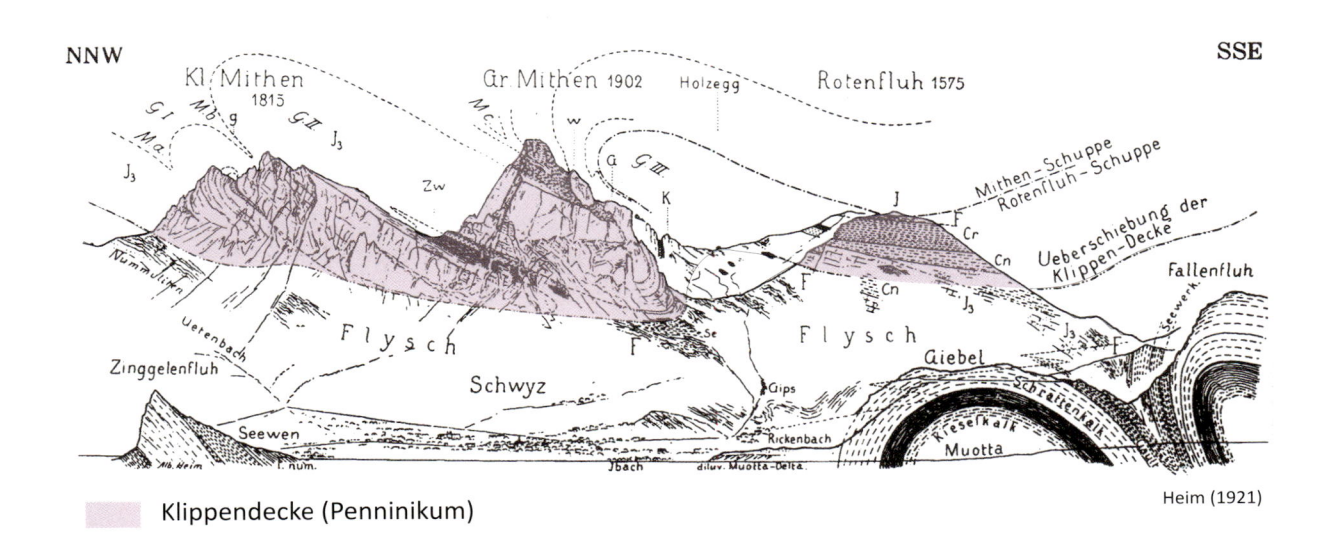

Abb. 84: Die Mythen sind ein Paradebeispiel von penninischen Klippen.

ser Trog und das Briançonnais. Die Länge des Golfs entspricht etwa der Distanz Marseille – Wien und die Breite von ca. 200 km würde in der Grössenordnung der für den tiefen Bereich des Walliser Trogs geschätzten Breite liegen. Der Golf von Kalifornien ist durchsetzt von ozeanischen Transform-Brüchen, die San Andreas-Störung bildet die kontinentale Fortsetzung des Golf-Bruchsystems. *Kelts* erkannte, dass der Walliser Trog ein von Transform-Brüchen durchzogenes Meeresbecken war und dass das Briançonnais in der späten Jura- und Kreidezeit entlang von Bruchzonen parallel zum europäischen Kontinentalrand gegen Nordosten verschoben wurde. Tatsächlich gibt es Hinweise in der sedimentären Fazies, dass das Briançonnais in der Trias und frühen Jurazeit noch

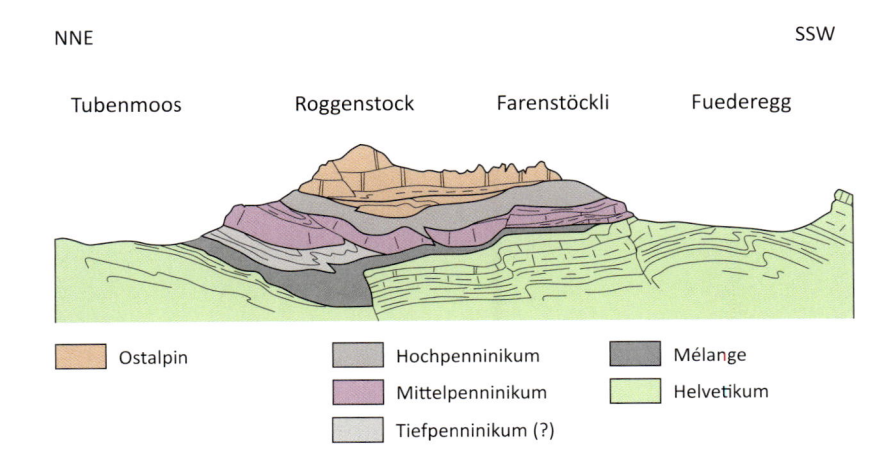

Abb. 85: Der Roggenstock, eine kleine Klippe im Gebiet des Hochybrigs.

Abb. 86: Churer Joch und Gürgaletsch (Lenzerheide). Gesteine der mittelpenninischen Falknisdecke bauen den Gürgaletsch auf. Mächtige Brekzienlagen beim Churer Joch entstanden in der späten Jurazeit entlang einer Transversalstörung an der Grenze Briançonnais – Walliser Trog.

zum Iberischen Kontinent gehörte, bevor es seine Reise gegen Osten begann. Die Fazies der gemischt Alpin-Germanischen Briançonnais-Trias lässt sich gut mit der Trias-Fazies des nordöstlichen Randes Iberiens im heutigen Katalonien vergleichen. Die Öffnung des Atlantiks und die plattentektonische Rotation von Iberien lösten die beschriebene «Wanderung» des Briançonnais aus.

Wie können Geologen in den Gesteinen Hinweise auf Plattenbewegungen entlang ozeanischer Bruchzonen finden? Findet man in Gesteinen nur dann Hinweise, wenn die Bewegungen ausserordentlich aktiv waren? Und: Gibt es in den Ablagerungen des Walliser Trogs und des Mittelpenninikums Hinweise auf Bildung eines dem Golf von Kalifornien ähnlichen Riftbeckens?

Im Golf von Kalifornien sind Erdbeben häufig und oft stark. Submarine Erdbeben begleiten nicht nur die Blattverschiebungen entlang der Transformbrüche, sie können entlang von Bruchzonen auch zu sprunghaften vertikalen Verstellungen der Gesteinsmassen führen. Entlang von submarinen Klippen im Bereich der Bruchzone werden subaquatische Bergstürze und Rutschungen ausgelöst. Bei Bergstürzen werden Gesteinsblöcke verschiedenster Grösse und unsortiert am Fuss der submarinen Felsabbrüche abgelagert. Solche Ablagerungen haben ein grosses «Erhaltungspotenzial», sie werden nach der Lithifizierung zu subaquatischen Brekzien. In alpinen Gesteinsabfolgen sind submarine Brekzien, die durch Bergstürze entstanden sind, in Abfolgen der mittel- und nordpenninischen Decken verbreitet. Besonders häufig entstanden solche Brekzien in der späten Jurazeit. Nach genauer Analyse der Verteilung der Brekzien im alpinen Deckenstapel konnte der ETH-Professor *Rudolf Trümpy* schon

Abb. 87: Blick vom Gurnigelpass (Kt. BE) gegen den Gantrisch. Der Gantrisch gehört geologisch zu den Freiburger Präalpen. Kalke und Mergel der Jura- und Kreidezeit des Gantrischs wurden am Rand der Briançonnais-Hochzone abgelagert.

1954 zeigen, dass am Übergang vom Walliser Trog zum Briançonnais Brekzien besonders häufig sind. In Graubünden sind es zum Beispiel die Brekzien der mittelpenninischen «Falknisdecke», die am Fusse des Gürgaletsch (Abb. 86) auf der Lenzerheide studiert werden können, oder Brekzien in der Schamser-Decke bei Andeer (Graubünden). Analog finden sich metamorphe Brekzien in der Sion-Courmayeur-Zone im Wallis (z.B. Val Ferret). Vergleichbare Brekzien in der Brekzien-Decke der Freiburger Präalpen entstanden wiederum in der späten Jurazeit entlang der südlichen Begrenzung des Briançonnais.

Die tektonische Aktivität entlang dieser Brüche dürfte in der späten Jurazeit am ausgeprägtesten gewesen sein, als das Briançonnais über Hunderte von Kilometern von einer südwestlichen Position etwa vor Spanien bis vor den Raum des helvetischen Schelfs verschoben wurde. Wenn wir annehmen, dass sich das Briançonnais mit einer mittleren Geschwindigkeit von 1 cm/Jahr entlang einer Transform-Bruchzone gegen Nordosten bewegte, so könnte sich das Gebiet in 50 Millionen Jahren bis um 500 km verschoben haben. Der Briançonnais-Keil mit seiner Breite von vielleicht hundert Kilometern war im Mesozoikum eine submarine Hochzone.

Die Sedimente, die auf der Hochzone entstanden, wurden während der alpinen Gebirgsbildung ähnlich wie im Helvetikum oft entlang von Evaporiten der Trias von ihrer kristallinen Unterlage abgeschert. Sie gehören heute zum mittelpenninischen Deckenstapel. Bekannt sind diese Sedimentdecken in Grau-

Hochpenninikum
- 🟩 Sedimentdecken mit Ophiolithen

Tief- und Mittelpenninikum
- ⬛ mehrheitlich Sedimentdecken
- ⬜ Kristallindecken z. T. mit Sedimenten

Ostalpin und Südalpin
- 🟫 Kristallin- und Sedimentdecken

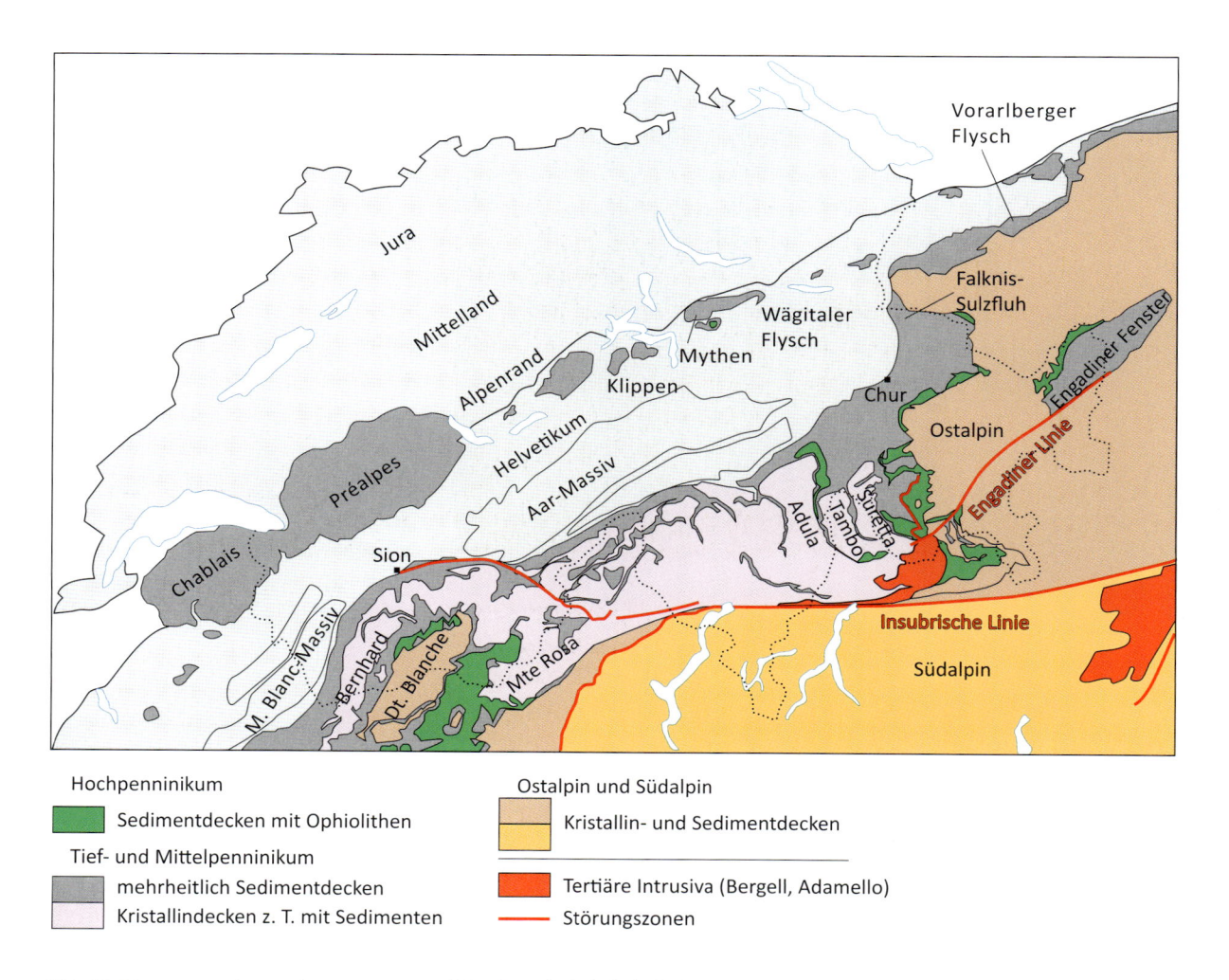

- 🟧 Tertiäre Intrusiva (Bergell, Adamello)
- ▬ Störungszonen

Abb. 88: Die penninischen Einheiten der Schweiz.

bünden als Sulzfluhdecke im Gebiet des Prättigau, als Schamser-Decken in der Region Andeer, oder als die Klippendecken am Nordrand der Alpen, die Mythen (Abb. 84) und der Roggenstock (Abb. 85), die Freiburger Préalpes und der Chablais südlich des Genfersees.

In der Jurazeit entstanden auf der Briançonnais-Schwelle Flachmeerablagerungen, die mit Ablagerungen des iberischen Kontinentalrandes vergleichbar sind (Abb. 87). Ablagerungen der Kreidezeit dokumentieren, wie das Briançonnais in grössere Meerestiefen versank. Diese Briançonnais-Geschichte kann in der Gesteinsabfolge der Mythen gut entziffert werden. Graue Felswände aus Jura-Flachmeerkalk werden von den roten Sedimenten der «Couches Rouges» überlagert. Diese roten Mergel entstanden in der «mittleren» und späten Kreidezeit auf dem in eine Wassertiefe von vielleicht 1000 m abgesunkenen Briançonnais.

Abb. 89: Tiefpenninische Kristallin- und Sedimentdecken im Grenzbereich Oberwallis – Italien (Mte Leone).

Unterschiede in der Kreide-Stratigrafie zwischen Helvetikum und Mittelpenninikum widerspiegeln sich in der Landschaft. Die markanten Kalkwände der helvetischen Kreide-Decken mit jeweils zwei sich deutlich absetzenden «Kalkbändern» (Betliskalk, Schrattenkalk: z.B. Säntis, Churfirsten, Randkette nördlich Thunersee, Waadtländer Alpen) fehlen in den Klippendecken. Nur die Flachwasserkalke des späten Jura bilden in diesen Decken grosse Kalkwände wie an der Sulzfluh oder an den Mythen. Wenn wir nach der Herkunft der Sedimente der Mythen fragen, dann können wir dank einer Kombination von plattentektonischen, sedimentologischen und stratigrafischen Argumenten die iberischen Wurzeln der Mythen erkennen.

Sedimente des mittelpenninischen Decken-Pakets archivieren die tektonische Geschichte des Briançonnais. In den tief- oder nordpenninischen Decken ist die Geschichte des Walliser Trogs aufgezeichnet. Die Brekzien an den Übergängen vom Briançonnais zum Walliser Trog werden im zentralen Trog von bis zu Tausenden von Metern von Mergeln, Tonsteinen und Kalken abgelöst. Diese mächtigen Sedimentabfolgen entstanden in der Jura- und Kreidezeit im Walliser Trog, der entlang dem beschriebenen Transform-Bruchsystem zu einem tiefen Becken wurde. Die heute als Bündnerschiefer bezeichneten Sedimente wurden während der alpinen Gebirgsbildung von ihrer kristallinen Unterlage abgeschert. Als tiefpenninische Sedimentdecken sind sie in Graubünden und als z. T. hochmetamorphe Sedimentdecken im Wallis erhalten (Abb. 89, 90). *Mark Steinmann* hat 1994 in seiner Dissertation an der ETH Zürich die Bündnerschiefer in Graubünden studiert. Obwohl die mächtige Sedimentabfolge wäh-

Hochpenninikum in Graubünden

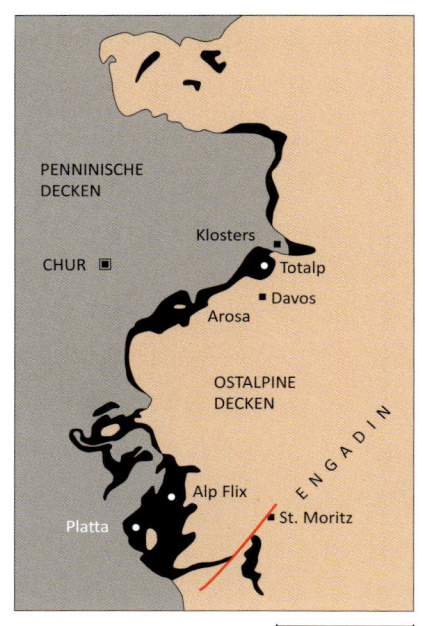

Mélangezone von Arosa

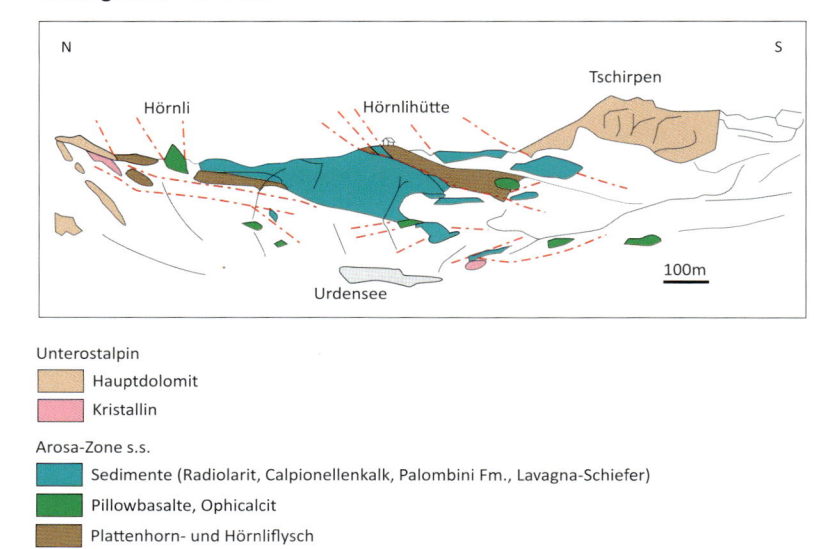

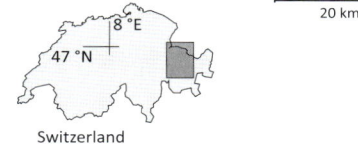

Unterostalpin
- Hauptdolomit
- Kristallin

Arosa-Zone s.s.
- Sedimente (Radiolarit, Calpionellenkalk, Palombini Fm., Lavagna-Schiefer)
- Pillowbasalte, Ophicalcit
- Plattenhorn- und Hörnliflysch

Abb. 90: Die Mélange-Zone von Arosa. Rechts eine Ansichtsskizze des Hörnligrates mit der chaotischen Verteilung der verschiedenen exotischen Schmitzen der «Arosa-Zone» (Lüdin, 1987).

rend der Gebirgsbildung stark deformiert wurde und die Sedimente in mehrere kleinere Decken aufgespalten wurden, gelang es ihm, eine «Walliser Trog-Stratigrafie» zu rekonstruieren. Interessant sind dabei seine Funde von Basalten, die manchmal zusammen mit den Schiefern auftreten (z.B. im Valsertal). Diese Basalte entstanden im Walliser Trog in kleinen Riftbecken. Der heutige Golf von Kalifornien mit seinen Basaltvorkommen kann uns auch hier wiederum als gutes Modell für den Walliser Trog zur späten Jura- und Kreidezeit dienen.

10.2 Literaturhinweise

Felber, P. 1984. Der Dogger der Zentralschweizer Klippen. Mitt. Geol Inst. ETH u. Univ Zürich (N.F.), 246 p.

Kelts, K. 1981. A comparison of some aspects of sedimentation and translational tectonics from the Gulf of California and the Mesozoic Tethys. Ecologae Geol. Helv., 74, p. 317–338.

Rück, P. und Schreurs, G. 1995. Die Schamser Decke – The Schams nappes. Beitr. Geol. Karte der Schweiz NF 167/0111, 157 p.

Steinmann, M. 1994. Die nordpenninischen Bündnerschiefer der Zentralalpen Graubündens: Tektonik, Stratigraphie und Beckenentwicklung Diss. Naturwiss. ETH Zürich, Nr. 10668.

Trümpy, R. 1954. La zone Sion-Courmayeur dans le haut Val Ferret valaisan. Eclogae Geol. Helv., 47, p. 315–359.

11. Subduktion eines Ozeans – Signaturen in den Gesteinen

Thema

In diesem Kapitel verfolgen wir, welche Spuren der Beginn einer Gebirgsbildung an einer Subduktionszone in Gesteinen hinterlassen hat. Wir werden erkennen, dass wir uns die Subduktionsprozesse erst vorstellen können, wenn wir Prozesse an heutigen Subduktionszonen kennenlernen. Denn nur noch Relikte der frühen alpinen Subduktionszone sind in den Gesteinsabfolgen erhalten.

11.1 Einführung

Wollen wir die Entstehung des alpinen Deckengebäudes verstehen, dann müssen wir zuerst einen Blick auf die Geologie Österreichs werfen. Dort finden die Geologen Hinweise, dass in der frühen Kreidezeit ein kleines Ozeanbecken, der Meliatta-Ozean, südöstlich des Alcapa-Mikrokontinents unter eine noch weiter östlich liegende Mikroplatte «Tisza» subduziert wurde. Nach Subduktion der ozeanischen Lithosphäre kollidierten die beiden Mikrokontinente miteinander. Die ostalpine Mikroplatte wurde unter Tisza geschoben. Sedimente wurden oft von ihrer kontinentalen Krustenunterlage abgeschürft und zu Sedimentdecken zusammengeschoben. Kontinentale Krustenkeile wurden von der unteren Kruste der ostalpinen Mikroplatte abgetrennt. Schon in der Kreidezeit entstand so der Deckenstapel aus Kristallin- und Sedimentdecken, der heute die Ostalpen von Graubünden bis Wien aufbaut.

Mit der Öffnung des zentralen Südatlantiks in der mittleren Kreidezeit änderten sich die plattentektonischen Bewegungen auch zwischen Afrika/Adria/Alcapa-Mikroplatte und Europa. Paläomagnetische Daten zeigen, dass sich Adria und das Alcapa/Tisza-Deckengebirge gemeinsam mit Afrika seit etwa 100 Millionen Jahren nordwestwärts bewegten. Eine Subduktionszone entstand entlang des Nordrandes der Alcapa-Mikroplatte. Kalte und schwere ozeanische Kruste wurde südwärts unter die kontinentale Kruste gezogen. Ob sich gleichzeitig eine zweite gegen den Nordkontinent ausgerichtete Subduktionszone ausbildete, ist nicht bekannt. Im Südwesten des heutigen Alpenraums, im Querschnitt Ligurien – Sardinien gibt es Hinweise für eine gegen Nordwesten gerichtete Subduktion in der Kreidezeit.

11.2 Subduktion

Bei der Subduktion wird schwere ozeanische Lithosphäre, überlagert von Sedimenten, unter eine Platte meist mit kontinentaler Kruste geschoben. Man unterscheidet heute zwei verschiedene Typen von Subduktion. Liegen auf der ozeanischen Kruste, die subduziert wird, mächtige Sedimentpakete, so werden diese Sedimente grossenteils von der Kruste abgestreift und entlang der Subduktionszone in einem «Akkretionskeil» aufgestapelt. Der Akkretionskeil, der zur Subduktionszone entlang des Nankai-Trogs südwestlich von Tokio gehört, wird seit 2008 im Rahmen des Ocean-Drilling-Projektes in mehreren Bohrkampagnen untersucht. Ist hingegen die ozeanische Kruste nur von einer geringmächtigen Sedimentschicht überlagert, dann entsteht eine erosive Subduktionszone. Krustenmaterial der oberen kontinentalen Platte wird bei der Subduktion erodiert, der Kontinentalrand reagiert auf diese Subduktionserosion mit ungewöhnlich schneller Subsidenz von bis zu 500 m/Million Jahren. Entlang der Subduktionszone können sich tektonische Mélanges ausbilden. Eine erosive Subduktionszone ist heute entlang der Westküste von Costa Rica aktiv. Im Rahmen des Ocean Drilling Programs wurde diese erosive Subduktionszone in situ studiert.

11.3 Mélange und Flysch: Spuren einer Subduktion

Die hochpenninische Aroser Zone (Abb. 90) und die südlich anschliessende Plattadecke mit ihren Serpentiniten, Radiolariten und Tiefseekalken werden als Relikte des Piemonttroges der alpinen Tethys interpretiert. Bei genauerer Analyse der Aroser Zone, die vom Prättigau über Klosters, Davos nach Arosa und dann ins Oberhalbstein bis zur Plattadecke verfolgbar ist, erkennt man, dass die ozeanische Gesteinsabfolge während der Subduktion auseinandergerissen und zerbrochen wurde. Dabei wurden während der Subduktion auch Blöcke der höheren Alcapa-

Abb. 91: Fliessmarken (Flute-Casts) auf der Unterseite einer Turbidit-Bank.

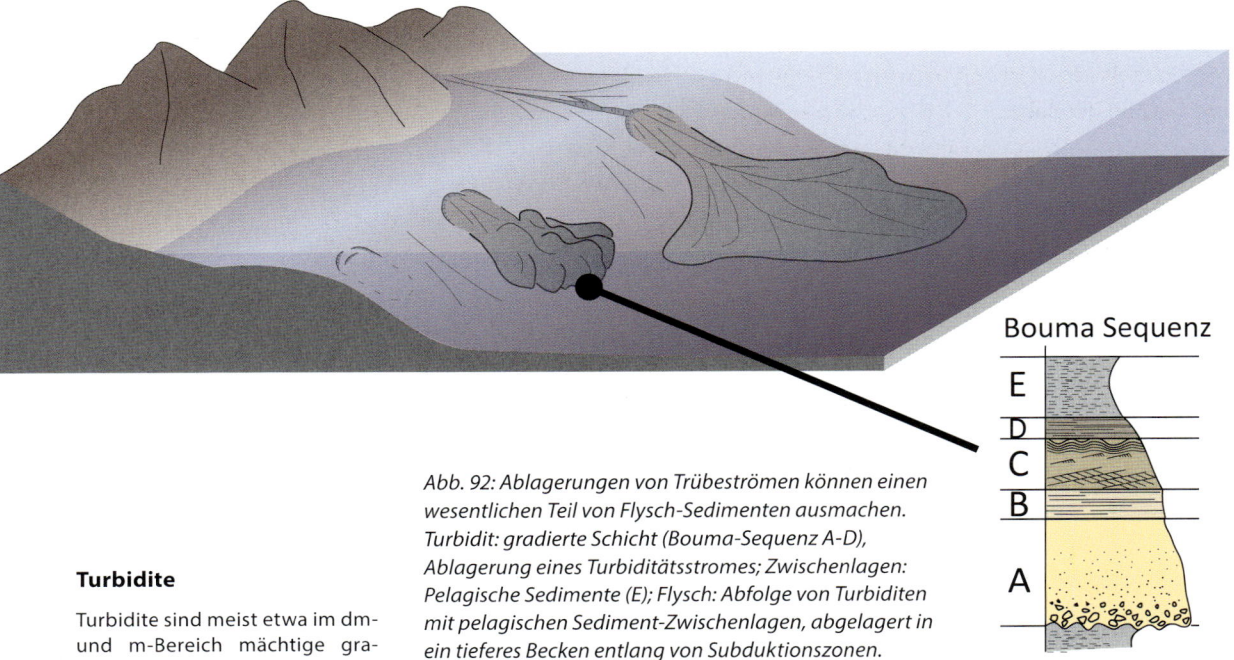

Abb. 92: Ablagerungen von Trübeströmen können einen wesentlichen Teil von Flysch-Sedimenten ausmachen. Turbidit: gradierte Schicht (Bouma-Sequenz A-D), Ablagerung eines Turbiditätsstromes; Zwischenlagen: Pelagische Sedimente (E); Flysch: Abfolge von Turbiditen mit pelagischen Sediment-Zwischenlagen, abgelagert in ein tieferes Becken entlang von Subduktionszonen.

Turbidite

Turbidite sind meist etwa im dm- und m-Bereich mächtige gradierte Sandsteine (Gradierung: Korngrössenabnahme von unten nach oben, entstanden bei der Verlangsamung des Turbiditätsstroms). Zwischen einzelnen Turbiditen wurden marine Tiefwassersedimente abgelagert. Diese marinen Sedimente bestanden aus marinen planktischen Kalkschalen und -skeletten (Foraminiferenkalke, Coccolithenkalke), die als «pelagischer Regen» in die Tiefsee verfrachtet wurden. Wenn der Ablagerungsraum in grosser Tiefe unter Calcitkompensationstiefe (CCD) (> 3000 m) lag, dann waren die Zwischensedimente kalkfrei, weil alles Schalenmaterial an der CCD weggelöst wurde und hauptsächlich Tonmineralien und feiner Quarz zur Ablagerung übrig blieben. Turbidite wurden in wenigen Minuten oder Stunden abgelagert, die dazwischen gelagerten Mergel, Kalke oder Tonsteine (Mächtigkeit der Lagen meistens im cm- oder dm-Bereich) umfassen oft Tausende von Jahren!

Platte mit den ozeanischen Gesteinen durchmischt. Ein «tektonisches Mélange» entstand. In der Region Arosa findet man deshalb Serpentinite und Basalte, Radiolarite und Tiefseekalke durchmischt mit triadischen Dolomitgesteinen, Graniten und Gneisen, die ursprünglich von der Alcapa-Mikroplatte stammen.

In der späten Kreide transportierten Flüsse Erosionsschutt vom wachsenden Gebirge an der Grenze der Alcapa-Mikroplatte zum Piemonttrog ins Küstenmeer. Davon wurde ein Teil in Suspensions- oder Trübeströmen (Turbiditätsströme) und über Rutschungen und Schuttströme bis in den an der Subduktionszone entstandenen Tiefseegraben verfrachtet. Als Ablagerungen entstanden aus den Trübeströmen sogenannte Turbidite (Abb. 91, 92).

Die Wechselfolge von turbiditischen Sandsteinen und Mergeln/Kalken/Tonsteinen wurde schon früh im letzten Jahrhundert vom Berner Geologen und Geografen *Bernhard Studer* (Abb. 93) beschrieben. Er beobachtete im Gebiet Saanenmöser – Chateau-d'Oex – Col des Mosses weit verbreitete Gesteinsabfolgen, die aus einer Wechsellagerung von Sandsteinen mit «Schiefern» bestanden. Diese Abfolge bezeichnete *B. Studer* (1827) als Flysch. Heute wird der Begriff «Flysch» zusätzlich mit einer bestimmten tektonischen Ausgangssituation verbunden. Dabei sollen nur Gesteinsabfolgen, die aus turbiditischen Sandsteinen mit wechsellagernden Mergeln/Tonsteinen bestehen und die in

Tiefseegräben entlang einer Subduktionszone abgelagert wurden, als Flysch bezeichnet werden. Flysch besteht also aus einer Abfolge von Turbiditen mit zwischengelagertem marinem «Normalsediment».

Bei Beginn der Subduktion hatte die subduzierte ozeanische Kruste des Piemonttrogs nur eine geringe Sedimentdecke. Es entstanden für erosive Subduktion typische Mélangezonen (Abb. 90). Gleichzeitig wurden im entstehenden Tiefseegraben die ersten alpinen Flysche abgelagert. Diese Flysche bilden heute Teile der südpenninischen Gesteinsabfolge (z. B. «Verspala-Flysch» der mittleren Kreidezeit im Rhätikon, Graubünden). Geringmächtige pelagische Sedimente der frühen Kreide wurden durch zunehmend mächtiger werdende Flyschserien überlagert. Damit änderte sich ab der späten Kreide auch der Stil der Subduktion. Die Flyschsedimente wurden von ihrer Unterlage abgeschert und die abgescherten Sedimente wurden entlang der Subduktionszone zu einem «Akkretionskeil» übereinandergestapelt.

Mit dem kontinuierlichen Nordwandern des Küstengebirges verschoben sich die Flyschablagerungsgürtel im frühen «Tertiär» vom Gebiet des Piemonttrogs ins Briançonnais und in den Walliser Trog (Paläozän, frühes Eozän). Die wachsenden Gebirge waren stärkerer Erosion ausgesetzt. Grössere Mengen von Erosionsmaterial wurden in den nahen Tiefseetrog geschüttet. Zunehmend mächtigere Flyschablagerungen entstanden. Der bekannteste der alpinen Flysche, der Schlieren- oder Gurnigelflysch, ist bis zu 1500 m mächtig. Schlieren- und Gurnigelflysch wurden zwischen später Kreide und dem Eozän abgelagert (Abb. 94). Diese Flysche wurden in der Akkretionsphase von ihrer

Abb. 93: Der Berner Geologe und Geograf B. Studer, 1794–1887.

Subduktionszonen

Die Subduktionszonen im West- und Ostpazifik gehören zu den am besten untersuchten Plattengrenzen. An der Subduktionszone entlang des Mariana-Grabens im Westpazifik wird alte, jurassische ozeanische Kruste subduziert. Diese Kruste ist dichter als warme, junge Kruste, sie wird entlang einer steilen Subduktionszone schnell in grosse Tiefen verfrachtet. Hinter dieser Subduktionszone entsteht ein «Back-Arc»-Becken. Die ozeanische Kruste, die in der Chile-Subduktionszone vergraben wird, ist jung (Eozän), sie bildet eine flache Subduktionszone ohne «Back-Arc»-Becken. In den Alpen wurde in der Kreidezeit junge Kruste (< 60 Mio. Jahre) subduziert. Vulkanbogen und «Back-Arc»-Becken wurden möglicherweise deshalb kaum ausgebildet.

Abb. 94: Schlierenflysch (späte Kreide – Paläogen) bei Sörenberg (Kt. LU). Mächtige turbiditische Sandsteinbänke alternieren mit Tiefseetonsteinen und -mergeln.

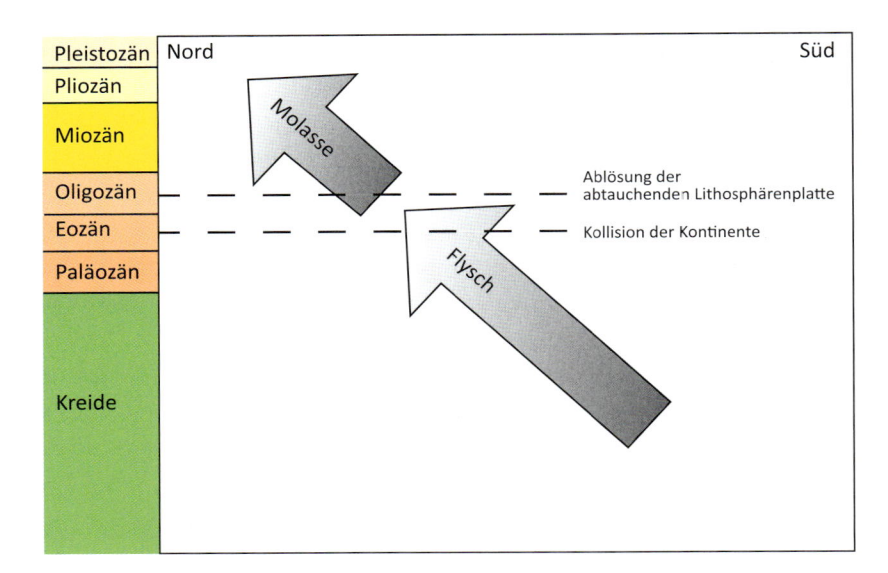

Abb. 95: Raum-Zeit-Diagramm der Flysch- und Molasseablagerung in der Schweiz.

Unterlage abgeschert. Sie bilden heute in den Alpen eigenständige Flyschdecken mit kontrovers diskutierter paläogeografischer Stellung. Im alpinen Deckenstapel findet man diese Flyschdecken meistens im tiefpenninischen Stockwerk. Das Alter der Flysche, sedimentologische Argumente und tektonische Stellung sprechen für eine Herkunft dieser Flysche aus dem nordpenninischen Walliser Trog. Diese Interpretation wird allerdings nicht von allen Alpengeologen geteilt und auf der tektonischen Karte der Schweiz (2005) werden diese Flysche dem Ablagerungsraum des Piemonttroges zugeordnet.

Noch jünger sind die im Alpenquerschnitt nördlichsten Flysche des Helvetikums, z. B der Taveyannaz-Sandstein des späten Eozän (Abb. 95). Diese Flysche wurden vor dem gegen Norden wandernden Gebirge in einem flacher werdenden Meer abgelagert. Diese jüngsten Flyschablagerungen entsprechen nicht mehr der strengen Definition von «Flysch». Sie wurden nicht mehr in einem Tiefseetrog, sondern in einem zunehmend aufgefüllten Meeresbecken vor dem wachsenden Alpengebirge abgelagert.

Zur Vervollständigung dieser Subduktionssignatur muss auch die Metamorphosegeschichte beigezogen werden (siehe Kap. 12).

11.4 Literaturhinweise

CLIFT, P. und VANNUCCHI, P. 2004. Controls on tectonic accretion versus erosion in subduction zones: implications for the origin and recycling of the continental crust. Reviews of Geophysics, 42, p. 1–31.

FROITZHEIM, N., MUNTENER, O., PUSCHNIG, A., SCHMID, S. M. und TROMMSDORFF, V. 1996. The boundary region between the Penninic and eastern-Alpine nappes in Graubunden and Val Malenco (north Italy). Eclogae Geol. Helv., 89, p. 617–634.

FROITZHEIM, N., SCHMID, S. M. und FREY, M. 1996. Mesozoic paleogeography and the timing of eclogite-facies metamorphism in the Alps: A working hypothesis. Eclogae Geol. Helv., 89, p. 81–110.

FRÜH-GREEN, G. L., WEISSERT, H. und BERNOULLI, D. 1990. A Multiple Fluid History Recorded in Alpine Ophiolites. Journal of the Geological Society, 147, p. 959–970.

HSU, K. J. 1968. Principles of Melanges and Their Bearing on the Franciscan-Knoxville Paradox. Geological Society Of America Bulletin, 79, p. 1063–1074.

LÜDIN, P. 1987. Flysch- und Mélangebildung in der südpenninisch/unterost-alpinen Arlosa-Zone. Dissertation, Universität Basel, 281 p.

WINKLER, W. und BERNOULLI, D. 1986. Detrital high-pressure/low-temperature minerals in a late Turonian flysch sequence of the Eastern Alps (western Austria); implications for early Alpine tectonics. Geology, 14, p. 598–601.

12. Kollision zweier Kontinente

Thema

Im Kapitel 12 erhalten wir Einblick in Prozesse, die vor mehr als 30 Millionen Jahren in grosser Tiefe von bis zu 50 km stattgefunden haben. Dank alpin-tektonischer Hebung und damit verknüpfter Erosion des darüber liegenden Materials geben uns Gesteine in den zentralen Alpen Einblick in diese Tiefen. Und wie die Granite des Bergells vor mehr als 30 Millionen Jahren in grosser Tiefe entstanden, gehört zur Kollisionsgeschichte dieses Kapitels.

12.1 Einleitung

Gneis- und Glimmerschieferplatten in Tessiner Dörfern und Städten sind Wegweiser zu Gesteinslandschaften, deren ursprüngliche Mineralzusammensetzung unter hohem Druck in bis zu 50 km Tiefe und bei hohen Temperaturen von bis zu mehreren Hundert Grad Celsius verändert wurde; die Metamorphite wurden unter den extremen Bedingungen zudem verschiefert. In der Region Bellinzona erhalten wir Einblick in die tiefe «Subduktions- und Kollisionsfabrik» der entstehenden Alpen. Die Analyse der metamorphen Gesteine erlaubt den Geologen, Prozesse von uns nicht zugänglichen Bereichen der tiefen Erdkruste und des obersten Mantels zu rekonstruieren.

12.2 Das Nordwärtswandern des Küstengebirges

Der ostalpine Ablagerungsraum und das subduzierte und zum Teil an das Ostalpin angelagerte Südpenninikum bildeten ab der späten Kreide die sogenannte obere tektonische Platte, unter welche die ozeanische Lithosphäre der Tethys und schliesslich Teile der nördlichen europäischen Platten und das ihr vorgelagerte Briançonnais-Terrain subduziert wurden. Erste Anzeichen einer Kollision von Adria mit Europa datieren ins Eozän vor etwa 50 Millionen Jahren zurück. Damit begann eine neue Phase in der Geschichte der Alpen.

12.3 Von der Subduktion zur Kollision

Zu einer Subduktionszone gehören nach den klassischen Modellen der Plattentektonik ein Fore-Arc-Becken, ein Inselbogen und ein Back-Arc-Becken. Findet man dazu auch Hinweise in Gesteinsabfolgen der späten Kreide und des «Tertiärs» in den Alpen?

Die in der Kreide und im frühen «Tertiär» noch tiefen, der Alcapa-Kontinentalplatte vorgelagerten Flysch-Tröge entsprechen einem Fore-Arc-Becken. Für einen vulkanischen Inselbogen sind in den Alpen kaum Hinweise erhalten. Entlang des südlich an die Subduktionszone angrenzenden Küstengebirges (ostalpine Decken) löste erhöhte tektonische Aktivität wiederholt submarine Rutschungen und Bergsturzereignisse aus. Marine Konglomerate und Megabrekzien, welche heute zur ostalpinen Casanna-Decke bei Klosters/Davos gehören, erinnern an diese durch die Subduktion ausgelöste tektonische Aktivität. Die genannten Brekzien markieren auch das Ende der marinen Sedimentation am ostalpinen Rand der Subduktionszone in der späten Kreide. Das unterostalpine Küstengebirge lag seither über dem Meeresspiegel. Spuren vulkanischer Aktivität sind in den Alpen erst im «Tertiär» zu erkennen. In den alpinen Gesteinen findet man in

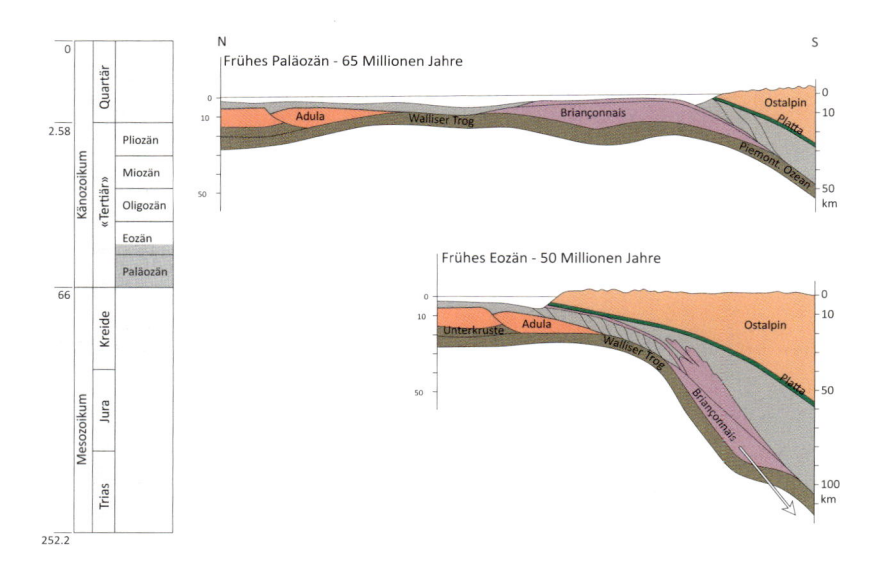

Abb. 96: Profil-Darstellung der frühen Phase der Kontinent-Kontinent-Kollision (nach Schmid et al., 1996).

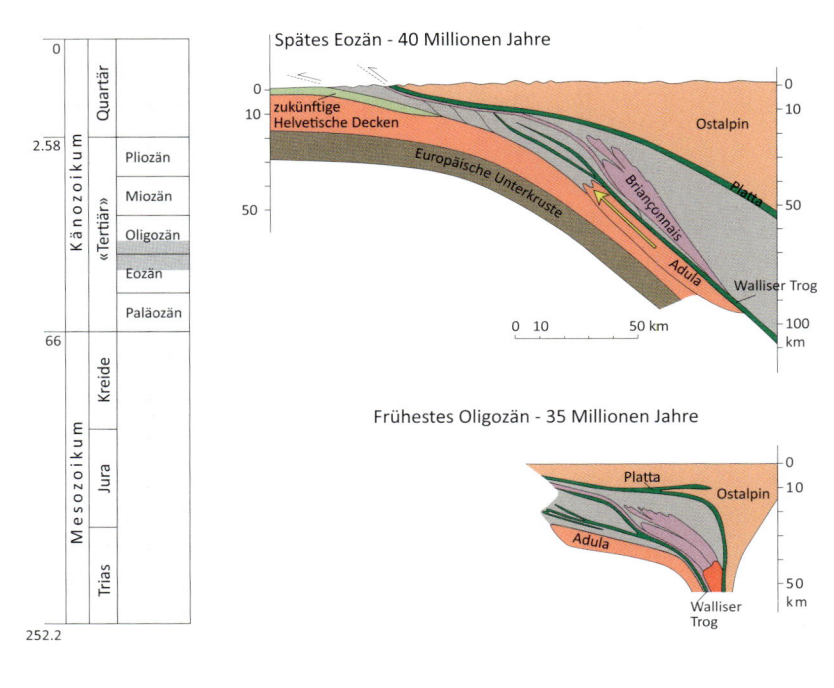

Abb. 97: Die fortschreitende Deformation greift auf das nördliche Vorland über (nach Schmid et al., 1996).

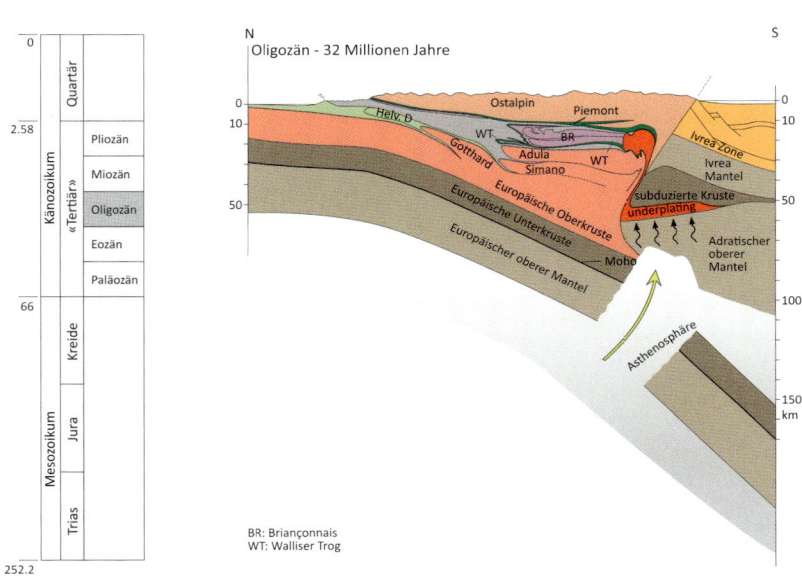

Abb. 98: Die Ablösung der subduzierten europäischen Lithosphärenplatte resultiert in einer verhältnismässig raschen Hebung in bestimmten Gebieten der Alpen, z.B. Bergell, Lepontin (nach Schmid et al., 1996).

den Taveyannaz-Sandsteinen des «nordhelvetischen Flysch» (Eozän) Komponenten, die aus vulkanischen Quellen stammen. Sedimente, abgelagert in tiefen Back-Arc-Becken sind in den Schweizer Alpen ebenfalls nicht erhalten.

Ein Vorlandbuckel entsteht

Erste Anzeichen der beginnenden Kollision von Adria mit Europa sind in den Sedimentabfolgen entlang des nördlichen helvetischen Randes ab dem frühen «Tertiär» erkennbar (Abb. 96, 97, 98). Die beginnende Kontinent-Kontinent-Kollision hatte in diesem Gebiet eine Anhebung zur Folge, ein «Vorlandbuckel» bildete sich aus und die Region des ehemaligen nördlichen Küstenmeeres der alpinen Tethys wurde über den Meeresspiegel gehoben.

Kontinentale Verwitterungskrusten (Bohnerzablagerungen; Abb. 99) und Karsthöhlen im Gebiet des heutigen Jura und in den helvetischen Decken sind Zeugen dieser ersten tektonischen Veränderungen im Gebirgsvorland. Mit dem Näherrücken der Alpenfront verschob sich der Vorlandbuckel weiter nach Norden und der «helvetische Raum» wurde erneut unter den Meeresspiegel abgesenkt. Das Gebiet des zukünftigen Juragebirges wurde hingegen im Paläogen nicht überflutet. Nummulitenkalke, darüber Mergel und dann Flysch bilden die für das Helvetikum typische Paläogen-Gesteinstrilogie. Diese Gesteinstrilogie zeichnet die erneute Überflutung der Tethys-Nordküste auf, und der Wechsel von Nummulitenkalk zu Globigerinenmergel (Abb. 100, 101, 102) dokumentiert, wie die neu überflutete Küste wegen zunehmender tektonischer Subsidenz «ertrank». Nummuliten sind Grossforaminiferen des Paläogens. Sie lebten, ähnlich den Grossforaminiferen in heutigen tropischen Gebieten, in einem flachen und warmen Küstenmeer. Die Globigerinen sind planktische Foraminiferen und sie zeigen tiefere Schelfmeerbedingungen an. Flyschsedimente, die das nordwärts Wandern des entstehenden Gebirges anzeigen, deckten den helvetischen Ablagerungsraum im späten Eozän zu und füllten das Vorlandbecken vor dem Gebirge zunehmend auf.

Abb. 99: Früh«tertiärer» Boluston mit Bohnerz aus der Nordschweiz (Museum zu Allerheiligen, Schaffhausen; Breite 12 cm).

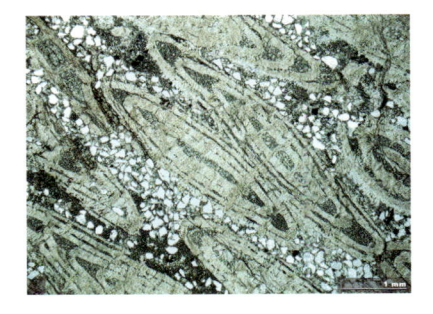

Abb. 101: Nummuliten im Dünnschliff (Bild: H. Bläsi).

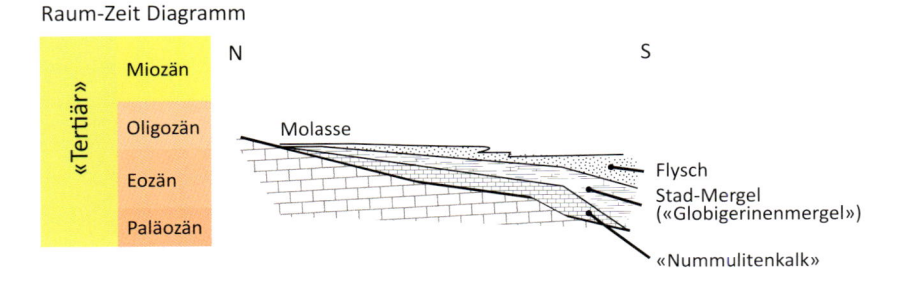

Raum-Zeit Diagramm

Abb. 100: Nordwärtswandern der sedimentären Fazies durch Vorrücken des Vorlandbuckels.

Abb. 102: Globigerina – eine planktische Foraminifere (Bildbreite: ca. 700 µm, aus Haeckel, 1904).

Metamorphe Fazies

Gruppe von Gesteinen, die unter gleichen metamorphen Bedingungen entstanden sind. Unter Metamorphose versteht man die mineralogische und/oder strukturelle Umbildung von Gesteinen im festen Zustand infolge sich ändernder physikalisch-chemischer Bedingungen der Umgebung (Druck, Temperatur, Fluidzusammensetzung).

Vier Faziesbereiche werden unterschieden:
1) Hoher Druck: Blauschieferfazies bei tiefer Temperatur, Eklogitfazies bei hoher Temperatur (typisch in Subduktionszonen)
2) Mittlerer Druck, zunehmende Temperatur: Grünschieferfazies, Amphibolitfazies, Granulitfazies (typisch für regionale Metamorphose)
3) Tiefe Temperatur, hoher Anteil an fluider Phase: Zeolithfazies, Prehnit-Pumpellyit-Fazies (Vergrabungsmetamorphose)
4) Hohe Temperatur: z. B. Albit-Epidot Hornfels (Kontaktmetamorphose)

12.4 Spurensuche in der alpinen Metamorphose

Neben strukturgeologischen und tektonischen Daten sind auch Analysen der Metamorphosegeschichte unabdingbar für die Rekonstruktion der geodynamischen Entwicklung der Alpen. Das Kartieren von charakteristischen Vergesellschaftungen von Mineralien, das Studium von Mineraleinschlüssen oder der Inkohlungsgrad von organischen Bestandteilen (gemessen als «Vitrinit-Reflektivität») können dazu wichtige Informationen liefern.

In den Alpen kommt allerdings erschwerend hinzu, dass viele Gesteine nicht nur durch die alpine Geschichte, sondern auch durch frühere Gebirgsbildungen geprägt wurden. Das Entwirren der Ereignisse in diesen polymetamorphen Gesteinen setzt oft ein Prozessverständnis voraus, das erst in anderen, in Bezug auf die geologische Geschichte einfacheren Regionen der Welt entwickelt werden musste. Dazu zählt etwa die klassische Arbeit des schottischen Geologen *George Barrow* aus dem Jahr 1893. In den Grampian Highlands doku-

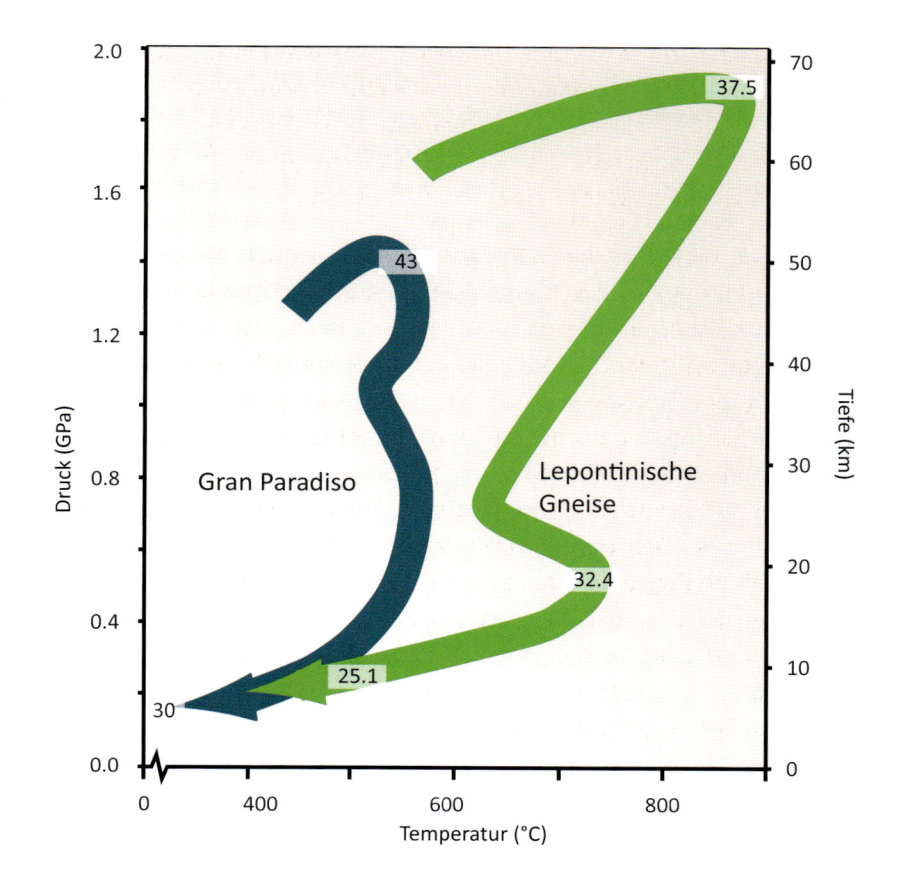

Abb. 103: Die Geschichte eines Gesteins lässt sich als Pfad in einem Druck-Temperatur-Diagramm darstellen. Die Zahlen auf den Linien sind Altersangaben; Lepontinische Gneise: Leventina, Tessin; Gran Paradiso: Norditalien (aus Brouwer et al., 2004).

mentierte er das Erscheinen und Verschwinden bestimmter Mineralien, der Indexmineralien, in metamorphen Tonsteinen. Er setzte diese Mineralabfolge im Feld in Beziehung zur ebenfalls beobachteten kontinuierlichen Zunahme der Korngrösse, die er auf die Zunahme von Druck und Temperatur zurückführte. Noch heute spricht man von «Barrow-Mineralzonen».

Die grossen Fortschritte im Verständnis der alpinen Metamorphose erfolgten daher erst relativ spät. Heute kennt man jedoch von vielen Gesteinen aus den Alpen Zeitpunkt, Temperatur und Druck (bzw. Tiefe) der prägenden Metamorphose-Ereignisse (Abb. 103). Wenn es gelingt, diese Ereignisse in Beziehung zu geodynamischen Prozessen (z.B. Subduktion, Intrusion, Überschiebung) zu setzen, können damit die bestehenden Konzepte bestätigt, verfeinert und weiter entwickelt werden. So lassen sich heute in den Alpen Subduktion und anschliessende Kontinent-Kontinent-Kollision auch anhand der Metamorphose-Signatur der Gesteine dokumentieren.

In einer Subduktionszone werden Gesteinskörper bei vergleichsweise tiefer Temperatur in grosse Tiefen befördert. Dabei entstehen typische Mineralvergesellschaftungen, Hinweise auf eine Hochdruck-Tieftemperatur-Metamorphose. Aus basaltischen Gesteinen entstehen Blauschiefer oder sogar Eklogite, die den entsprechenden metamorphen Fazien den Namen gaben. Auch in den Alpen findet man entsprechende Gesteine, da diese durch Rückverfaltungen und Überschiebungen wieder an die Erdoberfläche gelangten. Sie zeichnen die Subduktionsgeschichte des penninischen Ozeans auf.

Tatsächlich ist die beginnende Schliessung des Piemont-Ozeans durch eine entsprechende Metamorphose (Eklogit-Fazies) bereits in der späten Kreidezeit (78 Mio. Jahre) dokumentiert, und zwar in Gesteinen der Sesia-Zone. Dieses bei der Öffnung des Piemont-Ozeans ausgedünnte Segment der apulischen Kruste wurde bis in eine Tiefe von mehr als 50 km subduziert und dann an die darüber liegende apulische Platte angegliedert. Anschliessend wurde das Krustensegment vermutlich der geringen Dichte wegen in mehreren Phasen wieder an die Oberfläche zurückgeschoben, wie wiederum durch metamorphe Überprägungen (blau- und schliesslich grünschieferfaziell) verdeutlicht wird.

Eine ähnliche Signatur, aber mit einer etwas jüngeren Geschichte, ist in den Ophiolithen der Zone Zermatt – Saas-Fee dokumentiert (Abb. 104). In Gesteinen am Lago di Cignana (I) wurden Drücke von 2.7–2.9 GPa bei Temperaturen von 590–630° C rekonstruiert. Damit muss angenommen werden, dass diese Gesteine in Tiefen bis über 100 km versenkt wurden, und zwar vor ungefähr 50–38 Millionen Jahren, bevor sie mit der erstaunlich hohen Geschwindigkeit wieder an die Erdoberfläche befördert wurden. Die damit verbundenen Prozesse sind noch nicht restlos geklärt und Gegenstand intensiver Forschungen.

Abb. 104: Allalin-Gabbro vom Allalin-Horn. Dieser hochmetamorphe Gabbro ist eines der ausgeprägten Hochdruck-Gesteine der Alpen. Breite ca. 12 cm.

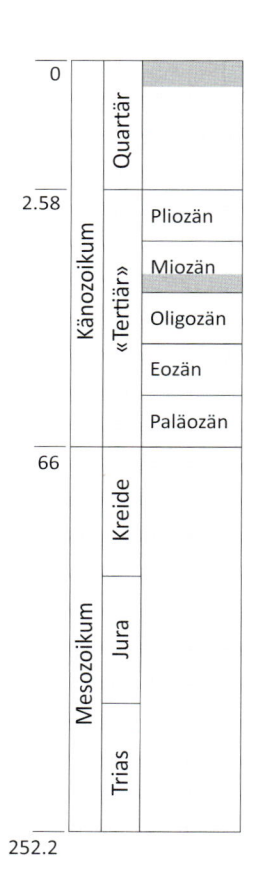

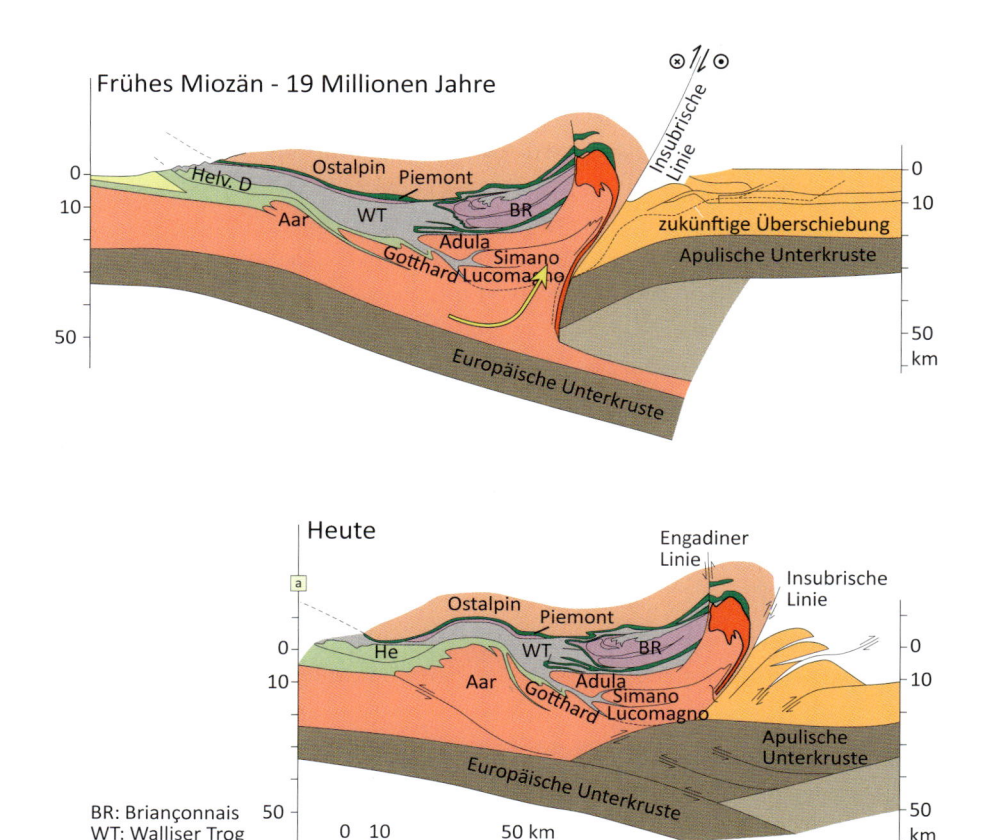

Abb. 105: Im frühen Miozän waren die Geometrien des heutigen Alpenbaus bereits angelegt (nach Schmid et al., 1996).

Auch in der Adula- und Monte-Rosa-Decke, die das Grundgebirge des südlichsten Teils des europäischen Grundgebirges repräsentieren, werden sehr hohe Druckbedingungen von bis über 3 GPa vor rund 38 Millionen Jahren widergespiegelt. Sie enthalten ultrabasische Gesteine aus dem variszischen Grundgebirge, die dann aber in der alpinen Gebirgsbildung (Eozän) in grosse Tiefen verfrachtet wurden und heute als granatführende Peridotite vorliegen (z.B. Granat-Peridotit von Alpe Arami).

Diese Hochdruck-Gesteine zeigen also ein von paläogeografisch Süd nach Nord abnehmendes Alter. Dies widerspiegelt das «nordwärts Wandern» («Roll-Back») der Subduktion in den Alpen (wobei sich möglicherweise im Valais-Ozean eine eigene Subduktionszone bildete). Schon vor etwa 50 Millionen Jahren wurden die von ihrer Grundgebirgsunterlage abgetrennten Sedimente des Walliser Trogs in Akkretionskeilen entlang der Überschiebungszone angelagert.

Der Zusammenstoss der Adria-Kontinentalplatte mit Europa beendete die Subduktion ozeanischer Kruste auch im Gebiet der heutigen Westalpen. Es begann eine neue Phase in der Geschichte der Alpen (Abb. 105). Der Stil von Deformation und Metamorphose änderte sich. Zwischen europäischer und adriatischer Kruste gibt es keine Dichteunterschiede wie zwischen ozeanischer und kontinentaler Kruste. Doch Adria bewegte sich weiter in nordwestliche Richtung. Der Raum entlang der Kollisionszone wurde im «Tertiär» weiter um bis zu 350 km verkürzt, die Kruste wurde verdickt und die Alpen wurden – als Folge der Krustenverdickung – stark angehoben (Abb. 105).

Kristallingesteine der von Adria überfahrenen europäischen Kontinentalplatte verloren zuerst den grössten Teil ihrer Sedimentüberdeckung. An mehreren Stellen blieben geringmächtige triassische Gesteinspakete an das Grundgebirge angeschweisst und die Evaporite der mittleren Trias bildeten den Abscherhorizont für die jüngeren Sedimentgesteine. Die vom Grundgebirge abgestreiften Sedimente wurden in Sedimentdecken gestapelt und nur noch in geringe Tiefen von wenigen Kilometern subduziert. Sie bilden heute die tiefpenninischen Bündnerschiefer-Decken. Von der Lenzerheide bis zum Lukmanierpass prägen die Gesteine der Bündnerschiefer-Decken die Gebirgslandschaft.

Die Krustenspäne des Grundgebirges hingegen, das die Unterlage des Walliser Troges bzw. den südlichen Rand Europas bildete, wurden entlang der Kollisions- oder Überschiebungszone von der kontinentalen Unterkruste abgetrennt und entlang von mehreren Überschiebungszonen zu den tiefpenninischen Kristallin-Decken übereinandergestapelt. Am Grundgebirge haften gebliebene Reste der Sedimentbedeckung erleichtern den Geologen die Differenzierung des tiefpenninischen Grundgebirges in mehrere Decken. Im Tessin und in Graubünden werden diese Decken als Lucomagno-, Simano- und Adula-Decken bezeichnet.

Das so entstandene Decken-Paket wurde noch in Tiefen bis etwa 70 km unter Adria geschoben, bevor es aus physikalischen Gründen (u.a. wiederum der geringen Dichte wegen) wieder zurückverfaltet wurde. Auf ihrem Weg wurden auch diese Krustengesteine unter hohen Druck- und Temperaturverhältnissen verfaltet und verschiefert. Im Gegensatz zur druckbetonten Metamorphose der Subduktionszone spielte hier nun die Temperatur jedoch eine grössere Rolle. Man spricht von einer Regionalmetamorphose, ähnlich, wie sie *Barrow* in den Grampian Highlands beschrieben hatte. Wenn man die Metamorphose anhand von Indexmineralien kartiert, fällt auf, dass die entsprechenden Mineralzonen die Deckengrenzen schneiden, was letztlich bedeutet, dass der Deckenbau bereits vor dieser Metamorphose angelegt worden war. Die höchsten

Metamorphosegrade liegen unmittelbar nördlich der Insubrischen Linie; hier waren die Gesteine vor 30–37 Millionen Jahren in Tiefen von bis zu 70 km Temperaturen bis 800° C ausgesetzt (Amphibolitfazies). Sie wurden dabei intensiv verfaltet. Die Gesteine südlich der Insubrischen Linie sind dagegen südalpiner Herkunft und zeigen keinerlei Anzeichen alpiner Metamorphose (variszische Metamorphose ist jedoch im Grundgebirge ebenfalls dokumentiert). Dies bestätigt die bereits aus strukturgeologischen und tektonischen Daten abgeleitete Beobachtung, dass entlang der im Neogen entstandenen Insubrischen Linie eine vertikale Bewegung stattgefunden haben muss; der Nordteil wurde entlang dieser Zone gegen 20 km gehoben und durch Erosion freigelegt. Heute finden wir dank der speziellen Kulminationstektonik die stark metamorph überprägten und in horizontale Falten gelegten Gesteine in der Deckenaufwölbung der Leventina im Nordtessin, im Oberwallis und in Westgraubünden. Sie vermitteln damit einen Einblick in ursprünglich in grossen Tiefen gelegene Bauelemente der Alpen. Im Bereich des Simplontunnels wurden die aus liegenden Falten aufgebauten Gneisdecken schon am Anfang des 20. Jahrhunderts beschrieben (Schardt, 1903).

12.5 Verformung und Metamorphose des helvetischen Raumes

Auf Karten des Eozäns könnte man verfolgen, wie das wachsende alpine Deckengebirge weiter gegen Norden verschoben wurde. Die jüngsten Decken des alpinen Deckengebirges, die helvetischen Decken entstanden im Eozän und frühen Oligozän (40–30 Mio. Jahre). Sedimentgesteine des südlichen Ablagerungsraumes wurden zuerst von ihrem Grundgebirge abgetrennt. Diese Gesteine sind in den höchsten helvetischen Decken der Alpen erhalten geblieben (z.B. Wildhorn-Decke, Berner Oberland). Gleichzeitig mit der Entstehung der südlichsten und heute höchsten helvetischen Decken lag das alpine Vorlandbecken im späten Eozän (35 Mio. Jahre) im Raum des heutigen Aarmassivs. Die damals entstandenen Nummulitenkalke und Küstensandsteine gehören zu den jüngsten Sedimenten des Aarmassivs. Der Gemmipass zwischen Leukerbad und Kandersteg bietet einen guten Einblick in diese Küstenablagerungen des alpinen Vorlandbeckens. Noch jünger sind Tonschiefer und Sandsteine des «nordhelvetischen Flyschs», die auf dem Gebiet des Aarmassivs abgelagert wurden. Diese Gesteine werden im nächsten Kapitel beschrieben.

Die weitere Raumverkürzung ab etwa 35 Millionen Jahren – jener Zeit der Rückfaltung der penninischen Grundgebirgsdecken – hatte zur Folge, dass auch

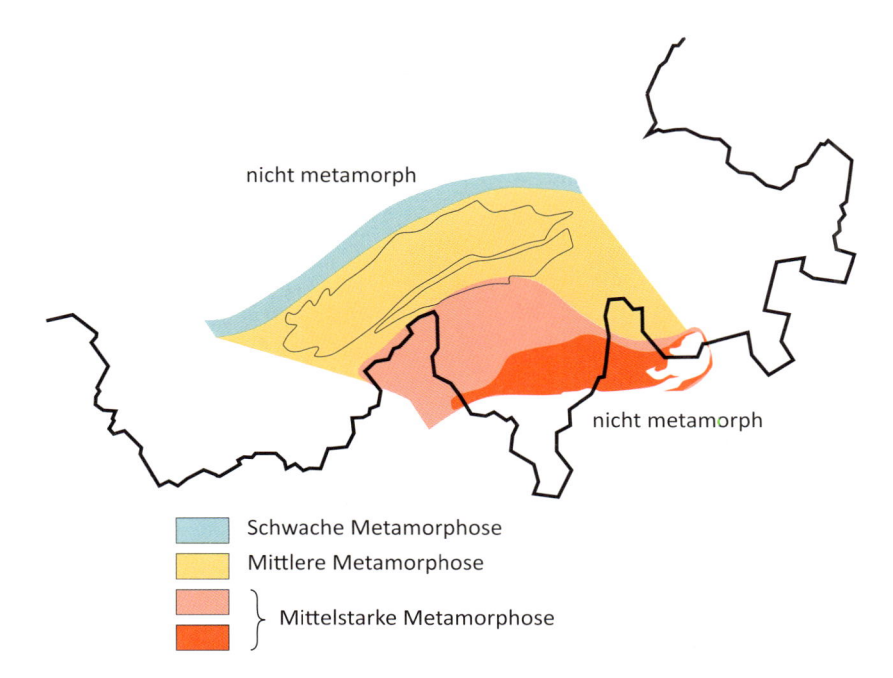

Abb. 106: Die alpine Metamorphose der Alpen durchschneidet den Deckenstapel diskordant und ist damit zumindest teilweise jünger als dessen Bildung.

die Sedimentgesteine des Aarmassivs und des Mont Blanc- sowie des Aiguillle Rouge Massivs von ihrer Unterlage abgeschert wurden. Allerdings blieb die Trennung von Grundgebirge und Sedimentgesteinen unvollständig. Grosse gegen Norden gerichtete Deckfalten der Morcles Decke und der Doldenhorn Decke im Wallis entstanden in Tiefen von mehreren Kilometern, wo Kalkgestein unter erhöhtem Druck zu Falten verformbar war («plastische Deformation»).

Kartiert man die alpine Metamorphose von den lepontinischen Decken über die Zentralalpen nach Norden bis in den Bereich der helvetischen Decken, so nimmt der Metamorphosegrad von Amphiolitfazies über Grünschieferfazies bis hin zu nicht metamorphen Gesteinen kontinuierlich ab (Abb. 106). Ähnlich wie in den penninischen Grundgebirgsdecken schneiden auch in den helvetischen Decken die Metamorphose-Isograde die Deckengrenzen. Somit ist auch hier bezeugt, dass der Deckenbau vor der Metamorphose entstanden ist. Eine Ausnahme dazu bilden die späten bzw. spät noch aktiven Überschiebungen, wie zum Beispiel die Glarner Überschiebung. Entlang dieser Überschiebung werden die Metamorphose-Isograde um ungefähr 10 km versetzt. Im Osten der Schweizer Alpen wurden die schon in Decken gestapelten Sedimentgesteine des Nordpenninikums und des höheren Helvetikums vor etwa 32 Millionen Jahren nämlich nochmals entlang von grossen Überschiebungen gegen Norden auf das Aarmassiv und seine Sedimentgesteine verfrachtet. Diese gros-

Der Ozean im Gebirge

Helvetische Decken
- Mesozoische Sedimente
- Verrucano

Autochthon und Parautochthon
- Eozäner Flysch
- Mesozoische Sedimente

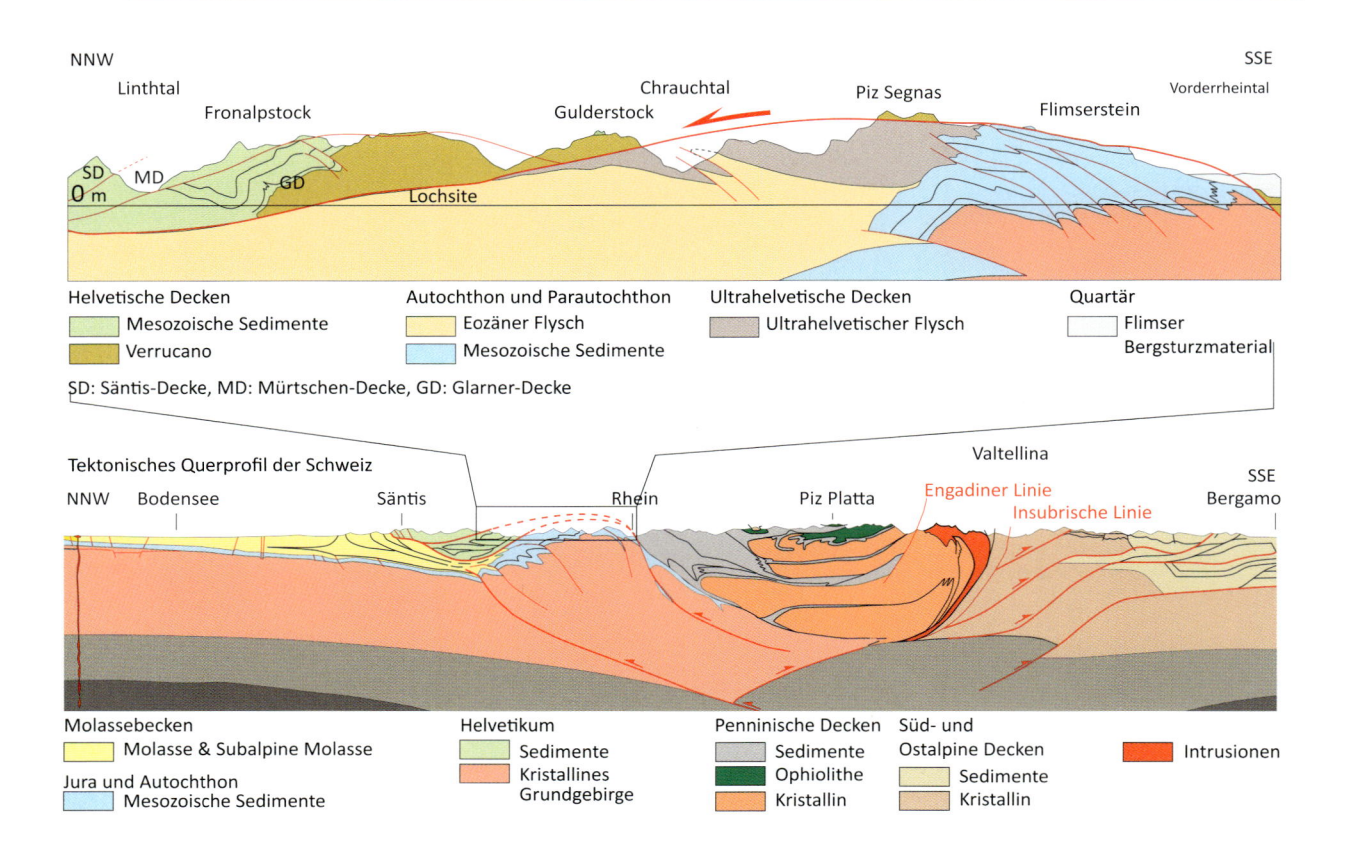

Ultrahelvetische Decken
- Ultrahelvetischer Flysch

Quartär
- Flimser Bergsturzmaterial

SD: Säntis-Decke, MD: Mürtschen-Decke, GD: Glarner-Decke

Molassebecken
- Molasse & Subalpine Molasse

Jura und Autochthon
- Mesozoische Sedimente

Helvetikum
- Sedimente
- Kristallines Grundgebirge

Penninische Decken
- Sedimente
- Ophiolithe
- Kristallin

Süd- und Ostalpine Decken
- Sedimente
- Kristallin

- Intrusionen

Abb. 107: Geologisches Profil durch die Glarner Alpen mit Glarner Überschiebung (modifiziert nach Oberholzer, 1933). Unten: tektonisches Querprofil durch den östlichen Teil der Schweiz.

sen Überschiebungen sind als Glarner Überschiebung (Abb. 107) und nordpenninische Überschiebungszone bekannt; sie entstanden als Folge erneuter Raumverkürzung im Kollisionsgebirge. Die Glarner Überschiebung ist vom Vorderrheintal über den Piz Segnas und Ringelspitz bis ins Glarnerland als messerscharfe Linie verfolgbar. Die eigentliche Überschiebungszone ist nur 1 bis 2 Meter mächtig und sie besteht aus einer stark beanspruchten Kalkschicht, dem «Lochsitenkalk». Der Lochsitenkalk wirkte an der Überschiebungsfläche bei Temperaturen von mehr als 300° C und in einer Tiefe von bis zu 16 km als eigentliches Schmiermittel. Die über dem Lochsitenkalk liegenden helvetischen Decken wurden etwa 35 km nach Norden über autochthone Sedimentgesteinsabfolgen des östlichen Aarmassivs geschoben. Die weltweit einzigartige Überschiebung ist im Jahre 2008 in die Liste des UNESCO-Welterbes aufgenommen worden (Tektonikarena Sardona). In den höchsten der helvetischen Decken wurden vor 30 Milionen Jahren die jüngeren Gesteine aus der Kreidezeit von den älteren Gesteinen der Trias- und Jurazeit abgetrennt. Die Gesteine des «Jura-Stockwerks» gehören heute in der Zentralschweiz zur

Axendecke, das dazugehörige «Kreidestockwerk» wurde entlang von Überschiebungen seit dem frühen Oligozän (ca. 30 Mio. Jahre) weit nach Norden verschoben. Die Säntisdecke in der Ostschweiz oder der Pilatus in der Zentralschweiz gehören zu diesem Kreidestockwerk der höchsten helvetischen Decken. Die Überschiebungsfläche der Säntisdecke wird von den Geologen oft mit der Fläche der Glarner Überschiebung in Verbindung gebracht. Die junge Fortsetzung der Glarner Überschiebung würde der jungen, seit dem Miozän aktiven Überschiebung der Säntisdecke auf die Molasse entsprechen.

Kollidierende Kontinentalplatten waren Ursache der seit 32 Millionen Jahren zunehmenden Raumverkürzung. Ein gegen Norden wachsendes Gebirge wuchs auch zunehmend in die Höhe, da die kontinentale Kruste unter den Alpen während des Zusammenstosses von Adria mit Europa verdoppelt wurde («Isostasie»). Ab etwa 30 Millionen Jahren (Oligozän) vergrösserte sich deshalb die Erosionsrate stark, die vor dem Gebirge liegenden Meeresbecken wurden mit Erosionsschutt gefüllt und Flyschsedimente wurden durch Molasseablagerungen, die in flachen Vorlandbecken entstanden, überdeckt (siehe Kap. 13).

12.6 Grosse Blattverschiebungen und Intrusionen

Im Oligozän wurde der Sporn der Adria in den europäischen Kontinent hineingetrieben. Die Kollisionszone der Kontinente Adria und Europa verlief nicht parallel zu den ehemaligen Kontinentalrändern. Deshalb wurde etwa in den Zentralalpen der Raum stärker verkürzt als in den Westalpen. Entlang des periadriatischen Bruchsystems (Insubrische Linie und ihre Äquivalente weiter im Osten: Giudicarie-, Pustertal-, Gailtal-, Lavanttal- und Balaton-Linie) fanden seitliche Ausgleichsbewegungen («lateral escape») in Form von rechtssinnigen Verschiebungen und steilen Aufschiebungen statt. Im Bereich der Südschweiz spielte die Insubrische Linie eine wichtige Rolle. Sie setzt sich heute gegen WNW in der Simplon-Rhone-Linie fort. Beides sind Bruchzonen mit rechtssinniger Bewegung (ca. 100 km seit dem Oligozän). Entlang dieser Linien haben sich die Südalpen und die Adria-Platte gegen NW bewegt. Diese Bewegungen im Miozän bis Pliozän (ab 12 Mio. Jahre 30 km Verschiebung) wurden in die Molasse übertragen: Faltungen und Überschiebungen im Jura und in der Molasse können mit diesen jungen Kollisionsbewegungen in den Alpen in Verbindung gebracht werden. Die Raumverkürzung der Alpen vor 30 Millionen Jahren dürfte auch Ursache der Entstehung der Engadiner Linie sein. Die Engadiner Linie lässt sich vom Bergell durch das ganze Engadin bis nach Nauders in Österreich verfolgen. Sie entstand nach der Intrusion des Bergeller Granits (s. u.) und

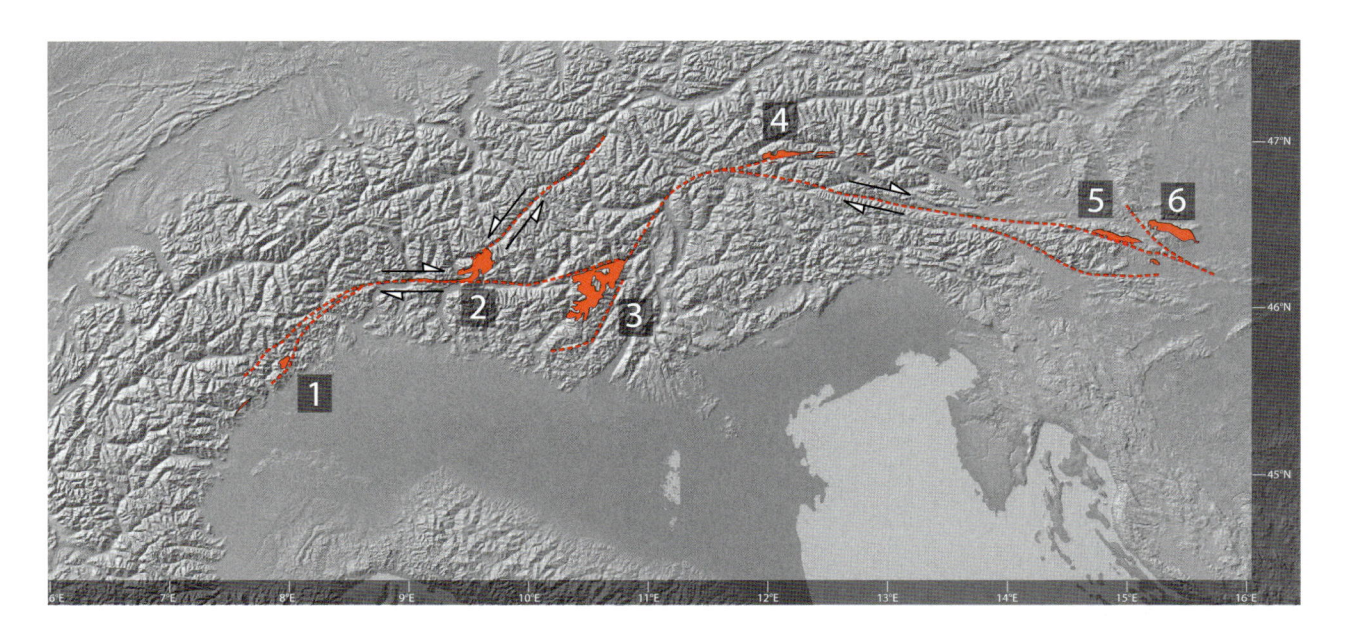

Abb. 108: Intrusionskörper entlang des periadriatischen Bruchsystems (Quelle der Hintergrundkarte: GeoMapApp.).

Abb. 109: Aplitgang in Bergeller Granit.

sie dürfte seit dem frühen Miozän aktiv sein. An der Engadiner Linie beobachtet man eine sinistrale Blattverschiebung von mehreren Kilometern, die als Folge der Alpen-Anhebung und der Raumverkürzung entstanden ist.

Vor allem im frühen Oligozän (vor 34–28 Mio. Jahren) konnten aufgrund der mit den Blattverschiebungen verbundenen Dehnungsbewegungen entlang des gesamten, etwa 700 km langen Bruchsystems Magmen in die obere Kruste, und damit in den damals schon bestehenden Deckenstapel des Penninikums und des Ostalpins eindringen (Abb. 108). Aufgrund von Isotopenverhältnissen nimmt man an, es handle sich um Schmelzen aus einer Tiefe von 40 bis 50 km, aus dem oberen Erdmantel und der unteren Erdkruste, die schliesslich in relativ geringer Tiefe in Form von mehrheitlich Tonaliten und Granodioriten erstarrten: Adamello, Biella, Bergell, Karawanken, Riesenferner und Pohorje sind Beispiele. Diese Intrusionen werden von zahlreichen Gangsystemen begleitet (Abb. 109). Eindeutige Nachweise dafür, dass es auch zu vulkanischer Aktivität kam, fehlen allerdings. Die im Tavayannaz-Sandstein dokumentierten vulkanischen Komponenten dürften in Bezug auf das Alter infrage kommen; die horizontale Distanz war jedoch nach Meinung der Experten zu gross.

Der Bergeller Intrusivkörper drang vor 31–28 Millionen Jahren entlang des periadriatischen Bruchsystems in den penninischen Deckenstapel ein (Abb. 110). Im Norden wird die Intrusion heute durch die allerdings jüngere, von Nordost nach Südwest verlaufende Engadiner Störung begrenzt. Der Intrusionskörper besteht im Wesentlichen aus einem äusseren, mehr als 50 km

Abb. 110: Blick von Soglio auf die Bergeller Granodioritberge.

langen Tonalit-Körper (Abb. 111, 112) und einem zentralen, 20 km x 10 km grossen Körper aus porphyrischem Granodiorit. Anhand von ultrabasischen Gesteinen, in deren Nachbarschaft die Magmen intrudierten, konnte die Kontaktmetamorphose detailliert aufgezeichnet werden. Aufgrund von Mineralreaktionen, aber auch aufgrund von tektonischen Überlegungen geht man von einer Intrusionstiefe von 8–12 km aus.

Erdbebenzone Wallis

Die Erdbeben im Wallis südlich des Rhonetals sind an vertikale Bruchsysteme gebunden, die mit alpiner Tektonik erklärt werden. Diese Bruchsysteme in den penninischen Decken sind das Resultat aktiver Kollisionstektonik zwischen Adria und Europa. Erdbeben nördlich des Rhonetals in den helvetischen Decken sind an Verwerfungen mit einer starken lateralen Verschiebung (strike-slip) gebunden. Im Durchschnitt wird im Wallis alle 10 Jahre ein Erdbeben mit Magnitude > 5 erwartet, und alle 100 Jahre ein starkes Erdbeben mit Magnitude > 6. Ab Magnitude 4 können Gebäude beschädigt werden.

Abb. 111: Handstück eines Tonalites der Bergeller-Intrusion.

Abb. 112: Makroaufnahme desselben Handstückes. Deutlich sichtbar sind Plagioklas (weiss), Quarz (grau) und Hornblende (dunkel).

12.7 Die Südalpen

Seit 45 Millionen Jahren entstand auch südlich der Insubrischen Linie ein Falten- und Deckengebirge – die Südalpen – mit gegen Süden gerichteten Falten und Überschiebungen. Sie erstrecken sich von Ivrea im Westen bis ins Veneto, nördlich Venedig. Die Südalpen bilden ein tektonisches Prisma (foreland prism), das aus mehreren Mantel-Krusten-Sediment-Decken besteht. Die Aufschuppung, die in der kontinentalen Kruste von Adria ihren Abscherungshorizont hat, entstand im Miozän. Die Südgrenze der neu ausgebildeten Südalpen wird heute durch junge Ablagerungen der Po-Ebene definiert. Diese Sedimente wurden seit etwa 7 Millionen Jahren auf gefaltete Sedimente der Südalpen angelagert. Die Gesteine der Südalpen wurden während der Gebirgsbildung kaum metamorph überprägt.

In den südalpinen Krustengesteinen ist ähnlich wie in den Gesteinen der alpinen Massive die Geschichte der variszischen Gebirgsbildung aufgezeichnet. Der Baveno-Granit südwestlich des Lago Maggiore entstand als variszischer Plutonit vor etwa 270 Millionen Jahren. Ein strukturell aussergewöhnliches Element der Südalpen bildet die Ivrea-Zone westlich des Lago Maggiore. Sie gibt einen Einblick in die Grenze zwischen Kruste und Mantel der adriatischen Platte. Neben metamorphen Sedimentgesteinen gehören Gesteine der hochmetamorphen Granulitfazies zur Ivrea-Zone, welche der unteren kontinentalen Kruste zugeordnet werden können. Nur wenige Kilometer tief vergraben liegt in der Ivrea-Zone – nach geophysikalischen Hinweisen – die während der alpinen Gebirgsbildung angehobene Mohorovicic-Diskontinuität (Moho).

Die Sedimentgesteinsabfolge der Südalpen wird als Archiv der südlichen Tethys-Geschichte vom Perm bis ins Pliozän genutzt. Auffällig in der südalpinen Sedimentgesteinsabfolge ist das plötzliche Auftreten von Konglomeraten, die im Oligozän über die marinen Sedimente des Paläogens geschüttet wurden. Lange wurden diese Konglomerate mit der Molasse des Mittellands verglichen. Erst als zwischen einzelnen Konglomeratbänken Tiefseesedimente gefunden wurden, konnten diese südalpinen Konglomerate neu als submarine Schuttfächer-Sedimente identifiziert werden. Die jüngsten marinen Ablagerungen im Südtessin haben Pliozän-Alter. Vor 4 Millionen Jahren, im frühen Pliozän, lag die Adria-Küste bei Chiasso. Ein warmes Klima und damit eine geringere Vereisung der Antarktis erklärt, dass damals der globale Meeresspiegel um bis zu 30 m höher war als heute. Die globale Abkühlung, die Auffüllung der Po-Ebene mit Erosionsschutt und lokale Hebungsprozesse waren für die kontinuierliche Verschiebung der Adria-Küstenlinie gegen Osten verantwortlich.

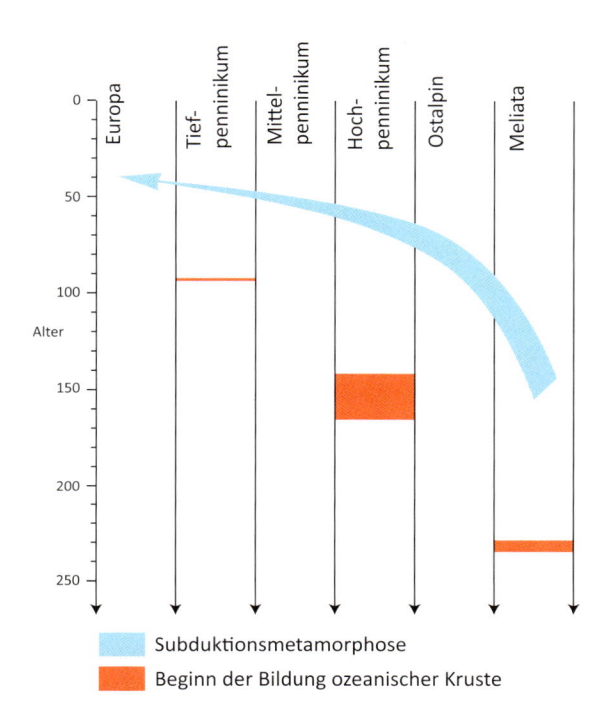

Abb. 113: Die Metamorphosealter.

12.8 Literaturhinweise

Brouwer, F. M., van de Zedde, D. M. A., Wortel, M. J. R. und Vissers, R. L. M. 2004. Late-orogenic heating during exhumation: Alpine PT trajectories and thermomechanical models. Earth and Planetary Science Letters 220, p. 185–199.

Froitzheim, N., Schmid, S. M. und Frey, M. 1996. Mesozoic paleogeography and the timing of eclogite-facies metamorphism in the Alps: A working hypothesis. Eclogae Geol. Helv., 89, p. 81–110.

Haeckel, E. 1904. Kunstformen der Natur. Bibliographisches Institut, Leipzig und Wien.

Herwegh, M. und Pfiffner, O. A. 2005. Tectono-metamorphic evolution of a nappe stack: A case study of the Swiss Alps. Tectonophysics, 404, p. 55–76.

Marshall, D., Pfeifer, H. R., Hunziker, J. C. und Kirschner, D. 1998. A pressure-temperature-time path for the NE Mont-Blanc massif: Fluid-inclusion, isotopic and thermobarometric evidence. European Journal of Mineralogy, 10, p. 1227–1240.

Pfiffner, O. A., Ellis, S. und Beaumont, C. 2000. Collision tectonics in the Swiss Alps: Insight from geodynamic modeling. Tectonics, 19, p. 1065–1094.

Schardt, H. 1903. Note sur le profil géologique et la tectonique du Massif du Simplon, suivi d'un rapport supplémentaire sur les venues d'eau rencontrées dans le tunnel du Simplon du côté d'Iselle. Corbaz & Cie, Lausanne.

Schmid, S. M., Berger, A., Davidson, C., Giere, R., Hermann, J., Nievergelt, P., Puschnig, A. R. und Rosenberg, C. 1996. The Bergell Pluton (Southern Switzerland, Northern Italy): Overview accompanying a geological-tectonic map of the intrusion and surrounding country rocks. Schweizerische Mineralogische und Petrographische Mitteilungen, 76, p. 329–355.

Schmid, S. M., Froitzheim, N., Pfiffner, O. A., Schonborn, G. und Kissling, E. 1997. Geophysical-geological transect and tectonic evolution of the Swiss-Italian Alps. Tectonics, 16, p. 186–188.

Schmid, S. M., Fügenschuh, B., Kissling, E. und Schuster, R. 2004. Tectonic map and overall architecture of the Alpine orogen. Eclogae Geol. Helv., 97, p. 93–117.

Schmid, S. M. und Kissling, E. 2000. The arc of the western Alps in the light of geophysical data on deep crustal structure. Tectonics, 19, p. 62–85.

Schmid, S. M., Zingg, A. und Handy, M. 1987. The Kinematics of Movements along the Insubric Line and the Emplacement of the Ivrea Zone. Tectonophysics, 135, p. 47–66.

13. Vom Flysch zur Molasse

Thema

Im Kapitel 13 geht es um die Entstehung jener Sedimente, die den Gesteinsuntergrund des schweizerischen Mittellandes bilden. Diese als Molasse bezeichneten Gesteine archivieren die späte Gebirgsbildungsphase der Alpen.

13.1 Das Ende der Flyschsedimentation

Schon in der späten Kreide und im Paläozän wirkte sich die alpine Gebirgsbildung zunehmend auf den Ablagerungsraum am Nordrand der alpinen Tethys aus. In den Sedimentabfolgen des Helvetikums und des Juragebirges findet man Anzeichen für eine Anhebung der Tethys-Nordküste. Dabei kam es zu tiefgreifender Erosion und zur Ausbildung einer Karstlandschaft. Im Jura der Nordschweiz fehlen Gesteine der gesamten Kreidezeit, im westlichen Jura jene der oberen Kreide (vgl. Abb. 19). Vermutlich fielen diese fehlenden Kalk-Gesteine unter warm-feuchten Klimabedingungen am Ende der Kreidezeit und im frühen «Tertiär» der Erosion zum Opfer. Am nördlichen helvetischen Schelf entstand gleichzeitig eine Karstlandschaft, die bis in die Gesteine der frühen Kreidezeit hinunter griff. Spuren dieser Karstlandschaft sind in den Gesteinen der tiefen helvetischen Decken, z. B. am Gemmipass, erhalten. Der äussere helvetische Schelf, erhalten in den höheren helvetischen Decken, blieb bis Ende der Kreidezeit als mariner Raum erhalten. Die Karstbildung im Paläozän hinterliess deshalb geringere Spuren. Nur Gesteine der spätesten Kreidezeit wurden abgetragen. Neben den fehlenden Gesteinen der Kreidezeit weisen Bohnerz- und Dünenablagerungen auf eine paläozäne Erosion unter wechselnden Klimabedingungen hin (siehe auch Kap. 14).

Im frühen Eozän wurde der helvetische Ablagerungsraum erneut von einem Küstenmeer überflutet. Verbreitet wurden Nummulitenkalke und Küstensandsteine gebildet. Im Eozän verschob sich die Alpenfront zunehmend gegen Nor-

Abb. 114: Der Bergsturz von Elm.

Fig. 17. Flacher Blockstrom in Elm, 11. IX. 81.
Blick gegen West.
Phot. J. Ganz, 1881.

den. Die Küste mit der reichen Nummulitenfauna wurde gleichzeitig gegen Norden verschoben. Karstlandschaften wurden von Meeressedimenten zugedeckt. Ehemalige südliche Küstengebiete versanken in gössere Tiefen, Globigerinenschlamm und später Flyschsedimente des «nordhelvetischen Flyschs» wurden über dem Nummulitenkalk abgelagert.

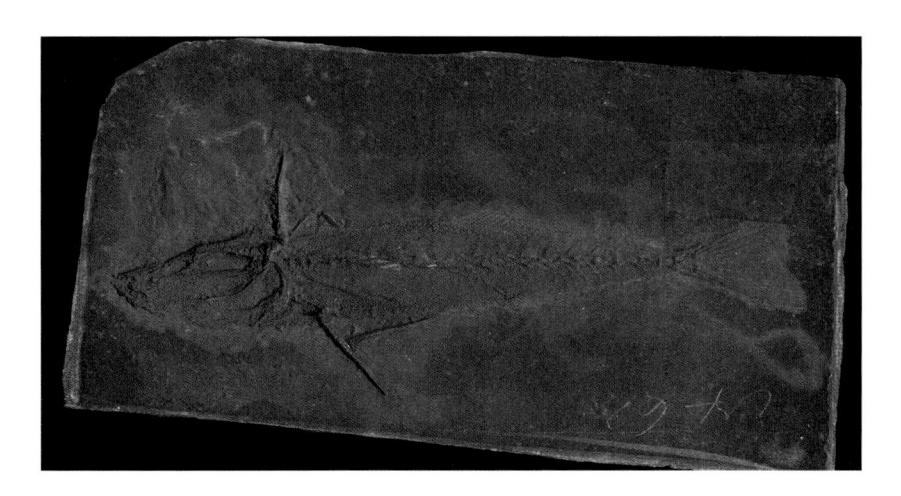

Abb. 115: Fisch aus dem Engi-Dachschiefer (Museum zu Allerheiligen, Schaffhausen; Breite 17 cm).

13.2 Die Engi-Dachschiefer des nordhelvetischen Flyschs

Zu den wichtigsten Rohstoffen des Glarnerlandes gehören die Dachschiefer von Elm und Engi. Dort wurden seit Jahrhunderten Schiefer für Schreibtafeln, Wandtafeln und Tische in ganz Europa abgebaut. Traurige Berühmtheit erhielt der Steinbruch ob Elm im späten 19. Jahrhundert. Unsachgemässer Abbau der Schiefer löste im Jahre 1881 einen grossen Bergsturz aus, der beinahe hundert Menschen in Elm in den Tod riss (Abb. 114).

Im benachbarten Schiefersteinbruch von Engi befindet sich eine der berühmtesten Fossilfundstellen in den Alpen (Abb. 115). Der Universalgelehrte *Johann Jacob Scheuchzer* fand dort anfangs des 18. Jahrhunderts fossile Fische, die er als Zeugen der Sintflut interpretierte. Die Schiefer in Elm und die etwas jüngeren Schiefer von Engi gehören geologisch zum nordhelvetischen Flysch, der im späten Eozän und im frühen Oligozän vor dem gegen Norden wandernden Alpenbogen in ein flacher werdendes Meer abgelagert wurde. Die Dachschiefer weisen auf Episoden geringer Schuttzufuhr in den Ablagerungsraum des nordhelvetischen Flyschbeckens hin. Die Schiefer überlagern Sandsteine des späten Eozäns, die aussergewöhnlich hohe Anteile an vulkanischen Trümmern enthalten. Diese als Taveyannaz-Sandsteine bekannten Ablagerungen dokumentieren eine Episode andesitischer vulkanischer Aktivität entlang des Alpenbogens. An der Grenze des Eozäns zum Oligozän wurde der südhelvetische Ablagerungsraum in den Gebirgsbau einbezogen. Die Sedimente des Helvetikums wurden von ihrem Untergrund abgeschert und der helvetische Deckenstapel begann sich auszubilden. Der Ablagerungsraum des nordhelve-

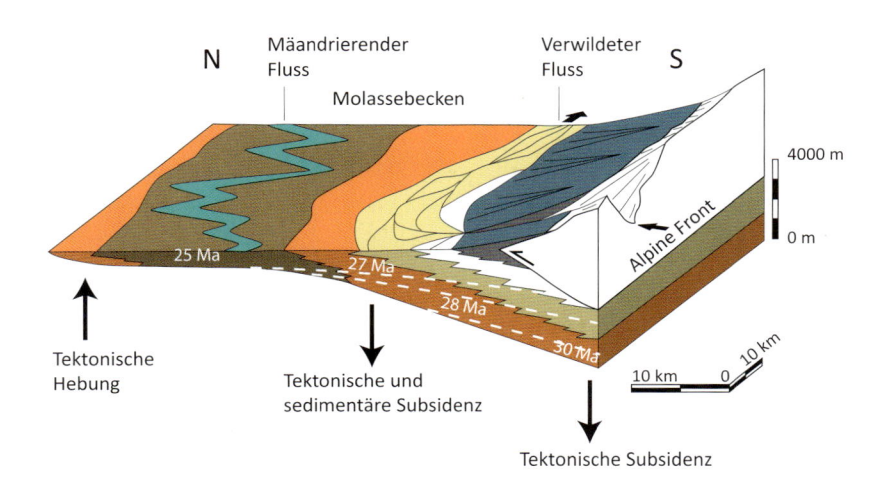

Subsidenz

Unter Subsidenz versteht man die Absenkung der Lithosphäre. Dies kann durch Abkühlung (thermische Subsidenz), Dehnungsbewegungen in der Erdkruste (tektonische Subsidenz), Auflast (Sediment, Eis, Effusivgesteine oder überschobene Gesteinskörper) oder durch eine Kombination dieser Faktoren verursacht sein. Beispiele sind das Absinken der ozeanischen Lithosphäre mit zunehmendem Alter, das Absinken des skandinavischen Schildes während der Eiszeiten durch das überlagernde Eis, die Depression der ozeanischen Kruste um Hot-Spot-Vulkane oder der Rheingraben.

Oft wird eine beispielsweise tektonische Subsidenz verstärkt, da sich in der anfänglichen tektonisch bedingten Geländesenke mehr Sediment ablagert als im benachbarten Gebiet. Durch das höhere Gewicht des Sedimentes wird die tektonische Subsidenz somit durch eine Auflast-Subsidenz verstärkt.

Aus dem Zusammenspiel von Subsidenz/Hebung und dem globalen Meeresspiegel ergeben sich die Schwankungen des relativen Meeresspiegels, die oft direkt aus dem Sedimentarchiv abgeleitet werden können.

Abb. 116: Wechselwirkung zwischen tektonischer Subsidenz und Molassesedimentation im schweizerischen Mittelland, vor rund 25 Mio. Jahren (nach Schlunegger, 1995).

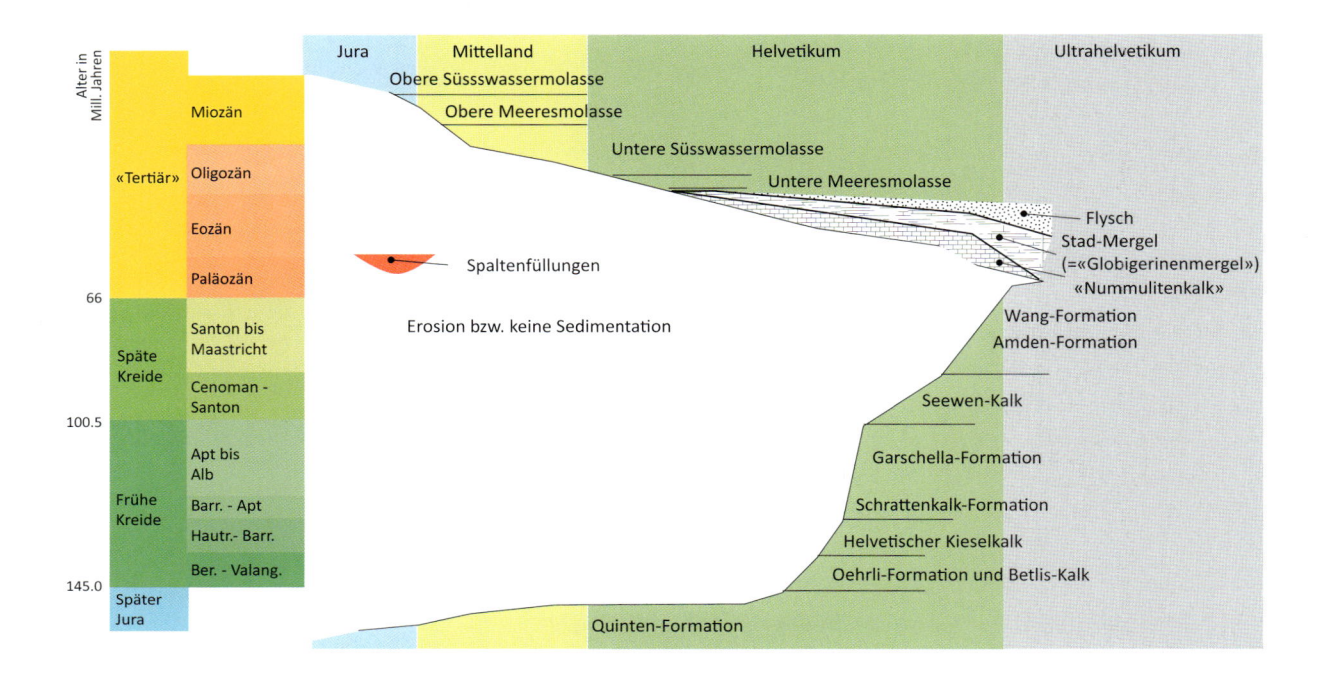

Abb. 117: Das Raum-Zeit-Diagramm der Ablagerungen auf dem nördlichen Kontinentalrand dokumentiert die Erosionslücke des Vorlandbuckels und die kontinuierliche, von Süd nach Nord schreitende Sedimentation vom Flysch zur Molasse (nach Funk, pers. Mitteilung).

tischen Flyschs wurde verkürzt und gegen Norden verschoben, das Ablagerungsbecken füllte sich auf. Die in einem zunehmend flacher werdenden Meer abgelagerten Sedimente markieren den Übergang zur Molassesedimentation (Abb. 95). Vor etwa 32 Millionen Jahren wurden die helvetischen Decken entlang der Glarner Hauptüberschiebung über das Aarmassiv und über Sedimente des nordhelvetischen Flyschs mit den Engi-Dachschiefern geschoben.

Vor den wachsenden Alpen lagerten sich seit dem Oligozän in einem nun nur noch flachen Randmeer marine Sedimente ab: die Untere Meeresmolasse (UMM).

Der Begriff «Molasse» wurde seit dem Mittelalter für harte Sandsteine verwendet, die als Mahlsteine gebraucht wurden. Als Molasse wird heute eine Abfolge von Konglomeraten, Sandsteinen, Mergeln, Tonschiefern und wenig Kalk beschrieben. Diese Sedimente wurden in ein durch die sedimentäre Überlast absinkendes Vorlandbecken eingefüllt (Abb. 116, 117).

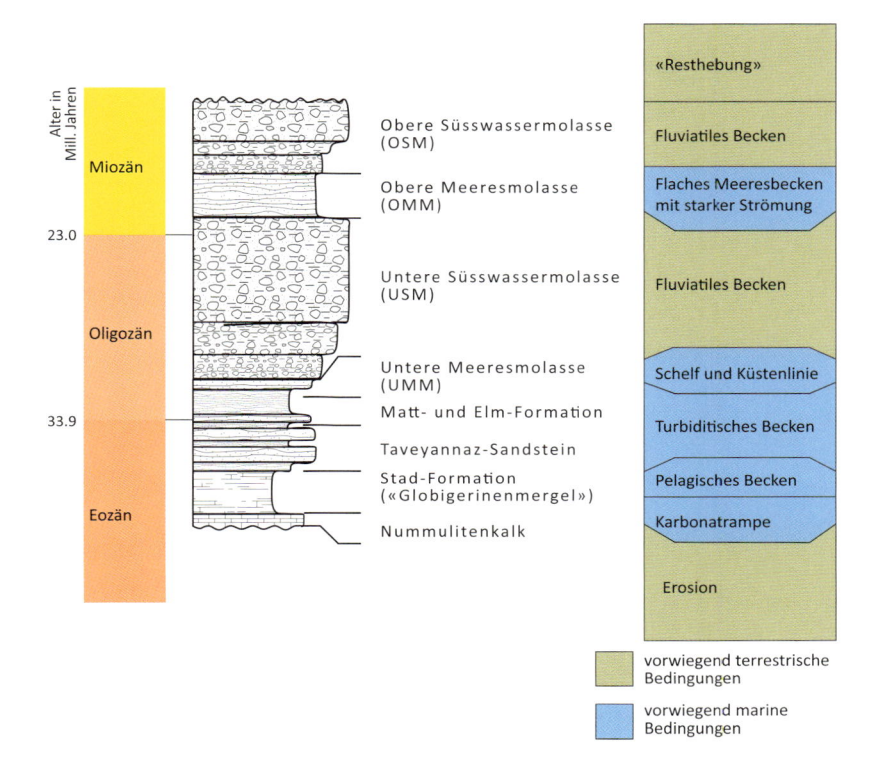

Abb. 118: Generalisierte Stratigrafie der schweizerischen Molasse.

13.3 Stratigrafie der Molasse

Das Molassebecken war im Oligozän und Miozän im Osten bis zu 70 km, im Westen bis zu 40 km breit; die Molassesedimente erreichen eine Mächtigkeit von bis zu 6 km.

Bernhard Studer unterteilte die Molassesedimente 1853 in vier «Formationen», die später anhand von Fossilien genauer datiert werden konnten und heute als «lithostratigrafische Einheiten» bezeichnet werden (Abb. 118):

4) Obere Süsswassermolasse (Mittelmiozän)
3) Obere Meeresmolasse (Frühmiozän bis Mittelmiozän)
2) Untere Süsswassermolasse (Oligozän bis Frühmiozän)
1) Untere Meeresmolasse (frühes Oligozän)

Untere Meeresmolasse (UMM): Die Ablagerungen der UMM können in einem stratigrafischen Profil südlich von Marbach (Entlebuch, Kt. Luzern) studiert werden. Marine Mergel, abgelagert in einem flachen Schelfmeer, werden überlagert von Sandsteinen mit Wellenrippeln, die nahe der Küste dieses Molasse-

Abb. 119: Konglomerat (Speer), eine typische Flussablagerung der Unteren Süsswassermolasse.

Abb. 120: Ablagerung der Oberen Süsswassermolasse bei Dreien (SG) im Toggenburg. Eine tiefe Flussrinne entstand in einer Schwemmebene. Die Flussrinne wurde später mit grobem Kies aufgefüllt.

meeres entstanden sind. Rote Mergel überlagern die Küstensandsteine. Sie wurden auf flachen Schwemmebenen gebildet und sie zeigen an, dass der Meeres-Ablagerungsraum im Oligozän komplett aufgefüllt wurde. Die Alpen erreichten im Oligozän eine Höhe von vermutlich bis zu 6000 m. Mit der verstärkten Hebung der Alpen im späten Oligozän nahm auch der Erosionsschutt zu, der in das flache, vor der Alpenfront liegende Vorlandbecken geschüttet wurde: Es entstanden grosse Schuttfächer, zusammengesetzt aus fluvialen Grobkiesablagerungen. Diese Sedimente bilden die Untere Süsswassermolasse (Abb. 118–122).

Untere Süsswassermolasse (USM): Die Grobkiesablagerungen wurden zu Konglomeraten verfestigt, die auch den Namen Nagelfluh tragen. Neben Konglomeraten entstanden in den Schuttfächern auch Sandsteine, Mergel und limnische Kalke («Seekalke»). Die Ablagerungen der USM erreichen nahe dem Alpenrand eine Mächtigkeit von bis zu 3000 m. Heute bauen die Schuttfächerablagerungen der USM die Rigi und den Speer auf. Die «distaleren» Ablagerungen in der Schwemmebene vor dem Schuttfächer wurden weiter nördlich abgelagert. Diese Sedimente findet man heute im schweizerischen Mittelland.

Eine nochmalige Transgression eines Meeres überschwemmte das alpine Vorlandbecken im frühen bis mittleren Miozän. Die Sedimente der Oberen Meeresmolasse wurden in einem Flachmeer und in Deltas abgelagert.

Obere Meeresmolasse (OMM): Die Meeresablagerungen der OMM erreichen Mächtigkeiten von 200 bis 800 m. Mit der marinen Transgression vor etwa

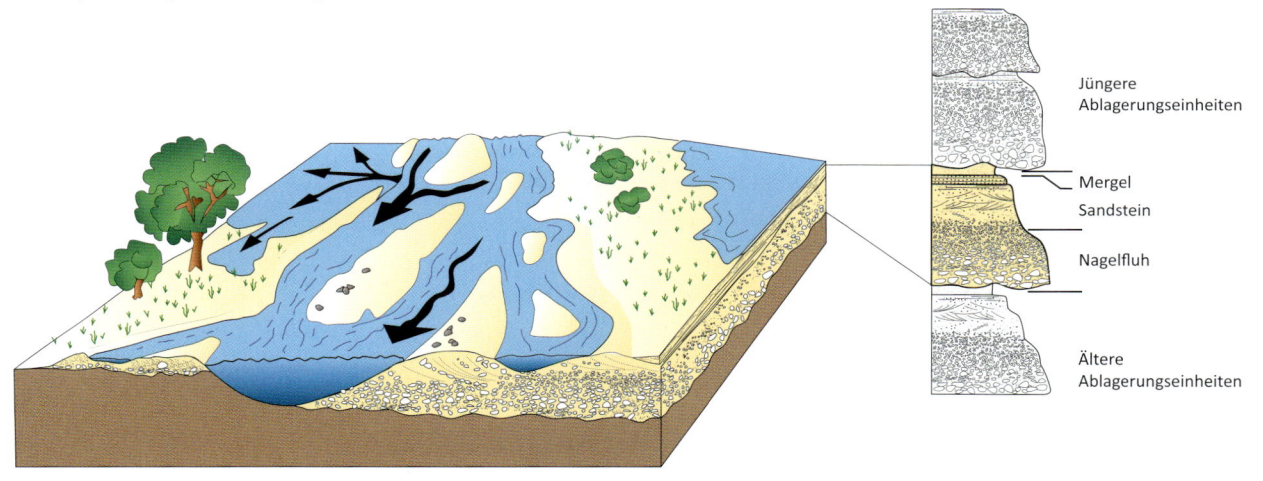

Abb. 121: Das Ablagerungsregime der Flüsse der Süsswassermolasse entwickelt sich von einem «Zopfsystem» («braided river») nahe der Alpen zu einem mäandrierenden System im alpenfernen Bereich (nach Keller, pers. Mitteilung).

20 Millionen Jahren verbreitete sich auch das Ablagerungsbecken auf eine Breite von bis zu 100 Kilometern. Die Subsidenzachse des Molassebeckens wurde kontinuierlich weiter gegen NW verschoben. Auch der Nordrand des OMM-Meeres lag weiter nördlich als der Nordrand des UMM-Meeres im Gebiet des zukünftigen Juragebirges. In den Sandsteinen und Mergeln der OMM erkennt man Sedimentstrukturen, die auf Ablagerung der OMM in Wattenmeeren und entlang sturmdominierter Küsten hinweisen. Gut dokumentiert sind Meeresablagerungen der OMM im Raum Luzern (Bsp. Gletschergarten) und bei Fribourg entlang der Sarine.

In einigen Gebieten nahe der weiter gegen NW vorrückenden Alpenfront bildeten sich zur Zeit der Ablagerung der OMM neue Deltas und Schuttfächer aus (z.B. bei St. Gallen). Diese sollten sich zu den grossen Hörnli- und Napfschuttfächern der Oberen Süsswassermolasse entwickeln.

Obere Süsswassermolasse (OSM, Mittelmiozän): Zwei grosse Schuttfächer, der Hörnli- und der Napfschuttfächer, erstreckten sich weit in die wieder trockengelegte Vorlandsenke hinein. Am alpennahen Rand der Schuttfächer brachten die kiesführenden Flüsse bis zu 1500 m Sediment in die Vorlandsenke. Vor und zwischen den Schuttfächern transportierten mäandrierende Flüsse auf einer Schwemmebene Sande und Sediment in der Silt- und Tonfraktion. Die in den Schuttfächern und dazugehörigen Schwemmebenen entstandenen Sedimente sind heute zu Konglomeraten, Sandsteinen, Mergeln und wenigen dazwischen geschalteten Seekreidelagen verfestigt. Die bekanntesten Seeablagerungen der OSM sind jene von Öhningen (Bodensee). Aus diesen Sedimentgesteinen hat *J. J. Scheuchzer* schon 1726 eine grosse Fossilvergesellschaftung geborgen. Am nördlichen Rand des OSM-Beckens entwickelte sich ein nach Westen ausgerichtetes Entwässerungssystem.

Am Nordrand der Molassevorlandsenke waren zwischen 12.5 Millionen Jahren und 7.5 Millionen Jahren die Vulkane des Hegaus (Süddeutschland) aktiv.

Die Ablagerungen der Molasse archivieren die tektonische und klimatische Entwicklung der Alpen seit dem Oligozän (Abb. 123, 124). Mit der verstärkten Anhebung der Alpen vor 35 Millionen Jahren von bis zu 1000 m/Million Jahre wurde auch die Erosion in den Alpen verstärkt. Die verstärkte Erosion erklärt die Ablagerung von UMM und später der USM. Neben der Tektonik hat auch das Klima die Erosion beeinflusst. Ein feuchtes Klima im Oligozän wurde durch ein eher trockenes Miozän-Klima ersetzt, welches bei der Ablagerung der OMM dominierte. Mit der globalen Abkühlung des Klimas vor 15 Millionen Jahren wurde die Erosion in den Alpen erneut intensiviert. Mächtige Sedimentabfolgen der jüngeren OSM entstanden vor 15 bis 10 Millionen Jahren.

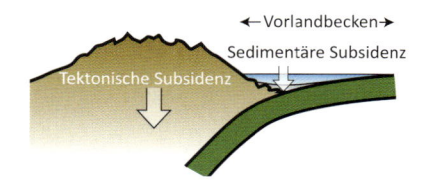

Abb. 122: Schematischer Aufbau eines Vorlandbeckens.

Vorlandbecken

Periphere Vorlandbecken resultieren aus der elastischen Herunterbiegung der Lithosphäre unter der Last, die durch seitliche Überschiebungen verursacht wird (Abb. 117). Material wird dabei auf die Ränder der kollidierenden Platten geladen. Die folgende Subsidenz bildet im Profil dreieckige Becken, in denen das vom angrenzenden Gebirgsgürtel erodierte Material abgelagert wird (Molassebecken im Norden der Alpen oder Ganges-Becken im Süden des Himalaya). Die Sedimente, die in diesem Becken abgelagert werden, werden als Molasse bezeichnet. Sie bilden gewöhnlich einen Keil klastischer Sedimente, der sich mit zunehmender Entfernung vom Gebirgszug ausdünnt. Das Fortschreiten des Überschiebungsgürtels kontrolliert die Subsidenz des Vorlandes, während alte Molassesedimente nach und nach vom Überschiebungsgürtel überfahren werden. Mit fortschreitender Konvergenz können neue grosse Überschiebungen entstehen und das ältere Vorlandbecken wird mit überschoben. Das gehobene und transportierte Becken bezeichnet man dann als Huckepack-Becken.

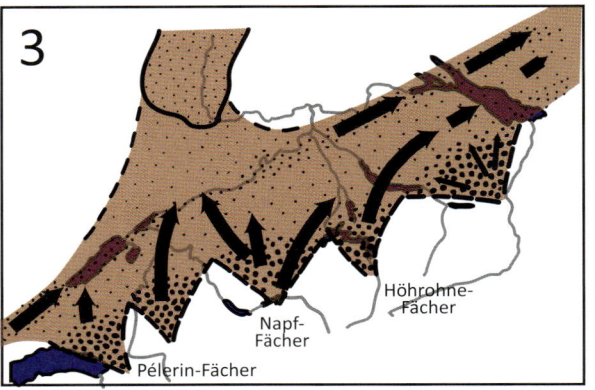

Abb. 123: Die Entwässerung des Molassebeckens erfuhr aufgrund tektonischer Entwicklungen mehrere signifikante Änderungen (nach Trümpy et al., 1980).

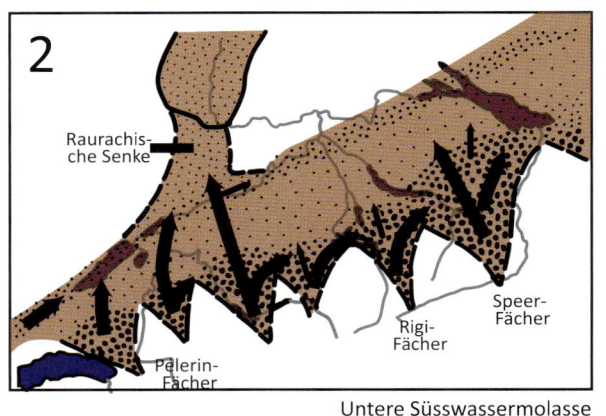

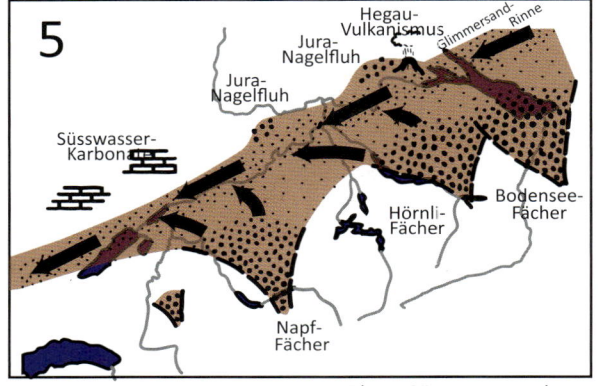

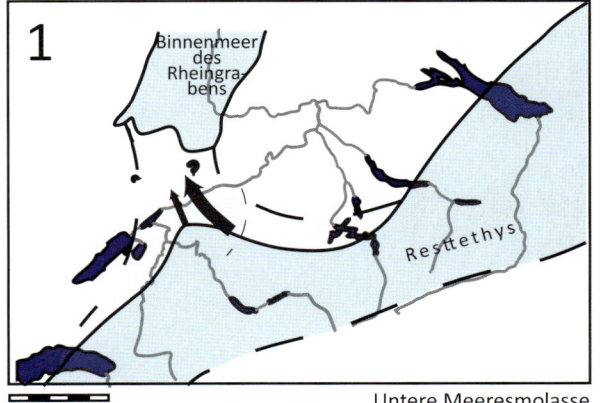

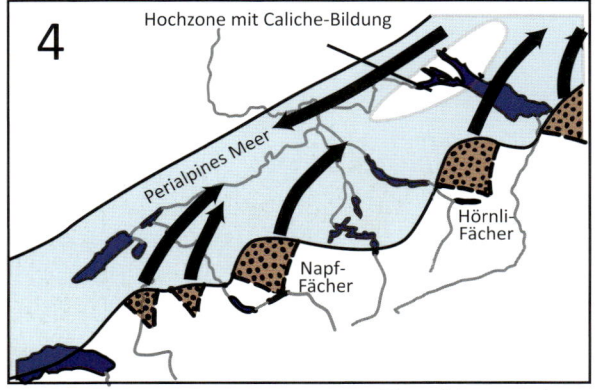

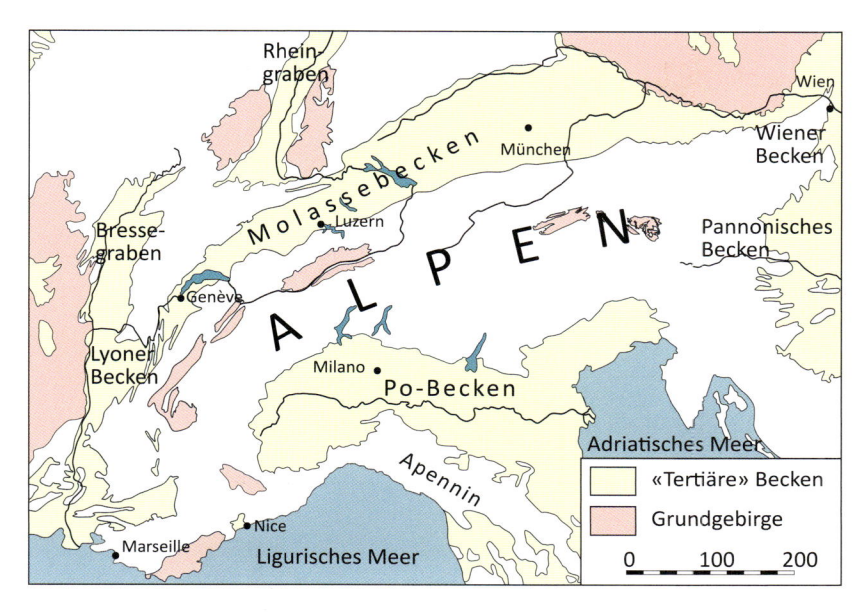

Abb. 124: «Tertiäre» Becken bildeten sich nicht nur nördlich der Alpen. Auch südlich der Alpen entstand ein ähnliches Becken (Po-Becken). Bresse- und Rheingraben entstanden im Zuge der Öffnung von Grabenstrukturen (nach Keller, 1990).

Abb. 125: Die Untere Süsswassermolasse am Speer (Amden, Kt. SG).

Abb. 126: Blick vom Schauenberg (Kt. ZH) gegen das Tössbergland und die Glarner Alpen im Hintergrund.

13.4 Tektonische Gliederung der Molasse

Aufgrund des Baustils kann man die Molasse in eine subalpine, durch Überschiebungen gekennzeichnete Molasse (Abb. 125, 126) und in eine wenig deformierte, flachliegende mittelländische Molasse einteilen.

Die subalpine Molasse besteht aus Gesteinen der UMM und der USM. Sie wurde von ihrer ursprünglichen Unterlage abgeschert. Die gebirgsinnersten Gesteine der subalpinen Molasse findet man in Aufschlüssen in der Val d'Illiez, einem Tal südwestlich des Rhonetals. Diese Molassegesteine, die heute etwa 25 km südlich der frontalen alpinen Decken liegen, wurden im Oligozän vermutlich nahe dem autochthonen Aar-/Aiguilles Rouges-Massiv abgelagert. Diese heute zur subalpinen Molasse gehörenden Gesteine wurden von den helvetischen Decken im frühen Miozän überfahren, da die jüngsten Sedimente unter der Überschiebung spät-oligozänes Alter haben. Der Höhepunkt der Verfaltung und Kompression der Molasse fiel mit der Jurafaltung am Ende des Miozäns und im Pliozän zusammen.

13.5 Literaturhinweise

Keller, B. 1990. Wirkung von Wellen und Gezeiten bei der Ablagerung der Oberen Meeresmolasse. Mitt. Natf. Ges. Luzern, 31, p. 245–271.

Kempf, O. und Pfiffner, O. A. 2004. Early Tertiary evolution of the North Alpine Foreland Basin of the Swiss Alps and adjoining areas. Basin Research, 16, p. 549–567.

Pfiffner, O. A., Schlunegger, F. und Buiter, S. J. H. 2002. The Swiss Alps and their peripheral foreland basin: Stratigraphic response to deep crustal processes. Tectonics, 21/6, 1054, doi:10.1029/2002TC001465.

Schlunegger, F., Rieke-Zapp, D. und Ramseyer, K. 2007. Possible environmental effects on the evolution of the Alps-Molasse Basin system. Swiss Journal of Geosciences, 100, p. 383–405.

14. Vom Juragebirge zum Rheingraben

Thema

In diesem Kapitel fragen wir nach den Ursachen des Erdbebens von Basel. Wir rekonstruieren die Entstehung des Rheingrabens und wir verfolgen, wie das Juragebirge entstanden ist. Wir erkennen Zusammenhänge zwischen Alpen und Jura und wir beobachten, dass alte paläozoische tektonische Muster in der jungen Rheingraben- und Juratektonik zum Teil abgebildet sind.

Abb. 127: Darstellung des Erdbebens aus der «Kosmographia» von Sebastian Münster, 1544.

14.1 Einführung

Am 18. Oktober 1356 erschütterte ein verheerendes Erdbeben die Region Basel (Abb. 127). Es war das grösste Beben nördlich der Alpen in historischer Zeit. Man vermutet, dass es eine Stärke von 6.2 bis 6.4 auf der Richterskala erreichte, genau wird man dies jedoch nie wissen. Aufgrund der zeitgenössischen Schadensbeschreibungen lässt sich jedoch die Intensität recht gut eingrenzen: Stufe IX nach der Skala EMS-98 («zerstörend»).

Heute ist Basel ein Industriezentrum. Mehrere Atomkraftwerke stehen in einem Umkreis, in dem 1356 Auswirkungen der Intensität VII nachgewiesen werden konnten («Gebäudeschäden»). Wie sich ein solches Beben heute auswirken würde, ist schwer abzuschätzen. Ein ähnlich starkes Beben kann sich jedoch grundsätzlich wiederholen. Dies bestätigt die Seismizität der Region Basel (vgl. Abb. 128). Statistische Hochrechnungen lassen vermuten, dass sich ein ähnliches Ereignis im Schnitt alle 1000 Jahre ereignet.

Die Ursachen für dieses Beben und die vergleichsweise hohe Erdbebenaktivität der Region Basel liegen im geologischen Untergrund. Das Verständnis ist wichtig für die künftige Planung nicht nur in der Region Basel, sondern auch darüber hinaus. Schliesslich liegen mögliche Standorte für Endlager radioaktiver Abfälle im Umkreis von 80 km. Hier soll die Sicherheit nicht für 1000 Jahre, sondern für 1 Million Jahre gewährleistet sein.

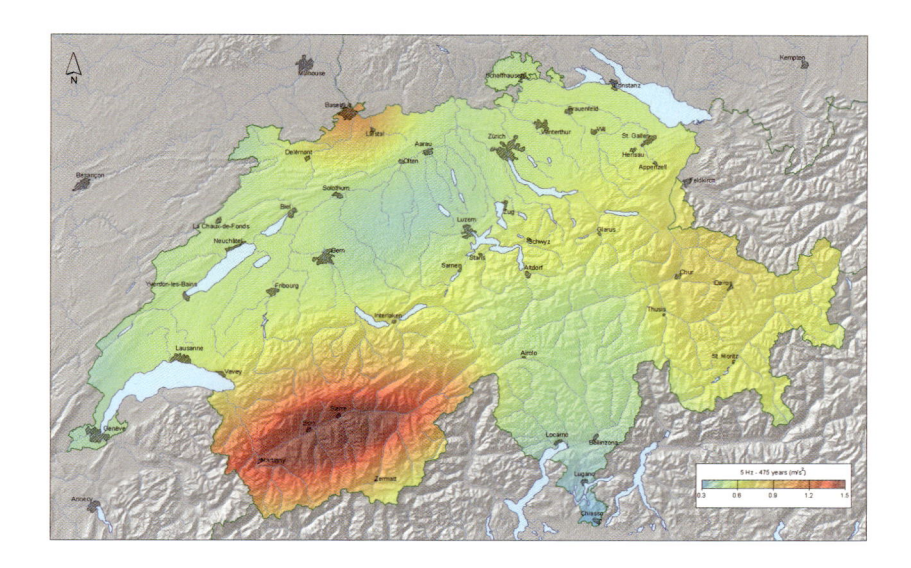

Abb. 128: Erdbeben-Gefahrenkarte der Schweiz (Schweizerischer Erdbebendienst).

14.2 Faltenjura, Tafeljura, Rheingraben und Grundgebirge

Das Verständnis des Erdbebens von Basel führt über die Analyse des Zusammenspiels verschiedener tektonischer Systeme: Juragebirge, Rheingraben und reaktivierte permokarbonische Störungen im Grundgebirge.

Von Chambéry (F) bis zu den Lägern bei Baden erstreckt sich über einen 300 km langen Bogen das sogenannte Juragebirge; ein mehr oder weniger stark verfaltetes und verschupptes Paket von vorwiegend mesozoischen Sedimentgesteinen: der Faltenjura (der zum Teil noch weiter unterteilt wird in den Kettenjura und den Plateaujura der Freiberge). Nordwestlich davon liegen die unverfalteten und weitgehend autochthonen Abfolgen des Tafeljura. Noch weiter nördlich schliesst ein sich von Ost nach West erstreckender Grundgebirgsgürtel an: der Schwarzwald und die Vogesen. Hier wurde das prämesozoische Grundgebirge infolge einer jung«tertiären» Aufwölbung grossräumig freigelegt. Dieser Gebirgsgürtel wird jedoch im Bereich von Basel – Freiburg durch einen von Nord nach Süd verlaufenden Grabenbruch (Rheingraben) unterteilt. Im Untergrund der Nordschweiz wurden zudem in den 1980er-Jahren die in Kapitel 4 erwähnten Permokarbontröge nachgewiesen. Sie stehen für ein weit darüber hinaus reichendes Bruchsystem, das stellenweise im «Tertiär» reaktiviert wurde.

Geothermie

Als Geothermie wird die in der Erdkruste gespeicherte Wärme definiert. Geothermie wird zur Energiegewinnung mittels Wärmepumpen genutzt. Ab einer Tiefe von etwa 1000 m und einer Temperatur von 30–40° C kann Erdwärme zudem direkt genutzt werden. Soll über Dampfturbinen Strom erzeugt werden, dann muss Wärme aus 4–6 Kilometer tiefen Gesteinsschichten gewonnen werden (> 100° C). Zur Gewinnung der «petrothermalen Energie» kann Wasser in den Fels gepresst werden. Das Wasser fliesst unter hohem Druck durch entstehende feine Klüfte im heissen Gestein. Das Wasser wird erwärmt und es fliesst zurück an die Erdoberfläche, wo die Wärme zur Energiegewinnung genutzt wird. Diese als «Enhanced Geothermal Systems (EGS)» bezeichnete Methode kann lokale Erderschütterungen oder kleine Erdbeben auslösen, wie zum Beispiel in Basel im Jahr 2007. Dieses Risiko muss bei der Standortwahl von geothermischen Kraftwerken berücksichtigt werden.

14.3 Der Rheingraben

Der Rheingraben, ein 310 km langes und bis 36 km breites Nord-Süd gerichtetes Rifting-System, begann sich im späten Eozän zu bilden. Die aktive Rifting-Phase dauerte bis ins Oligozän/Miozän. An einzelnen der begrenzenden Nord-Süd-Brüche wurden bis zu 1000 m Versetzung gemessen. Der Rheingraben ist Teil eines grösseren Grabensystems, das Europa von Südfrankreich bis Norddeutschland durchquert. Vulkanismus (z.B. Kaiserstuhl bei Freiburg im Breisgau oder die verhältnismässig jungen Vulkane in der Eifel) und Erdbeben entlang des Rheingrabens sind typisch für ein solches System. Die Dehnung und damit Ausdünnung der Erdkruste zeigt sich auch an der geringen Tiefe der Moho (rund 25 km) und einem überdurchschnittlich hohen Wärmefluss in der Region. Diesen Wärmefluss energetisch zu nutzen, war das Ziel des Projektes «Deep Heat Mining». Bei Versuchen, diesen Wärmefluss anhand von Bohrungen energetisch nutzbar zu machen, wurde eine Serie kleinerer Erdbeben ausgelöst, sodass das Projekt abgebrochen wurde.

Nach Südwesten findet der Rheingraben im französischen Bresse-Graben seine Fortsetzung. Die Gräben sind durch eine mehr oder weniger von Ost nach West verlaufende, sinistrale Transferzone miteinander verbunden. Die

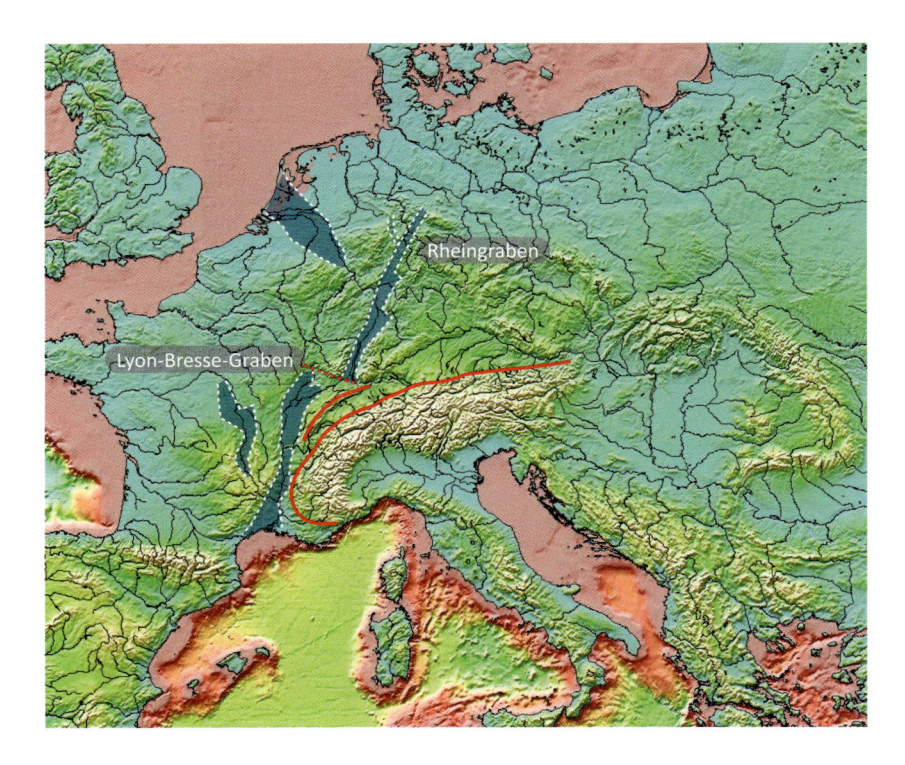

Abb. 129: Das Europäische-Känozoische Grabensystem durchschneidet Mitteleuropa. Der Oberrheingraben ist Teil dieses Systems.

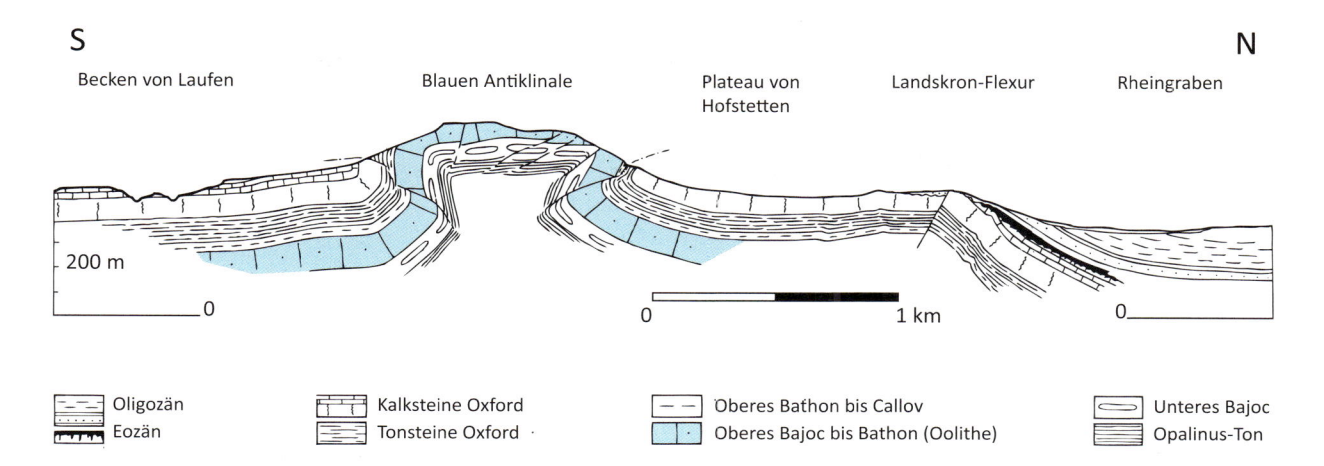

Abb. 130: Kofferfalte am Blauen bei Basel (nach Trümpy et al., 1980).

Transferzone folgt alten, im Grundgebirge angelegten Grabenbrüchen desselben Systems, das auch für den Nordschweizer Permokarbontrog verantwortlich ist.

Der Bresse-Graben geht im Süden in die Gräben des Rhonetales und schliesslich in den Golf von Lyon über. Beide Gräben sind auch auf topografischen Karten deutlich als topografische Senken zu erkennen (Abb. 129).

Dieses Grabensystem ist natürlich die Folge der gleichen grossräumigen geodynamischen Situation, wie sie für die Bildung der Alpen vorliegt, mit einer Nord/Süd-gerichteten Hauptkompressionsachse. Dennoch stehen die Grabenbrüche nicht in direktem Zusammenhang mit der Bildung der Alpen. Jedoch interferieren die beiden Systeme dort, wo der Graben auf den Faltenjura trifft: unmittelbar bei Basel.

14.4 Der Stil der Jurafaltung

Entlang des Bogens des Juragebirges wechselt der Stil der Verfaltung. Die Falten im westlichen Teil haben oft eine charakteristische trapezartige Form («Kofferfalten»; Abb. 130). Diese Form bringt man mit einer lediglich geringen Überdeckung während deren Bildung in Verbindung. Ihre Form wird weniger durch eine «echte», das heisst duktile Verfaltung, sondern durch eine Vielzahl kleiner und kleinster Bruchsysteme verursacht; im Gegensatz zu «echten» Falten ist keine Schieferung zu beobachten.

Im westlichen Juragebirge zeigen die Falten tendenziell grössere Amplituden als im östlichen Jura. Gegen Osten werden die Falten jedoch zunehmend von zahlreichen Überschiebungen und Schuppen abgelöst. Hier wird der Be-

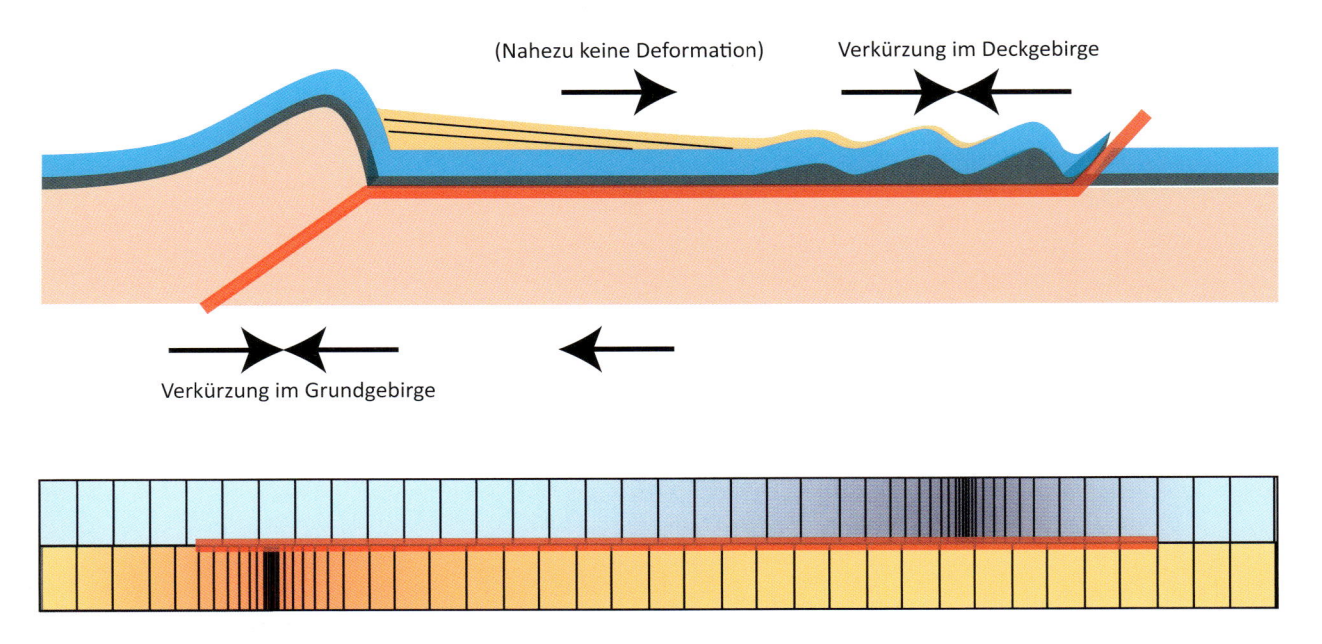

Abb. 131: Schematische Darstellung der Fernschubhypothese: Verkürzung im Grundgebirge unter dem Aarmassiv wird sehr viel weiter nördlich durch Verkürzung an der Oberfläche kompensiert.

griff «Faltenjura» beinahe irreführend. Dieser Wechsel dürfte mit der Mächtigkeit und Zusammensetzung des Schichtpaketes zusammenhängen, eventuell auch mit einer geringeren Überdeckung. Im Westen beträgt die Mächtigkeit der mesozoischen Abfolge bis zu 2000, im Osten lediglich bis zu 700 m.

Doch entlang des gesamten Jurabogens zeigen die Überschiebungen eine listrische Form. Auch wenn sie an der Oberfläche oft recht steil sind, so werden sie mit zunehmender Tiefe flacher und verlaufen in Schichten der mittleren Trias mehr oder weniger schichtparallel. Schon früh in der geologischen Forschungsgeschichte hat sich daher das Bild einer sogenannten «Thin-skinned-Tektonik» etabliert: Man nimmt heute an, dass in weiten Teilen des Jura lediglich der oberste Teil der Erdkruste von der Deformation erfasst wurde. Die mechanisch inkompetenten Salz-, Gips- und Anhydritgesteine der mittleren Trias hätten dabei als Abscherhorizont gedient. Darunter liegt ein davon weitgehend unbeeinflusstes Grundgebirge. Die durch Jurafaltung entstandene Raumverkürzung in den Deckschichten beträgt ca. 25 km.

Es stellt sich dann jedoch die Frage, wo die Bewegung ursprünglich einsetzt und welche tektonischen Kräfte für entsprechende Überschiebungsbewegungen verantwortlich sein könnten. Kann diese Bewegung trotz der räumlichen Distanz quer über das weitgehend unverfaltete Mittelland ihren Ursprung in alpinen tektonischen Bewegungen gehabt haben? Folgendes Szenario ist denkbar:

Vom Juragebirge zum Rheingraben

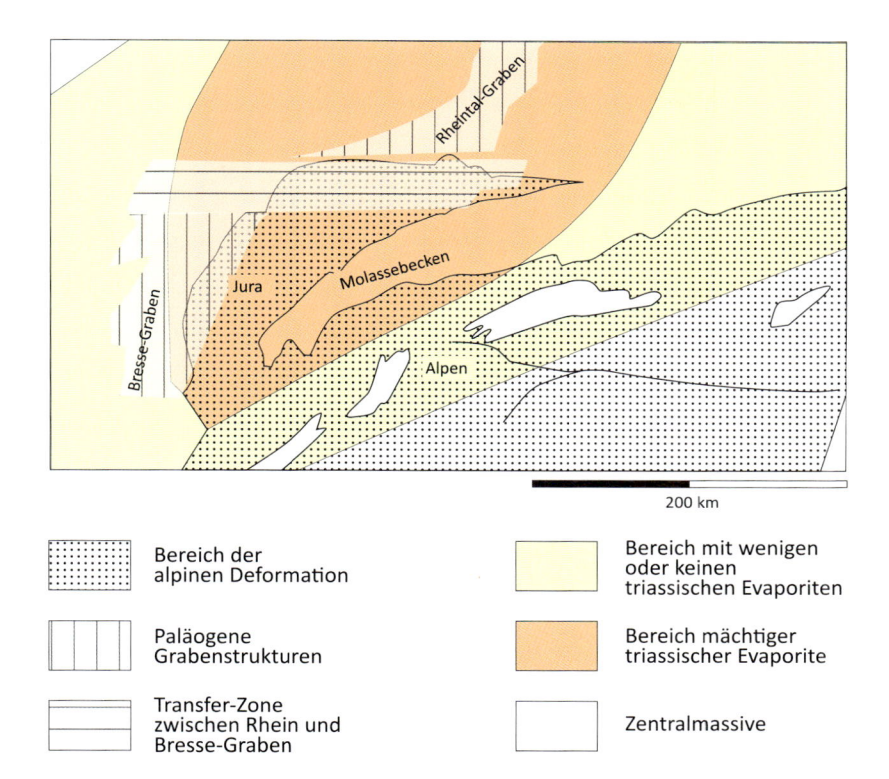

Legende:

- Bereich der alpinen Deformation
- Paläogene Grabenstrukturen
- Transfer-Zone zwischen Rhein und Bresse-Graben
- Bereich mit wenigen oder keinen triassischen Evaporiten
- Bereich mächtiger triassischer Evaporite
- Zentralmassive

Abb. 132: Die Evaporite im Untergrund dürften einen namhaften Einfluss auf die Deformation bzw. Ausdehnung des Jura-Faltengürtels gehabt haben (nach Laubscher, 1997).

Im Spät-Oligozän wurden die helvetischen Decken über die älteste Molasse geschoben. Mit der weiteren Verkürzung des Raums entstanden im Miozän Überschiebungen im kristallinen Untergrund des Aarmassivs. Diese Verkürzung wurde in den Sedimenten erst viel weiter nördlich durch die Auffaltung des Juragebirges kompensiert. Die Gesteine des Mittellandes (Molasse und die Ablagerungen des Mesozoikums) wurden fast unverfaltet als Paket nach Norden geschoben. Die Dicke des Gesteins-Paketes hatte die Bildung von Falten weitgehend verhindert; erst im Bereich des Juragebirges konnten aufgrund geringerer Überdeckung Falten und Überschiebungen entstehen. In der Ostschweiz, wo das Juragebirge fehlt, wurde die Raumverkürzung vermutlich durch grössere Überschiebungen in der subalpinen Molasse erreicht (Abb. 131, 132). Jedoch lässt sich verfaltetes Mesozoikum noch in seismischen Profilen auch östlich der Lägern bis in die Region von Bülach nachweisen. Der Verkürzungsbetrag scheint gegen Osten aber rasch abzunehmen. Die darüber liegende Molasse ist in sehr flache Wellen gelegt.

Anfängliche Zweifel, dass dieser Prozess mechanisch nicht möglich sei, konnten anhand von Modellierungen und Berechnungen entkräftet werden.

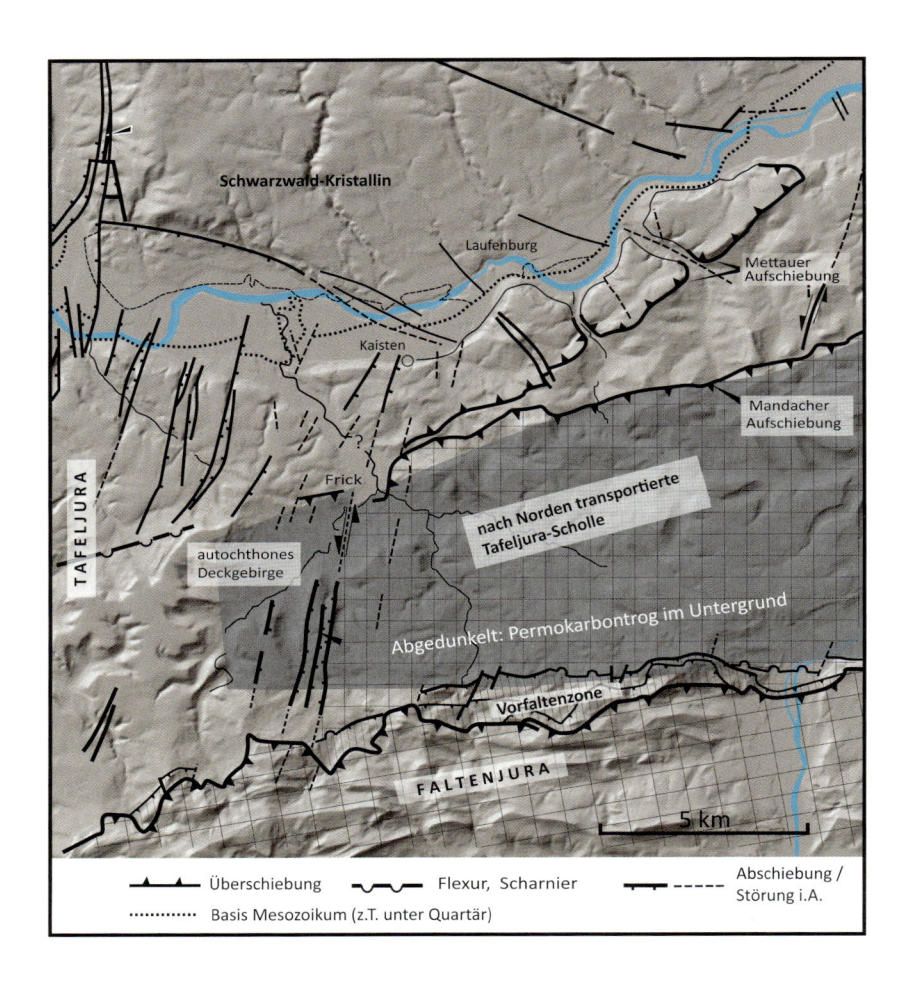

Abb. 133: Ausschnitt aus dem Aargauer Jura, der die Abhängigkeit der Jura-Deformation von Strukturen im Untergrund verdeutlicht (nach Diebold et al., 2006).

Heute ist diese «Fernschubhypothese» zwar nicht generell, aber doch von der Mehrheit der Wissenschafter in den Grundzügen akzeptiert.

In dieses Bild passt, dass der Faltenjura sich in der Tat auf jene Gebiete beschränkt, in denen durch Bohrungen und/oder Aufschlüsse eine ausgeprägte Evaporitlage in den Schichten der mittleren Trias nachgewiesen wurde. Dort, wo diese Lage nicht deutlich ausgeprägt ist, sind die mesozoischen Schichten nicht oder kaum verfaltet (Abb. 132).

Jüngere Untersuchungen jedoch zeigen, dass das Bild noch etwas komplexer ist. Einerseits scheinen seismische Untersuchungen nahezulegen, dass Strukturen im Untergrund (beispielsweise die Brüche, die den Permokarbontrog begrenzen) die Verformung der darüber liegenden mesozoischen Schichten deutlich beeinflussten. So werden sowohl Nord- als auch Südrand des Permokarbontroges im Ostjura durch prominente Überschiebungen nachgezeichnet (Abb. 133). Andererseits gibt es Indizien, dass gerade in junger geologischer Zeit (Pliozän und jünger) alte Strukturen des Untergrundes (z.B. parallel zum Permokarbontrog verlaufende ehemalige Abschiebungen) als steilstehende Aufschiebungen reaktiviert wurden, sodass die Verformung zumindest lokal auch deutlich tiefer reicht, als es die reine Thin-skinned-Tektonik vermuten lassen würde. Man spricht in diesem Fall von «Thick-skinned-Tektonik». Entsprechende Beobachtungen wurden vor allem dort gemacht, wo der Rheingraben auf den Faltenjura trifft. Das Hypozentrum des Bebens von 1356 lag nach bisherigen Erkenntnissen vermutlich in der mittleren Kruste und nicht in der Oberkruste, wie das bei einer reinen Thin-skinned-Tektonik zu erwarten wäre.

14.5 Rheintalgraben, Jura und Molassebecken

Zwischen den mesozoischen und den tertiären Abfolgen besteht im gesamten Juragebirge eine Schichtlücke. Der durch die Lücke nicht dokumentierte Zeitraum wird von Südwest nach Nordost grösser bzw. greift tiefer in die mesozoische Abfolge. Ablagerungen der Kreide sind lediglich südwestlich der Linie Biel – Besançon erhalten geblieben. In der Westschweiz reicht die marine Kalk- und Mergelabfolge bis in die «mittlere» Kreidezeit. Es gibt Schätzungen, wonach auch im Ostjura gegen 500 m Sediment, vermutlich vorwiegend kreidezeitliche Ablagerungen, vor der Transgression der Molassesedimente erodiert worden sind. Überreste dieser vermutlich vorwiegend karbonatischen Sedimente sind heute nur noch als Verwitterungsresiduen in mineralisierten Karsttaschen erhalten geblieben (Bolustone mit Bohnerz). Aufgrund ihres Eisengehaltes fasst man diese Sedimente als «Siderolithikum» zusammen. Die Datierung ist in der Regel sehr lückenhaft. In den Karsttaschen erhaltene Kleinsäuger deuten allerdings auf eozäne Ablagerung hin. Bolustone mit Bohnerz zeugen einerseits von einem humiden und warmen Klima. Die tiefgreifende Verwitterung wurde auch schon mit dem Kegelkarst Südostchinas verglichen. Andererseits bedeutet diese tiefgreifende Verwitterung auch eine signifikante Hebung. Dies wiederum wird mit der Hebung der Vorlandschwelle infolge des Näherrückens der alpinen Front interpretiert.

Ab dem Oligozän, einer Zeit verstärkter Anhebung der Alpen, begann die Molassesedimentation im alpinen Vorlandbecken. Die nördliche Grenze des Vorlandmeeres fiel im Oligozän mit dem SW-Rand des heutigen Juragebirges zusammen. Während der Ablagerung der Oberen Meeresmolasse und der Oberen Süsswassermolasse verschob sich die Vorlandsenke in das Gebiet des zukünftigen Juragebirges hinein.

Tiefbohrungen in die Sedimentabfolge im Rheingraben geben Informationen über seine tektonische und sedimentäre Geschichte. Die mesozoischen Sedimente des Oberen Rheingrabens unterscheiden sich nicht von jenen des Schwarzwaldes oder des nördlichen Jura. Ebenso wie im nördlichen Jura fehlen Ablagerungen der Kreidezeit. Erste Anzeichen von Rifting erkennt man im Paläozän und frühen Eozän. Eozäne und oligozäne Sedimentabfolgen von bis zu 2 km Mächtigkeit spiegeln die schnelle Subsidenz des zentralen Riftbereichs wider. Im frühen Eozän dominierten Seeablagerungen, marine Evaporite wurden im späten Eozän abgelagert. Diese Evaporite zeigen ein trocken-heisses Klima im späten Eozän an. Die Salze der Eozän-Evaporite werden in den Kalisalzwerken im Elsass ausgebeutet.

Nahe der Eozän-Oligozän-Grenze beobachtet man in den Abfolgen des Rheingrabens einen markanten Fazieswechsel. Die Evaporite werden durch marine und brackische Mergel ersetzt. Der Wechsel in der Fazies in den Sedimenten des Rheingrabens dürfte eine der grossen Veränderungen im globalen Klima widerspiegeln. An der Eozän-Oligozän-Grenze beobachtet man weltweit einen markanten Temperaturrückgang. Erstmals bildete sich auf Antarctica eine grössere Eiskappe. Der Wechsel in der Sedimentation im Rheingraben an der Eozän-Oligozän-Grenze kann mit einem global gesteuerten Übergang zu feuchterem Klima erklärbar sein. Interessant ist die Beobachtung, dass die Molasse im Oligozän auch auf feuchteres Klima schliessen lässt. Eine Zeit tektonisch bedingter starker Anhebung in den Alpen fällt mit einem zunehmend feuchteren Klima zusammen. Verstärkte Erosion der Alpen war nicht nur eine Folge tektonisch-isostatischer Anhebung der Alpen; auch feuchtes Klima begünstigte die Erosion.

Miozäne Ablagerungen fehlen im Raum des Oberen Rheingrabens. Einzig der Vulkanismus des Kaiserstuhls nördlich von Basel lässt sich ins Mittelmiozän einordnen.

14.6 Das Alter der Jurafaltung

Das Alter der Verfaltung lässt sich unter anderem anhand von verfalteter «tertiärer» Molasse eingrenzen. Im Jura wurden die jüngsten mitverfalteten Sedimente im späten Miozän – vor ca. 5 bis 7 Millionen Jahren – abgelagert (Konglomerate der «Vogesen-Schotter»). Als älteste nicht verfaltete Sedimente findet man Ablagerungen, die im späten Pliozän (2–3 Mio. Jahre) gebildet wurden. Das Juragebirge ist deshalb ein sehr junges, spätmiozänes und pliozänes

Gebirge. Die oben erwähnte Phase der «Thick-skinned-Tektonik» wäre nach aktuellen Modellen erst vor 3 bis 4 Millionen Jahren aktiv geworden.

14.7 Literaturhinweise

Berger, J. P., Reichenbacher, B., Becker, D., Grimm, M., Grimm, K., Picot, L., Storni, A., Pirkenseer, C., Derer, C. und Schaefer, A. 2005. Paleogeography of the Upper Rhine Graben (URG) and the Swiss Molasse Basin (SMB) from Eocene to Pliocene. International Journal of Earth Sciences, 94, p. 505–578.

Diebold, P., Bitterli-Brunner, P. und Naef, H. 2006. 1069 Frick – mit schweizerischem Anteil von Blatt 1049 Laufenburg. Geologischer Atlas der Schweiz 1:25'000, Erläuterungen. Bundesamt für Landestopografie (Hg). 136 p.

Laubscher, H. 1986. The eastern Jura: Relations between thin-skinned and basement tectonics, local and regional. Geologische Rundschau, 75, p. 535–553.

Laubscher, H. 1997. The decollement hypothesis of Jura folding after 90 years. Bulletin für angewandte Geologie, 2/2, pp. 167–182.

Laubscher, H. 2007. The 1356 earthquake: what do we really know? Bull. angew. Geol., 12/1, p. 21–27.

Meyer, W. 2006. Da verfiele Basel überall – Das Basler Erdbeben von 1356. Gesellschaft für das Gute und Gemeinnützige Basel (Hg.), Neujahrsblatt, 184, 230 p.

Ustaszewski, K., Schmid, S. M. 2007. Latest Pliocene to recent thick-skinned tectonics at the Upper Rhine Graben – Jura Mountains junction. Swiss Journal of Geosciences, 100, p. 293–312.

15. Landschaften lesen

Thema

Im Kapitel 15 werfen wir einen Blick auf das Eiszeitalter. Seit 2.5 Millionen Jahren wechseln sich Kalt- und Warmzeiten zyklisch ab. Wir erkennen, dass die heutige Schweiz eine von Eiszeiten geprägte Landschaft ist. Wir lernen, dass verborgene proglaziale Kiesebenen zu unseren wichtigsten Grundwasserträgern gehören und dass Kies auch einer der wichtigsten festen Rohstoffe der Schweiz ist.

15.1 Landschaftsgeschichte der letzten Jahrmillionen

Die Geschichte der Landschaft Schweiz der letzten 10 Millionen Jahre ist sehr lückenhaft überliefert. Die jüngsten Molassesedimente sind etwa 10 Millionen Jahre alt. Sedimente des späten Miozän und des Pliozän fehlen in der Schweiz weitgehend. Im Südtessin, bei Balerna, wurden in einer Tongrube die jüngsten Meeressedimente in der Schweiz gefunden. Vor 4 Millionen Jahren, im frühen Pliozän, lag die Küste der Adria ein letztes Mal weit westlich der heutigen Küste. Damals war der Meeresspiegel weltweit hoch. Das Klima war im Frühpliozän vor Beginn des Eiszeitalters nochmals warm und das Po-Vorlandbecken noch nicht mit Sedimenten gefüllt. In den letzten 4 Millionen Jahren verstärkte sich wegen weiterer Anhebung der Alpen und der globalen Abkühlung die Sedimentzufuhr in die Po-Ebene, gleichzeitig wurde das Molassebecken am Nordrand der Alpen von einer Sedimentsenke zu einer Sedimentquelle. Mit der fortschreitenden Hebung der Alpen und mit der Bildung des Juragebirges erfuhr auch das Molassebecken eine verstärkte Hebung. Nur lokal blieben fluviale Sedimente dieser Zeit erhalten (z.B. Vogesen-Schotter, siehe Kap. 14.6).

Vor etwa 3.5 Millionen Jahren begann das globale Klima markant kühler zu werden. Zuerst beschränkten sich Vereisungen auf die Antarktis. Seit 2.5 Millionen Jahren wurde auch die Arktis in Zyklen von 40'000 Jahren und seit

800'000 Jahren in Zyklen von 100'000 Jahren grossräumig vereist. Seit 2.5 Millionen Jahren waren auch die Alpen immer wieder vergletschert und Eismassen bedeckten in den kältesten Perioden oft das ganze Mittelland. Eine über weite Teile des Mittellandes verbreitete und oft mächtige Decke von Moränenschutt, fluvialen Kiesen, See- und Schwemmebenenablagerungen dokumentiert die Geschichte des Eiszeitalters. Ablagerungen älterer Eiszeiten wurden bei späteren Gletschervorstössen wieder erodiert und umgelagert. Deshalb sind in den Landschaften oft nur Relikte der älteren Eiszeitgeschichte erhalten geblieben. Jüngere Gletscher schufen tiefere Täler und deshalb findet man Ablagerungen der älteren Gletscher auf höher liegenden Terrassen. Sie bilden sogenannte Deckenschotter; die Klimaforscher bezeichnen deshalb die älteren Eiszeiten als «Deckenschotter-Eiszeiten» (vgl. Kap. 15.4).

15.2 Die Entdeckung der Eiszeiten

Den ersten Geologen war die Vorstellung noch fremd, dass in der Geschichte der Erde das Klima wiederholt variiert hatte, dass Gletscher aus den Alpen ins Mittelland vorstossen und Landschaften verändern konnten. Die Erdgeschichte konnte, interpretierte man die Bibel, in zwei Zeiten unterteilt werden: in das Diluvium und das Alluvium, zwei Begriffe, die von *W. Buckland* (1784–1856) 1823 in England definiert wurden. Das Diluvium entsprach der grossen Sintflut, das Alluvium umfasste die Zeit nach der Sintflut.

Das in Europa ungewöhnlich kühle Jahr 1816 («Jahr ohne Sommer») stand am Anfang eines neuen Verständnisses der Klimageschichte. Dass dieser kühle Sommer eine Folge des gewaltigen Tambora-Vulkanausbruchs (April 1815) in Indonesien war, erkannten die Forscher übrigens erst viel später.

In der Schweiz sorgten die in diesen Jahren tiefer absinkende Schneegrenze und eine zunehmende Verwilderung von Alpweiden für Unruhe. Diese Witterungsänderungen drohten anfangs des 19. Jahrhunderts die Alpwirtschaft in der Schweiz entscheidend zu schwächen. Politiker suchten bei der neu gegründeten Schweizerischen Naturforschenden Gesellschaft nach Erklärungen des ungewöhnlichen Wetters. Die Naturforschende Gesellschaft entschied sich, zu dieser ökonomisch wichtigen Frage ein Preisausschreiben zu formulieren. Im Jahre 1817 schrieb die Gesellschaft: «Die Wichtigkeit des Gegenstands, in Hinsicht sowohl auf die allgemeine Physik unseres Erdballs, als auch auf das für unser Vaterland so bedeutende Gewerbe der Viehzucht, veranlasst die allgemeine Gesellschaft Schweizerischer Naturforscher, denselben zum Vorwurf folgender Preisaufgabe zu machen: ‹Ist es wahr, dass unsere höheren Alpen

Abb. 134: Findlinge – wie dieser hier mitten in Zürich – sind wichtige Zeugen der Vergletscherungen Mitteleuropas.

seit einer Reihe von Jahren verwildern?» Die Naturforschende Gesellschaft erhielt jedoch erst nach einer nochmaligen Ausschreibung der Frage einen Bericht des Strassen-Inspektors von Sitten, *Ignaz Venetz* (1788–1859), der überzeugend dokumentierte, dass die Alpen schon in der Vergangenheit beträchtlichen Klimaschwankungen ausgesetzt waren (Vögele, 1987). Zusammen mit *Jean de Charpentier* (Salinendirektor von Bex, siehe Kap. 5) untersuchte er Findlinge im schweizerischen Mittelland und im Jura. *De Charpentier* und *Venetz* erkannten Findlinge erstmals als von Gletschern transportierte Gesteinsblöcke (Abb. 134). Sie widersprachen damit der vorherrschenden Lehrmeinung, dass eine grosse Sintflut Gerölle und grosse Felsen über den Kontinenten verteilte. Beide erkannten, dass die in der Schweiz weit verbreiteten Erratiker oft Kratzspuren hatten. Solche Schrammen auf geschliffenem Fels waren für sie ein Indiz für Gletschertransport. Die Theorien der beiden wurden damals kaum ernst genommen. Doch *Louis Agassiz* (1807–1873) sollte der Eiszeittheorie zum Durchbruch verhelfen. Er war damals Geologie-Professor in Neuchâtel und nahm die Beobachtungen von *Venetz* als Ausgangspunkt zur Formulierung der «Eiszeittheorie». *Louis Agassiz* beschrieb in seinem Werk «Etudes sur les glaciers» (1840) Moränen und Erratiker als Indikatoren vergangener Vereisungen. Er erkannte, dass weite Teile des schweizerischen Mittellandes und einzelne Regionen des Juras in der erdgeschichtlichen Vergangenheit vereist waren. Erst Jahre nachdem *Agassiz* die erste Eiszeittheorie formuliert hatte, akzeptierte auch der berühmte englische Geologe *Charles Lyell* (1797–1875) und mit ihm das geologische «Establishment» die Eiszeittheorie.

Neben *Louis Agassiz* und seinen Mitarbeitern in Neuchâtel war es das Verdienst des Geografen *Alfred Penck*, dass die Eiszeittheorie in der zweiten Hälfte des 19. Jahrhunderts endlich breite wissenschaftliche Anerkennung fand. *Penck* wählte bei seiner Rekonstruktion der Vereisungsgeschichte Europas einen sedimentologischen und damit auch aktualistischen Arbeitsansatz. Es gelang ihm, Kriterien zur Unterscheidung von Fluss- und Glazialablagerungen aufzustellen. Unzählige Felduntersuchungen in Europa ermöglichten es ihm, mehrere Glazialepisoden, die von Warmphasen unterbrochen waren, zu identifizieren. Gemeinsam mit dem Berner Geografen *Eduard Brückner* definierte *Penck* am Anfang des 20. Jahrhunderts die vier Eiszeiten «Günz», «Mindel», «Riss» und «Würm». Diese waren durch Warmzeiten voneinander getrennt, die nach Auffassung *Pencks* und *Brückners* sogar wärmer als das Holozän waren (Penck und Brückner, 1909).

Erste physikalisch fundierte Hypothesen zu den Ursachen der Eiszeiten wurden bereits im 19. Jahrhundert von *J. F. Adhémar* (1842) und *James Croll* (1875) formuliert. Beide postulierten, dass Veränderungen in der Erdumlaufbahn zu

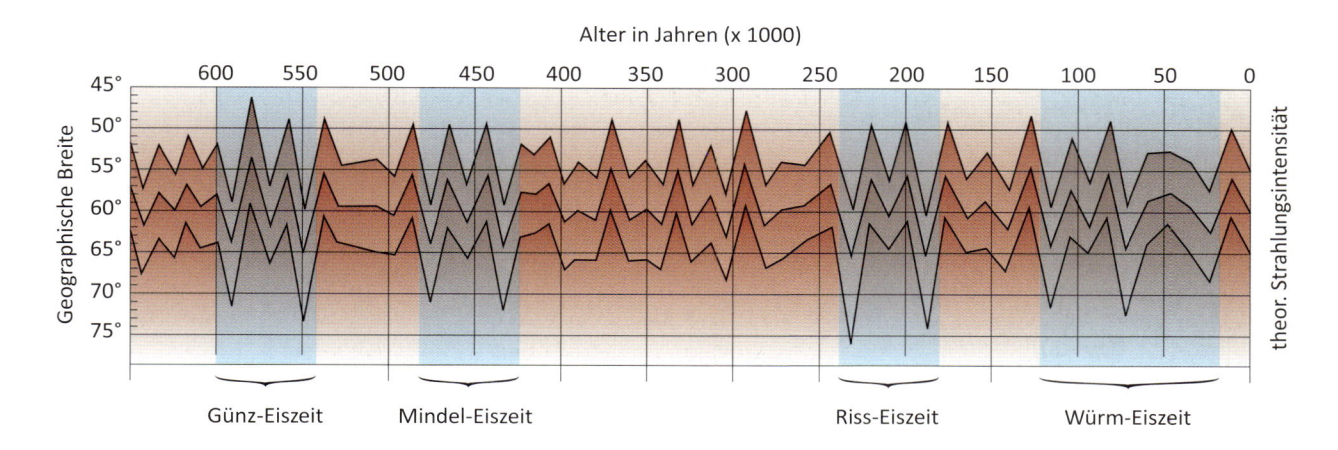

Abb. 135: Milutin Milankovitch errechnete die Variation der Strahlungsintensität in nördlichen Breiten über die letzten 650'000 Jahre. Er versuchte, die 4-Eiszeiten-Theorie mit seinen Strahlungskurven zu verknüpfen. Die damalige Korrelation ist heute nicht mehr anwendbar.

veränderten Sonneneinstrahlungsbedingungen und deshalb zu zyklischen Kalt- und Warmzeiten führten. *Adhémar* sah die Ursache von Kalt-Warm-Zyklen in Schwankungen der Orientierung der Erdachse (Achsenpräzession). *James Croll* vermutete, dass Änderungen in der Exzentrizität der Ellipse der Erdumlaufbahn zu zyklischen Schwankungen in der Sonneneinstrahlung führen könnten (Periodizität: 100'000 Jahre). *Crolls* Arbeiten wurden durch die bahnbrechenden Erkenntnisse von *Milutin Milankovitch* (1879–1958) am Anfang des 20. Jahrhunderts ergänzt. Im Jahre 1914 veröffentlichte er in serbischer Sprache einen Artikel «Über das Problem der Astronomischen Theorie der Eiszeiten». Er erkannte, dass auch die Neigung der Erdachse relativ zur Fläche der Erdumlaufbahn variiert und deshalb zu unterschiedlichen saisonalen Differenzen in der Insolation der nördlichen und südlichen Hemisphäre führt (40'000-Jahre-Zyklen). Die Erde-Sonne-Konstellation ändert sich zusätzlich im Verlauf der Zeit, weil die Erdachse wie ein Kreisel um die Senkrechte der Ekliptik rotiert (Präzession: 19'000- und 24'000-Jahre-Zyklen). So stand z. B. vor 12'000 Jahren die nördliche Hemisphäre zur Zeit der stärksten Insolation am nächsten zur Sonne (Ekliptik und Achsenneigung verstärken einander; Abb. 135, 136).

Der Chemiker *John Tyndall* (1820–1893) hatte 1863 experimentell nachgewiesen, dass Kohlendioxid- und Wassermoleküle Infrarotstrahlung absorbieren können und dadurch temperaturregulierend wirken. *Tyndalls* experimentelle Untersuchungen dienten dem schwedischen Chemiker *Svante Arrhenius* (1859–1927) als Ausgangspunkt für seine Untersuchungen über den Zusammenhang zwischen Atmosphärenchemie und Globaltemperatur. *Arrhenius* erkannte die Bedeutung von Kohlendioxid als möglichem Treibhausgas und er berechnete, dass bei einer Verdopplung des atmosphärischen Kohlendioxid-Gehaltes die Erdoberflächentemperatur bis um 5° C höher sein würde. Allerdings wurde be-

Milankovich-Zyklen

Präzession:
23'000 Jahre

Exzentrizität:
100'000 Jahre

24.5°
21.5°

Neigung
der Erdachse:
41'000 Jahre

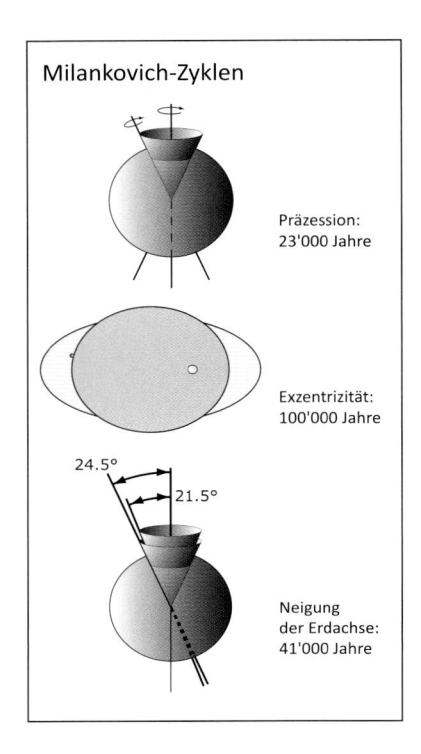

Abb. 136: Die Ursachen für Milankovitchs Zyklen liegen in der Variation der orbitalen Parameter der Erdumlaufbahn.

reits im frühen 20. Jahrhundert die CO_2-Hypothese von Physikern dementiert und als unbedeutender Klimasteuerungsfaktor zurückgestuft. Wenig besser erging es *Milankovitch* mit seiner Theorie. Sie stand im Widerspruch mit den empirischen Paläoklimabefunden und dies, obwohl *Milankovitch* einen Vorschlag zur Korrelation seiner berechneten Kalt-Warm-Zyklen und den vier grossen Eiszeiten machte (Abb. 132). Neuere Datierungen von Schotterterrassen schienen nicht mehr mit den Kalt-Warm-Zyklen von *Milankovitch* vereinbar zu sein. Die Paläoklimaforschung war in den 20er-Jahren des 20. Jahrhunderts blockiert.

15.3 Widersprüche – marine Sedimente als Ausweg

Als der grosse Hydrogeologe und ETH-Professor *Heinrich Jäckli* an seiner Antrittsvorlesung an der ETH im Jahr 1954 über Eiszeiten und Ursachen der Klimaschwankungen referierte, kannte er die neusten Untersuchungen von *Cesare Emiliani* an Bohrkernen der Karibik noch nicht. Sonst hätte er nicht erklärt, dass die Orbitaltheorie von *Milankovitch* als Ursache für das Eiszeitklima keine Bedeutung hätte, dass die Beobachtungen in der Natur Beweis für die Unrichtigkeit der *Milankovitch*-Hypothese seien. Doch die isotopengeochemischen Arbeiten *Emilianis* brachten der Paläoklimaforschung einen Durchbruch. Seine Klimakurve passte bestens mit den von *Milankovitch* prognostizierten Klimaschwankungen zusammen. *Emilianis* Arbeiten lösten eine riesige Flut von Klimauntersuchungen an Meeresbohrkernen aus. Bessere Datierungen der Meeressedimente ermöglichten eine genauere Zeitkalibrierung der mit Sauerstoffisotopen dokumentierten Kalt-Warm-Zyklen, die vor bald 40 Jahren erstmals in den Arbeiten von *Shackleton* und *Opdyke* vorgestellt wurde.

1957 begannen Wissenschaftler aus Kalifornien mit Messreihen des atmosphärischen Kohlendioxid-Gehaltes in Hawaii. Die in den folgenden Jahren beobachteten Veränderungen hatten zur Folge, dass erneut über die Bedeutung des Kohlendioxids als Klimafaktor debattiert wurde. Nachdem im Jahre 1979 anhand von Messungen in Eisbohrkernen grosse Schwankungen des Kohlendioxid-Gehaltes in glazialen und interglazialen Atmosphären rekonstruiert wurden, wurden – mehr als ein halbes Jahrhundert nach den Studien von *Arrhenius* und *Chamberlin* – Kohlendioxid, Wasser und verschiedene Spurengase in der Atmosphäre endgültig als klimaregulierende Gase identifiziert. Die bedeutenden Messungen an Eisbohrkernen wurden u. a. von *Hans Oeschgers* Berner Klimaforschungsgruppe gemacht.

Landschaften lesen

Temperatur
← kalt   warm →

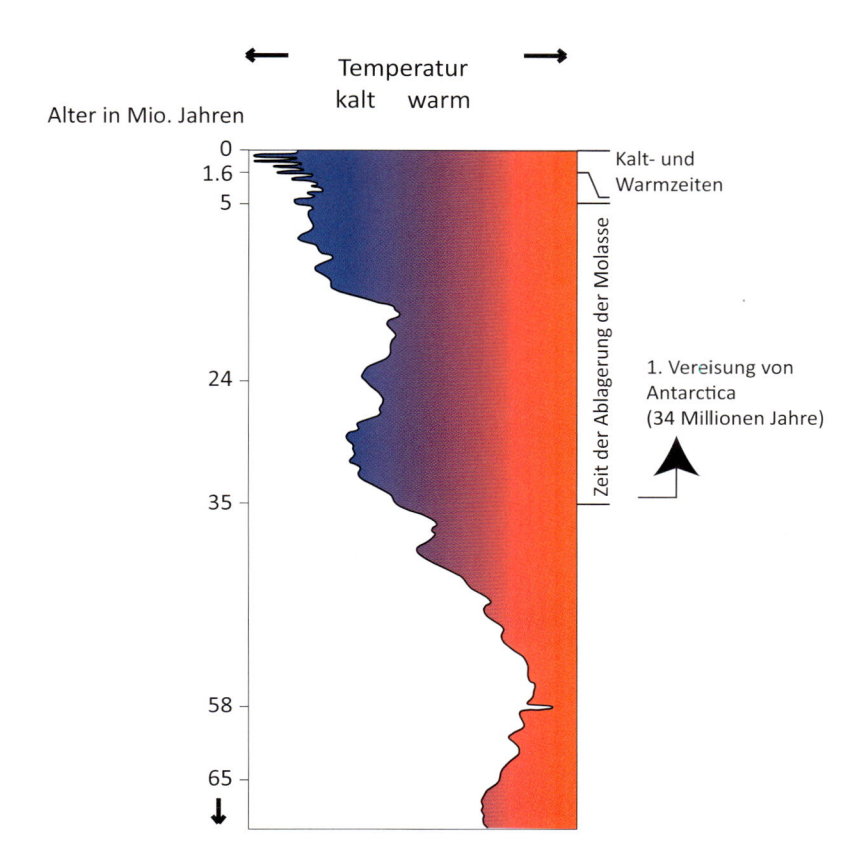

Alter in Mio. Jahren

[Diagramm mit Temperaturkurve, Alter von 0 bis 65 Mio. Jahre; markiert sind 0, 1.6, 5, 24, 35, 58, 65. Beschriftungen: "Kalt- und Warmzeiten", "Zeit der Ablagerung der Molasse", "1. Vereisung von Antarctica (34 Millionen Jahre)"]

Abb. 137: Aus Sauerstoff-Isotopenvariationen rekonstruierte (qualitative) Temperaturkurve.

Vor 30 Jahren war man sich in der Paläoklimaforschung einig: Die guten Klimakurven konnten nur in marinen Sedimenten rekonstruiert werden. Orbitalvariationen waren verantwortlich für den Puls des Klimas und das Kohlendioxid verstärkte dieses Signal. *Penck* und *Brückner*, dies schien bestätigt, hatten für ihre Eiszeitgeschichte nur Daten eines unvollständigen kontinentalen Klimaarchivs zur Verfügung.

Erst in den letzten Jahren fanden die Klimaforscher eine Erklärung für die Vier-Eiszeiten-Theorie. Verbesserungen in der Messtechnik ermöglichten die Rekonstruktion von zeitlich zunehmend höher aufgelösten Klimakurven über das Quartär, über das Pliozän und seit wenigen Jahren auch weit in das Miozän zurück. Dank der hochauflösenden Klimakurven erkannten die Eiszeitforscher in den letzten Jahren, dass sich der Puls des Klimas in den letzten 800'000 Jahren verändert hatte (Abb. 137). Ein in den letzten 2 Millionen Jahren dominanter 41'000 Jahre währender Zyklus wurde in den letzten 800'000 Jahren durch einen 100'000-Jahres-Puls ersetzt. Seit des Einsetzens des 100'000-Jahre-Zyklus ereigneten sich vier speziell ausgeprägte Kaltzeiten, die unter anderem zu ei-

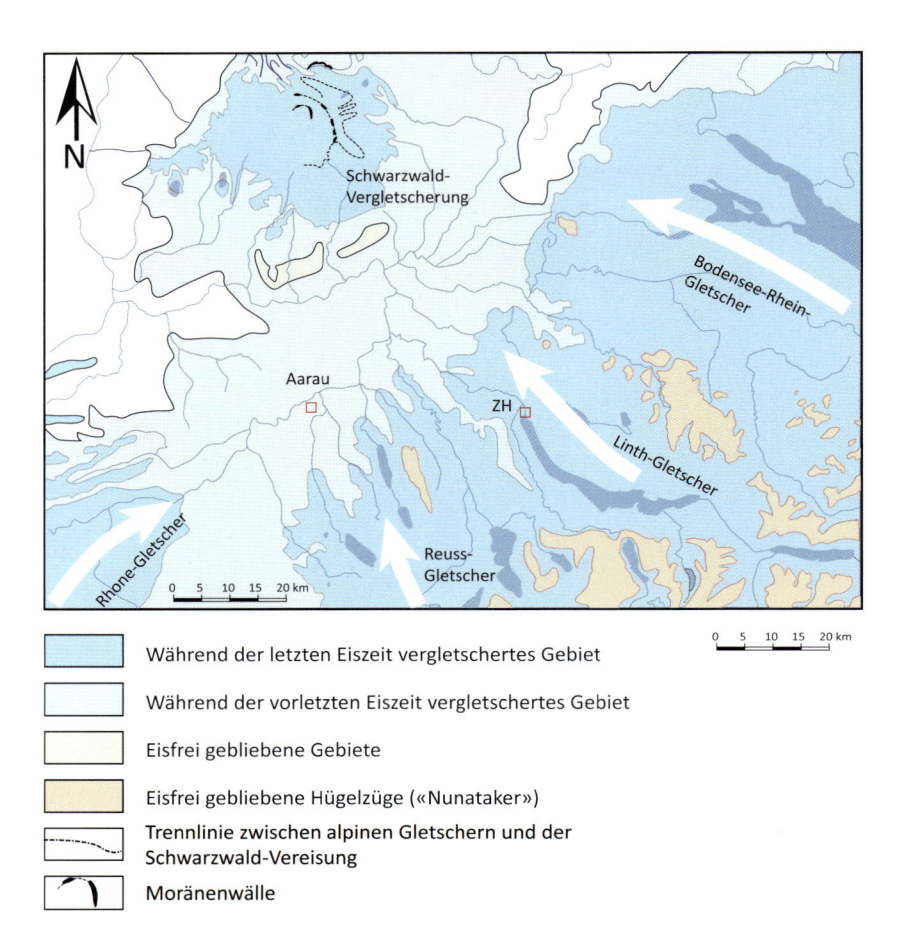

Abb. 138: Ausdehnung der Vereisung im nordschweizerischen Mittelland (nach Hantke, 1980).

nem Meeresspiegeltiefstand führten, der bis zu 30 m unter den durchschnittlichen Kaltzeitwerten lag. In den Isotopenkurven ist zudem nachmessbar, dass die Eismassen in den Polgebieten grösser als üblich waren. Noch ist die Ursache des Pulswechsels unbekannt, aber Veränderungen des atmosphärischen Kohlendioxid-Gehalts dürften entscheidenden Einfluss auf das orbital gesteuerte Insolationsmuster gehabt haben. Ob die letzten vier grossen Kaltzeiten mit den vier Eiszeiten von *Penck* und *Brückner* korreliert werden können, bleibt weiter umstritten. Die globalen Klimadaten lassen vermuten, dass Mitteleuropa in den letzten 800'000 Jahren viermal grossflächig vereist war. Es gibt einige geologische Hinweise, dass die von *Penck* und *Brückner* identifizierten Kaltzeiten mit der neu erarbeiteten Isotopenstratigrafie korreliert werden können und mit den globalen Kaltphasen der letzten 800'000 Jahre zusammenfallen. Allerdings gibt es auch neuere Altersdatierungen von Moränen in der Nordschweiz, die auf ein höheres Alter der ersten verbreiteten alpinen Vereisungen hinweisen.

15.4 Spuren der Vereisung

Zeugen der Eiszeiten sind in der Schweiz allgegenwärtig, und zwar sowohl in Form von Sedimenten als auch in Form von Erosionsspuren. Zwar blieben auch während der Eiszeit weite Teile Europas eisfrei; die Schweiz wurde aber bis auf kleine Randgebiete mehrmals von den alpinen Gletschern überfahren (Abb. 138). Die Kenntnis eiszeitlicher Lockersedimente ist im Bau- und Ingenieurwesen oft von entscheidender Bedeutung. Auch stellen sie wichtige Rohstoffe dar: Beton, Ziegel und Backsteine werden zu einem grossen Teil mithilfe eiszeitlicher Sedimente hergestellt. Zudem fliessen in den eiszeitlichen Schotterfluren die wichtigsten Trinkwasservorräte der Nordschweiz. Die heutige Gliederung der Landschaft der Schweiz wurde sehr deutlich durch die Prozesse der Eiszeiten mitbestimmt.

Die Abfolge der eiszeitlichen Ereignisse zu bestimmen, ist aber nicht einfach. Jüngere Vergletscherungen folgen in der Regel den Spuren älterer Vereisungen und überprägen sie bzw. löschen diese unter Umständen vollständig aus. So sind gerade ältere Vereisungsphasen oft schlecht dokumentiert. Zudem gestaltet sich die korrekte Datierung eiszeitlicher Sedimente als oft sehr schwierig, sodass die Korrelation in vielen Fällen spekulativ bleiben muss. Frühere Ansätze, die eine Korrelation rein aufgrund geomorphologischer Kriterien versuchten, führten zu einem sehr groben, oftmals auch falschen Bild (vgl. oben).

Selten sind eiszeitliche Erosionsformen so deutlich erhalten wie im Gletschergarten bei Luzern. Ein wichtiges Element dieser Erosionsformen ist die Beobachtung, dass die Felsoberfläche zahlreicher Mittellandtäler (z.B. Reusstal, Limmattal, Glatttal, Thurtal und Rheintal zwischen Bodensee und Schaffhausen) weit unter dem Niveau liegt, das man aufgrund der Entwässerungsdynamik erwarten würde. Oft liegt sie in einer Tiefe von mehreren Hundert Metern. Flusserosion kommt dafür nicht infrage, da die Felsoberfläche talabwärts wieder ansteigt. Ihre Entstehung verdanken sie vermutlich einer Kombination von Erosion durch Eis und Erosion durch die unter dem Gletscher unter hohem Druck fliessenden Schmelzwässer.

Zu den wohl augenfälligsten Sedimenten der Eiszeit gehören die Wallmoränen. Diese Wälle zeichnen sehr deutlich die Ausdehnung der Gletscherströme nach. Ein bekanntes Beispiel dafür ist der Moränenwall bei Möhlin. Hier handelt es sich um den Endmoränenwall der sogenannten grössten Vereisung im alpinen Raum, deren Alter neu auf mehr als 400'000 Jahre datiert wurde. Er blieb in dieser Form nur erhalten, da er von keiner jüngeren Vereisungsphase überfahren wurde. Sehr viel häufiger sind Endmoränenwälle der Spätphase der jüngsten Vereisung. So kann man im Limmattal gleich mehrere solcher Wälle nachweisen,

Tiefere Deckenschotter Iberig und Stein
- Fisibach-Schotter
- Bärengraben-Schotter und -Till
- Iberig-Schotter
- Wolfacher-Schotter und -Till

Höhere Deckenschotter Irchel
- Forenirchel-Schotter
- Steig-Schotter
- Irchel-Schotter
- Langacher-Schotter

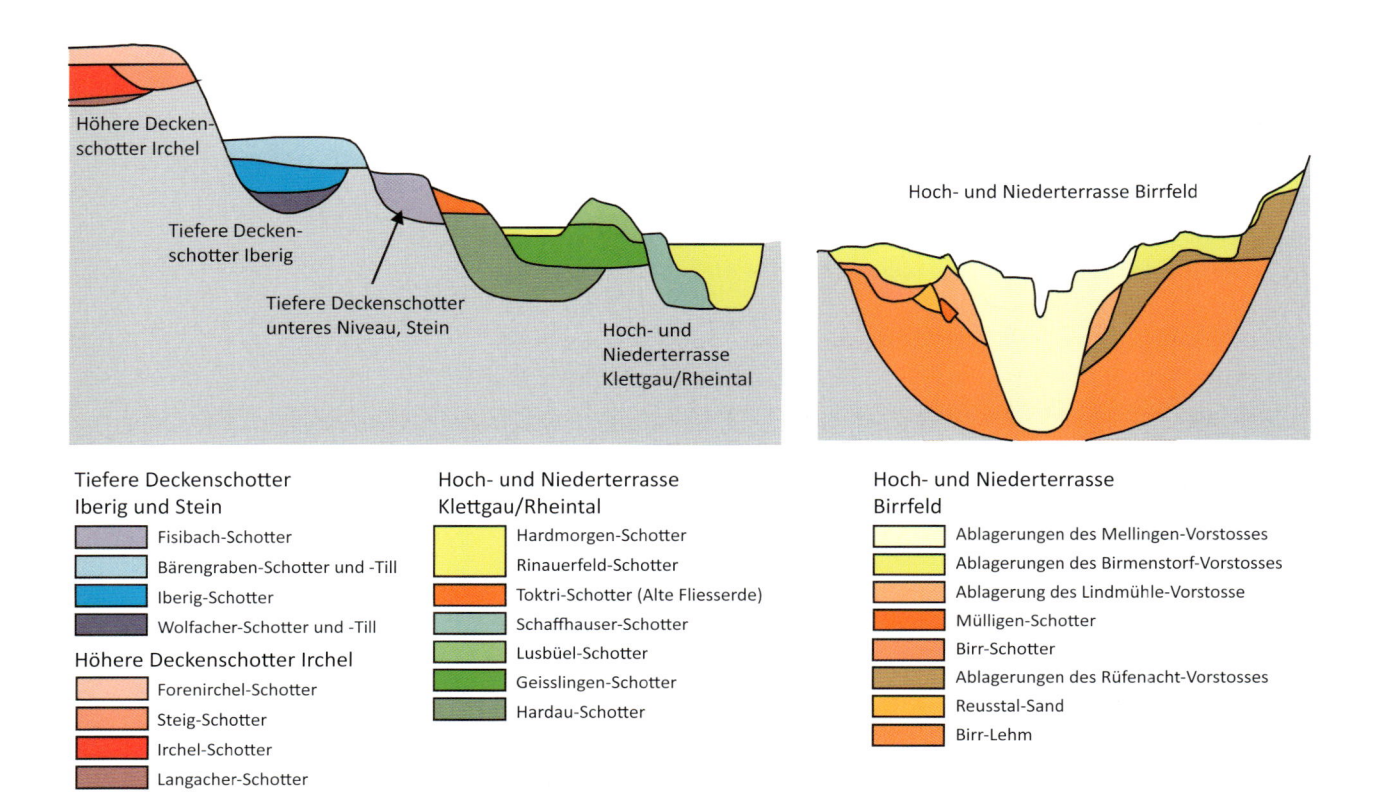

Hoch- und Niederterrasse Klettgau/Rheintal
- Hardmorgen-Schotter
- Rinauerfeld-Schotter
- Toktri-Schotter (Alte Fliesserde)
- Schaffhauser-Schotter
- Lusbüel-Schotter
- Geisslingen-Schotter
- Hardau-Schotter

Hoch- und Niederterrasse Birrfeld
- Ablagerungen des Mellingen-Vorstosses
- Ablagerungen des Birmenstorf-Vorstosses
- Ablagerung des Lindmühle-Vorstosse
- Mülligen-Schotter
- Birr-Schotter
- Ablagerungen des Rüfenacht-Vorstosses
- Reusstal-Sand
- Birr-Lehm

Abb. 139: Architektur der eiszeitlichen Schotterterrassen der Nordschweiz (Zeichnung H. Graf, pers. Mitteilung).

die das etappenhafte bzw. pendelnde Rückschmelzen des Linthgletschers am Ende der letzten Eiszeit, das heisst seit rund 18'000 Jahren dokumentieren (Killwangen-Stadium – Schlieren-Stadium – Zürich-Stadium). Ein markanter Moränenwall durchzieht die Stadt Zürich (Hohe Promenade, Lindenhof: «Zürich-Stadium» des rückschmelzenden Linthgletschers), der allerdings an mehreren Stellen später durch die Sihl und die Limmat durchbrochen wurde.

Viel weniger deutlich als die Wallmoränen ist in der Regel die Decke von Grundmoräne, die weite Teile des schweizerischen Mittellandes überzieht. Ein typisches Element von Grundmoränenlandschaften sind Drumlins, flache, im Grundriss tropfenförmige Hügel aus Lockergestein. Deren Entstehung ist im Detail bis heute zwar noch nicht restlos geklärt, doch sie hängt mit der Dynamik des plastisch fliessenden Gletschereises zusammen. Bekannt ist beispielsweise die markante Drumlinlandschaft in der Gegend Uster – Wetzikon.

Es gibt eine ganze Reihe von indirekten Zeugen der Eiszeiten. Dazu zählen auch die fluvioglazialen Schotter, die oft im Vorfeld der Gletscher aufgeschüttet wurden und sowohl in Bezug auf Fläche als auch in Bezug auf Mächtigkeit beeindruckende Dimensionen erreichen können. Die Sedimente sind gekennzeichnet durch die saisonale Dynamik eines zopfartig verzweigten Systems von Schmelzwasserflüssen. Solche Schotter der späten Würm-Eiszeit prägen beispielsweise die Landschaft des Rafzerfeldes. Die fluvioglazialen Schotter bilden ein für die Schweiz riesiges Kiesreservoir, sie sind aber auch wichtige Grundwasserträger. Ähnlich wie die Moränen zeigen diese Schotter eine mehr oder weniger deutliche Altersabfolge. Ältere Generationen von Schottern wurden oft im Zuge späterer Vereisungen wieder grossräumig ausgeräumt. Kleinräumige Reste älterer Generationen blieben auf Hochflächen oder an den Talflanken erhalten. Entsprechend zählt man die sogenannten «Höheren Deckenschotter» (z.B. am Irchel, Uetliberg, Altberg etc.) zu den ältesten eiszeitlichen Zeugen der Nordschweiz. In der ursprünglichen Nomenklatur interpretierte man sie als Zeugen der «Mindel-Eiszeit». Zu den entsprechend jüngeren Schottern rechnet man die «Jüngeren Deckenschotter», die «Hochterrassenschotter» (z.B. Aathalschotter, Klettgauschotter) und schliesslich die «Niederterrassenschotter» (z.B. Limmatschotter). Jüngere Untersuchungen aber zeigen, dass die Abgrenzung von Hoch- und Niederterrassenschotter nicht so klar wie ursprünglich angenommen ist bzw. dass sowohl Hoch- als auch Niederterrassenschotter in sich weiter untergliedert werden müssen, um zuverlässige Korrelationen machen zu können (Abb. 139).

In der glazial geprägten Landschaft, beispielsweise hinter dem Riegel einer Endmoräne, bildeten sich auch wiederholt kleinere und grössere Seen. So sind einerseits im Untergrund vieler heute verlandeter Mittellandtäler die Sedimente fossiler Seen dokumentiert. Andererseits sind mehrere der Seen des schweizerischen Mittellandes aus solchen Seen hervorgegangen; so auch der Zürichsee, dessen Vorläufer sich einst bis weit ins heutige Limmattal hinein erstreckte (Abb. 140).

Es gibt natürlich auch sedimentäre Zeugen der Zeiten zwischen den Eiszeiten, den sogenannten Interglazialen. Kohleablagerungen, die der Warmphase des Eem-Interglazials vor 125'000 bis ca. 110'000 Jahren entsprechen, werden v. a. in Talbohrungen gefunden (Bsp. Talbohrung bei Uster, Kt. Zürich). Doch auch innerhalb der Eiszeiten gab es jeweils wärmere Phasen. Am ausgeprägtesten war die Warmphase vor etwa 60'000 bis 30'000 Jahren. In jener Zeit entstanden verbreitet Torfablagerungen und Seetone. Die heute als Schieferkohle erhaltenen Torfablagerungen sind z. B. im Zürcher Oberland bei Gossau erhalten geblieben. In der Kiesgrube Gossau werden die Schieferkohlen von würmzeitlichen Moränen sowohl unter- als auch überlagert (Abb. 141). Die Schieferkohlen müssen daher in einer wärmeren Phase innerhalb der Würm-Eiszeit entstanden sein.

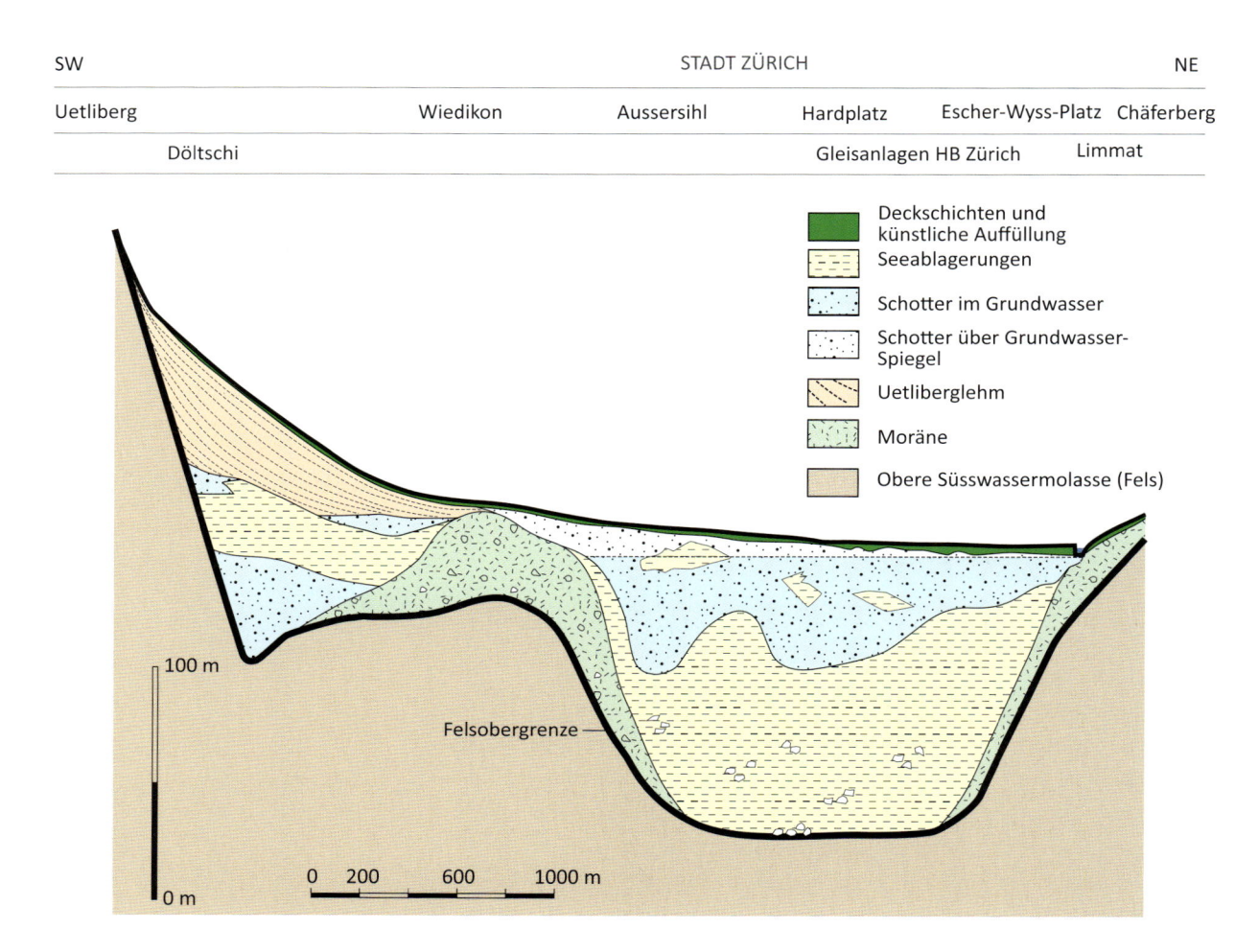

Abb. 140: Querprofil des Zürichseetales bei Zürich (nach Kempf et al., 1986).

15.5 «Der Mensch erscheint im Holozän»[5]

Hochauflösende Klimakurven aus Seesedimenten oder aus Meeresablagerungen können bald ein Bild der jährlichen Klimaschwankungen über die letzten 15'000 Jahre geben. Solche Klimarekonstruktionen werden mit Aufzeichnungen aus Archäologie und Geschichte verglichen und die Bedeutung des Klimas als «geschichtemachender Faktor» wird damit aufgedeckt. Zusammenhänge zwischen Klima und Geschichte wurden seit 100 Jahren heftig debattiert. Einer der frühen Erforscher solcher Zusammenhänge war wiederum der Eiszeitforscher *E. Brückner*.

---

5 Max Frisch, 1979.

Abb. 141: In der früheren Kiesgrube Gossau (Zürich) werden kaltzeitliche Deltaablagerungen von einem Bodenbildungshorizont unterbrochen, der eine kurzzeitige Klimaerwärmung dokumentiert.

Sedimente aus proglazialen Seen dienen den Klimaforschern als Archiv zur Klima- und Umweltgeschichte der letzten 15'000 Jahre. Die Sedimente im Zürichsee dienen als hochauflösende Klimarchive des Holozäns. Die Engadiner Seen dokumentieren die Vergletscherungsgeschichte der letzten 15'000 Jahre im Oberengadin. Zeiten starker Gletschertätigkeit widerspiegeln sich in klastischen Warvenabfolgen, mit hellen Sommerlagen, welche auf saisonalen Gletschermilcheintrag hinweisen. Im Silvaplanersee sind die Sedimente, die im frühen Holozän (9000–3300 vor heute) abgelagert wurden, nicht gewarvt. Die Sedimentationsrate ist bis zu zehnmal geringer als in Zeiten der Warvenablagerung. Das Früh- und Mittel-Holozän war vermutlich im Engadin weitgehend eisfrei (Leemann, 1993).

Das Holozän ist gekennzeichnet durch Klimaschwankungen, die im Vergleich zur letzten Eiszeit klein sind. Heute wird das Holozän mit der Isotopenstufe 11 verglichen, einer langen Warmzeit vor 460'000–430'000 Jahren mit einem dem Holozän vergleichbaren Insolationsmuster. Das Ende des Holozäns dürfte noch 15'000 Jahre auf sich warten lassen. Der anthropogene CO_2-Puls wird das Klima schneller verändern und für die Geologie zu schwer prognostizierbaren Änderungen in den landschaftsbildenen Prozessen, in der Hydrogeologie und in der Küstengeologie führen.

15.6 Literaturhinweise

ADHÉMAR, J. A. 1842. Révolutions de la Mer: Déluges Périodiques. Carilian-Goeury et V. Dalmont, Paris.

AGASSIZ, L. 1840. Etudes sur les glaciers. Jent et Gassmann. Neuchâtel.

BODENMANN, T., BRÖNNIMANN, S., HADORN, G. H., KRÜGER, T. UND WEISSERT, H. 2011. Perceiving, explaining, and observing climatic changes: An historical case study of the «year without a summer» 1816. Meteorologische Zeitschrift 20, 577–587.

EMILIANI, C. 1955. Pleistocene Paleotemperatures. Journal of Geology, 63, p. 538–578.

FRISCH, M. 1979. Der Mensch erscheint im Holozän. Suhrkamp. Frankfurt am Main.

FURRER, H., GRAF, H. R. und MÄDER, A. 2007. The mammoth site of Niederweningen, Switzerland. Quaternary International, 164–165, p. 85–97.

GRAF, H. 1993. Die Deckenschotter der zentralen Nordschweiz. Diss ETH Zürich, Nr. 10205, 151 p.

HANTKE, R. 1980. Eiszeitalter, 3 Bände, Ott-Verlag, Thun.

KELLOGG, W. W. 1987. Mankind's impact on climate: The evolution of an awareness. Climatic Change, 10, p. 113–136.

KEMPF, TH., FREIMOSER, M., HALDIMANN, P., LONGO, V., MÜLLER, E., SCHINDLER, C., STYGER, G. und WYSSLING, L. 1986. Die Grundwasservorkommen im Kanton Zürich. Erläuterungen zur Grundwasserkarte 1:25'000. Beitr. Geol. Schweiz, geotech. Serie 69.

LEEMAN, A. 1993. Rhythmite in alpinen Vorgletscherseen. Unpubl. Diss. ETH Zürich.

MILANKOVITCH, M. 1914. Kanon der Erdbestrahlung und seine Anwendung auf das Eiszeitenproblem. R. Serbian Acad. Spec. Pub. 663 p.

MUTTONI, G., CARCANO, C., GARZANTI, E., GHIELMI, M., PICCIN, A., PINI, R., ROGLEDI, S. und SCIUNNACH, D. 2003. Onset of major Pleistocene glaciations in the Alps. Geology, 31, p. 989–992.

PENCK, A. und BRÜCKNER, E. 1909. Die Alpen im Eiszeitalter, 3 Bde., Tauchnitz, Leipzig.

PREUSSER, F., GRAF, H. R., KELLER, O., KRAYSS, E., SCHLÜCHTER, C. 2011. Quaternary glaciation history of northern Switzerland. E&G Quaternary Science Journal 60, p. 282–305.

16. «Anthropozän»: Das Zeitalter des Menschen

Die Geologie ist als Wissenschaft gut 200 Jahre alt. Im Jahr 1778 benutzte der Genfer Naturforscher *Jean-André Deluc* (1727–1817) den Begriff «Geologie» erstmals für jene Wissenschaft, welche die Erde als ihr Forschungsobjekt gewählt hat. Die Erforschung der Erde und ihrer Geschichte und damit auch die «Verwissenschaftlichung» des Blicks auf die Natur waren für die im Entstehen begriffenen aufgeklärten europäischen Gesellschaften des späten 18. und des frühen 19. Jahrhunderts von enormer Bedeutung.

Geologen wurden zu eigentlichen «Schatzsuchern» der modernen Industriegesellschaft. Die Industrialisierung in England, Deutschland und Frankreich verlangte nach metallischen und nicht metallischen Rohstoffen. Der fossile Brennstoffbedarf wurde bis ins späte 19. Jahrhundert durch Kohle abgedeckt. In der Landwirtschaft brachte die Nutzung von Kunstdüngern (Phosphor) grössere Erträge. Neue Baumaterialien wurden entwickelt. In England mischte *Joseph Aspdin* (1778–1855) im Jahre 1824 gebrannten Kalk mit Ton zu einem künstlichen Baustein, der bald unter dem Namen Portland-Zement gehandelt wurde. Die Zementindustrie machte Kalk zu einem bedeutenden Rohstoff. In der Schweiz entstanden noch im 19. Jahrhundert erste Portlandzementfabriken. Die Kalke des Juragebirges erwiesen sich als ideale Ausgangsgesteine für die Zementproduktion. Im 19. Jahrhundert wurden Wildbäche und Flüsse korrigiert und unter menschliche Kontrolle gebracht. Die Alpen öffneten sich dank neuen Verkehrswegen der lokalen Bevölkerung und den ersten Touristen. Neue Erkenntnisse in der alpinen Geologie ermöglichten es den Ingenieuren in der zweiten Hälfte des 19. Jahrhunderts, die ersten die Alpen querenden Bahntunnel zu bauen (Gotthard, 1882; Simplon, 1905). Die Industrialisierung des 19. Jahrhunderts war begleitet von beschleunigter Urbanisierung. Am Beispiel der Stadt Zürich können wir beobachten, wie sich die Industrialisierung in der Verwendung neuer Baumaterialien, in der Eroberung neuer Lebensräume und damit in der Transformation einer Naturlandschaft in einen urbanen Lebensraum manifestiert (Abb. 142).

Die ursprüngliche Naturlandschaft von Zürich prägte wie eine Matrize die geschichtliche Entwicklung der Stadt. Gewisse naturräumliche Leitlinien pausen

Abb. 142: Verwitterung von Bausteinen in der Stadt als Indikator für Luftqualität.

sich bis ins heutige Stadtbild durch. Das alte Zürich drängt sich entlang der Limmat zwischen die Hügelzüge des Uetlibergs, des Pfannenstiels und Zürichbergs. Die Enge der Altstadt erinnert uns an den Anfang Zürichs oder Turicums, wie der Ort von den Römern genannt wurde. Turicum wurde vor 2000 Jahren an schmaler Stelle am Ende des Zürichsees als Brückenkopf an einer der grossen gegen Norden führenden Römerstrassen gegründet. Ein kleiner Hügel, der Lindenhof, bot sich an, um die Brückenstrasse zu kontrollieren. Die geologische Geschichte des Lindenhofs geht bis ans Ende der letzten Eiszeit zurück. Er gehört zu einem markanten Moränenwall, der sich in der Stadt von der Kirche Enge bis ins Zürcher Oberdorf verfolgen lässt.

Ausgehend vom Lindenhof expandierte die Stadt bis in die frühe Neuzeit in die Gebiete links und rechts der Limmat. Mit Beginn der Industrialisierung im 19. Jahrhundert wurden für die wachsende Flussstadt Zürich am See neue Siedlungsräume erschlossen. Feuchte Ufergebiete wurden durch künstliche Aufschüttungen für die Vergrösserung der Stadt nutzbar gemacht. Später expandierte Zürich entlang der Limmat auf das Sihlfeld, eine grosse Schwemmebene, wo in der zweiten Hälfte des 19. Jahrhunderts das Zürcher Industriequartier entstand. Das Sihlfeld wurde auch zum neuen Eingangstor von Zürich, als hier vor mehr als 150 Jahren die erste Eisenbahnlinie zwischen Baden und Zürich gebaut wurde. Die Schwemmebene entstand am Ende der letzten Eiszeit, als Gletscherflüsse riesige Kiesmengen im Gletschervorfeld transportierten und ablagerten, zur gleichen Zeit, als der Lindenhof-Moränenwall aufgeschüttet wurde.

Im 20. Jahrhundert expandierte die Stadt über die einengenden Hügelzüge hinweg in die Vorortsgemeinden. Neue Verkehrswege wurden nötig. Ganz wichtig für die weitere Stadtentwicklung war der Bau eines internationalen Flughafens nach dem Ende des 2. Weltkriegs. Nochmals wurde in der hügeligen Mittelland-Landschaft der Region Zürich eine grosse Fläche gesucht, die nahe der Stadt einen Flughafenbau ermöglichen sollte. Man fand die geeignete Fläche bei Kloten. Eine grosse, feuchte Ebene, nicht besiedelt und wegen der verbreiteten Sümpfe nicht ideal für die Landwirtschaft, bot sich als geeigneter Standort an. Die Ebene war am Ende der letzten Eiszeit, ähnlich wie das Sihlfeld, als periglaziale, im Vorfeld eines Gletschers liegende Schwemmebene entstanden. In den letzten Jahrzehnten wurden Verkehrswege in den städtischen Untergrund verlegt. Die Stadt expandierte in die geologische Tiefe. Die Eroberung des Untergrunds verlangte nach genauen geologischen Abklärungen, unterirdische Verkehrswege durften etwa den Fluss des Grundwassers nicht stören. Der geologische Untergrund dient auch als mögliche Energiequelle. Eine Bohrung zur Abschätzung des geothermischen Potenzials des Züricher Untergrunds im Jahr 2011 war allerdings wenig erfolgreich. Die Geologen konnten bis in eine Tiefe von mehr als 2 km keine wasserführende Schichten finden, die für geothermische Energiegewinnung nutzbar gewesen wären. Unter den oberflächennahen Gletscher- und Flussablagerungen und unter den Ablagerungen der Molasse trafen die Geologen auf Sedimentgesteine, die die Signaturen eines vergangenen Meeres, der alpinen Tethys, zeigen. Auf mehr als 2 km Tiefe wurden in der Bohrung «Triemli» Gesteine des kristallinen Grundgebirges angebohrt. Wollen wir in noch grössere Tiefen der Erdkruste und des Erdmantels schauen, dann müssen wir geophysikalische Methoden wie etwa die seismische Analyse des Untergrunds nutzen (z.B. Sommaruga et al. 2012). Stadträume demonstrieren uns, wie der Mensch zunehmend zu einem bedeutenden geologischen Faktor wird. Eingriffe in natürliche Stoffkreisläufe und schädliche Umwelteingriffe blieben lange lokal oder regional beschränkt. Heute übertreffen weltweit von Menschen verursachte Materialumlagerungen die errechneten natürlichen globalen Erosionsraten. Abfallhalden der Städte werden zu bedeutenden sekundären Rohstofflagerstätten, weil manche der genutzten Rohstoffe in der modernen Telekommunikationstechnologie nur beschränkt vorkommen. Man spricht heute von «Urban Geology» und «Urban Mining». Mit der beschleunigten Verbrennung fossiler Brennstoffe verändert der Mensch erstmals einen der wichtigsten globalen Stoffkreisläufe, den Kohlenstoff-Kreislauf. Die Veränderungen der Atmosphärenchemie beeinflussen das Klima im 21. Jahrhundert. Der Mensch wird erstmals in seiner Geschichte zu einem geologischen Faktor, der mit seinen Handlungen das globale Klimasystem verändert.

16.1 Literaturhinweise

Sommaruga, A., Eichenberger, U. und Marillier, F. 2012. Seismic Atlas of the Swiss Molasse Basin. Edited by the Swiss Geophysical Commission. Matér. Géol. Suisse, Géophys. 44.

ALLES AUF EINEN KLICK!

www.**vdf**.ethz.ch

vdf

vdf Hochschulverlag AG an der ETH Zürich
Telefon: +41 (0) 44 / 632 42 42
Fax: +41 (0) 44 / 632 12 32
E-Mail: verlag@vdf.ethz.ch

Name:
Vorname:
Adresse:
PLZ/Ort:

**vdf Hochschulverlag AG
an der ETH Zürich
VOB D
Postfach 264
CH - 8044 Zürich**

Bitte frankieren

Bitte senden Sie mir regelmässig Ihren Newsletter zu folgenden Fachbereichen (gratis):

E-Mail-Adresse:

(Bitte Absender auf der Rückseite nicht vergessen!)

Fachbereiche (bitte ankreuzen):

- **alle Fachbereiche** (newsall)

- **Bauwesen**
  Architektur, Bauingenieurwesen, Bildnerisches Gestalten/Design, Denkmalpflege, Garten und Landschaft, Stadt- und Raumplanung (newsarch)

- **Naturwissenschaften, Umwelt und Technik**
  Agrar- und Lebensmittelwissenschaften, Biologie, Chemie, Elektrotechnik, Forstwissenschaften, Geowissenschaften, Maschinenbau, Materialwissenschaften, Physik, Sport, Umweltwissenschaften

- **Geistes- und Sozialwissenschaften, Interdisziplinäres, Militärwissenschaft, Politik, Recht** (newsgeiwis)

- **Wirtschaft**
  Arbeits-, Betriebs- und Produktionswissenschaften, Betriebswirtschaft/Management, Volkswirtschaft, Wirtschaftsinformatik
  (newsökon)

- **Informatik, Wirtschaftsinformatik, Mathematik** (newsinform)

Alle Bestellungen sind auch auf unserer Website möglich (www.vdf.ethz.ch).

Anhang: Zeittafel

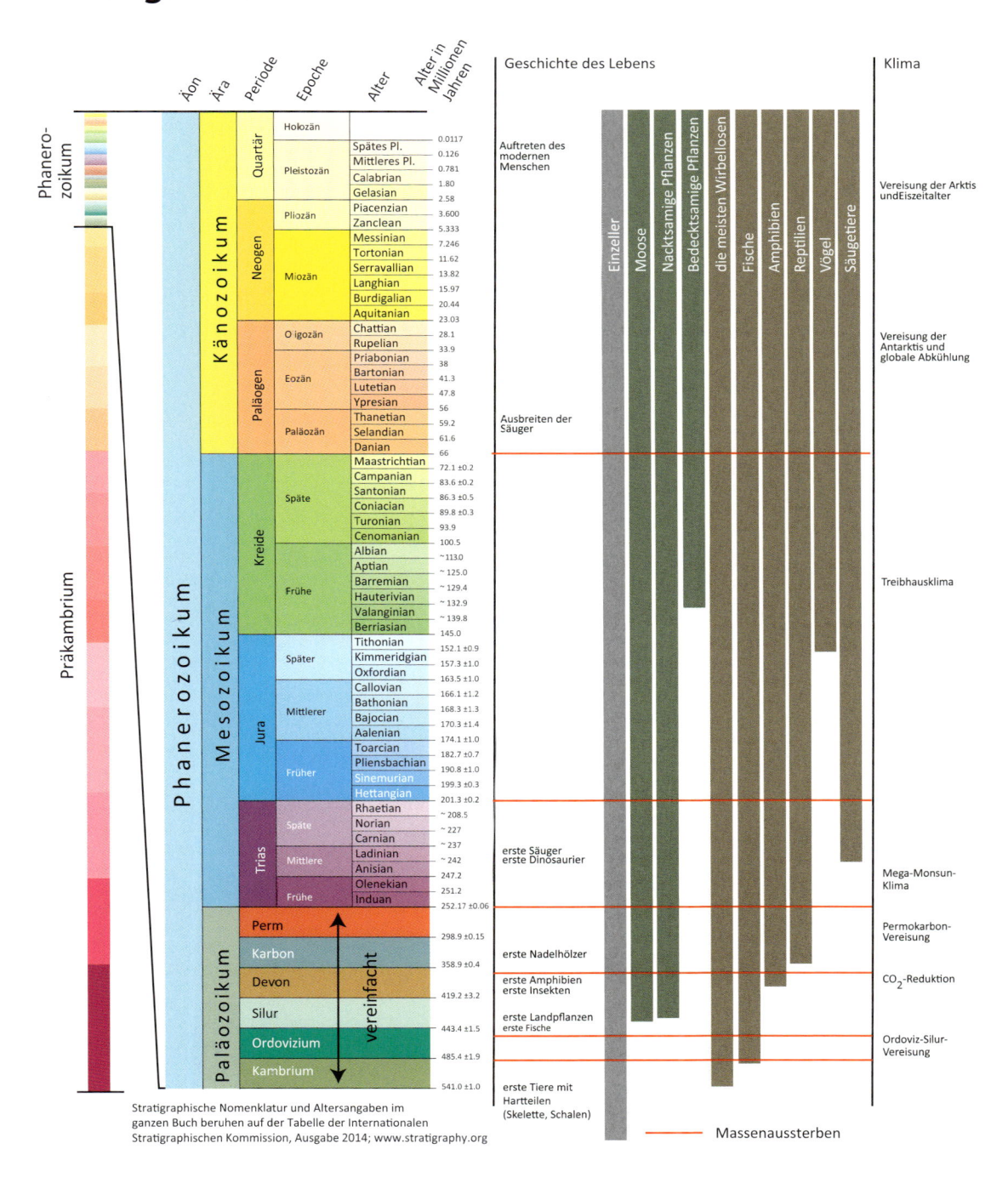

Äon	Ära	Periode	Epoche	Alter	Alter in Millionen Jahren
Phanerozoikum	Känozoikum	Quartär	Holozän		0.0117
			Pleistozän	Spätes Pl.	0.126
				Mittleres Pl.	0.781
				Calabrian	1.80
				Gelasian	2.58
		Neogen	Pliozän	Piacenzian	3.600
				Zanclean	5.333
			Miozän	Messinian	7.246
				Tortonian	11.62
				Serravallian	13.82
				Langhian	15.97
				Burdigalian	20.44
				Aquitanian	23.03
		Paläogen	Oligozän	Chattian	28.1
				Rupelian	33.9
			Eozän	Priabonian	38
				Bartonian	41.3
				Lutetian	47.8
				Ypresian	56
			Paläozän	Thanetian	59.2
				Selandian	61.6
				Danian	66
	Mesozoikum	Kreide	Späte	Maastrichtian	72.1 ±0.2
				Campanian	83.6 ±0.2
				Santonian	86.3 ±0.5
				Coniacian	89.8 ±0.3
				Turonian	93.9
				Cenomanian	100.5
			Frühe	Albian	~113.0
				Aptian	~125.0
				Barremian	~129.4
				Hauterivian	~132.9
				Valanginian	~139.8
				Berriasian	145.0
		Jura	Später	Tithonian	152.1 ±0.9
				Kimmeridgian	157.3 ±1.0
				Oxfordian	163.5 ±1.0
			Mittlerer	Callovian	166.1 ±1.2
				Bathonian	168.3 ±1.3
				Bajocian	170.3 ±1.4
				Aalenian	174.1 ±1.0
			Früher	Toarcian	182.7 ±0.7
				Pliensbachian	190.8 ±1.0
				Sinemurian	199.3 ±0.3
				Hettangian	201.3 ±0.2
		Trias	Späte	Rhaetian	~208.5
				Norian	~227
				Carnian	~237
			Mittlere	Ladinian	~242
				Anisian	247.2
			Frühe	Olenekian	251.2
				Induan	252.17 ±0.06
	Paläozoikum	Perm			298.9 ±0.15
		Karbon			358.9 ±0.4
		Devon		vereinfacht	419.2 ±3.2
		Silur			443.4 ±1.5
		Ordovizium			485.4 ±1.9
		Kambrium			541.0 ±1.0

Präkambrium

Geschichte des Lebens:
- Auftreten des modernen Menschen
- Ausbreiten der Säuger
- erste Säuger, erste Dinosaurier
- erste Nadelhölzer
- erste Amphibien, erste Insekten
- erste Landpflanzen, erste Fische
- erste Tiere mit Hartteilen (Skelette, Schalen)

Einzeller | Moose | Nacktsamige Pflanzen | Bedecktsamige Pflanzen | die meisten Wirbellosen | Fische | Amphibien | Reptilien | Vögel | Säugetiere

Klima:
- Vereisung der Arktis und Eiszeitalter
- Vereisung der Antarktis und globale Abkühlung
- Treibhausklima
- Mega-Monsun-Klima
- Permokarbon-Vereisung
- CO_2-Reduktion
- Ordoviz-Silur-Vereisung

— Massenaussterben

Stratigraphische Nomenklatur und Altersangaben im ganzen Buch beruhen auf der Tabelle der Internationalen Stratigraphischen Kommission, Ausgabe 2014; www.stratigraphy.org

Ortsregister

A
Alpstein 115, 160
Andeer 67, 123, 124
Andermatt 51
Apenninen 18, 19, 23, 103
Arosa 55, 56, 104, 106, 110, 126, 129, 130
Arzo 91, 92, 93

B
Baden 186
Basel 16, 74, 110, 133, 162, 163, 165, 170, 171
Bellinzona 36, 134
Bex 73, 74, 76, 81, 174
Bivio 56
Breggiaschlucht 114

C
Chur 52, 55
Churfirsten 125
Couches Rouges 124

D
Davos 55, 56, 84, 85, 106, 129, 135
Degerfelden 78

E
Elm 153
Engadin 55, 93, 145, 183
Engi 152, 153, 154
Erzegg 99

F
Falknis 55
Freiburg im Breisgau 164
Fribourg 157
Frick 79, 96, 171

G
Genf 47, 48
Genfersee 57, 124
Glarnerland 69, 99, 144
Grimsel 66, 72

H
Hegau 157
Herznach 95, 99

I
Italien 18, 32, 68
Ivrea 148, 150

J
Juragebirge 16, 22, 46, 47, 48, 81, 90, 95, 99, 162, 163, 165, 167, 169, 170

L
La Chaux-de-Fonds 48
Lago Maggiore 90, 148
Laufenburg 66, 77, 171
Le Locle 48
Lenzerheide 55, 56, 122, 123
Leukerbad 52
Leventina 67, 142
Limmat 180, 186
Locarno 36, 59
Lötschental 69
Luganer See 85
Luzern 155, 157, 161, 179

M
Magadino-Ebene 59
Malenco 106, 111, 133
Marbach 155
Melchsee-Frutt 99

Mittelland 14, 16, 45, 46, 48, 99, 153, 156, 166, 173, 174, 178, 187
Möhlin 179
Monte Ceneri 36, 68
Monte Generoso 59, 87, 92, 93
Monte San Giorgio 59, 81, 82, 84, 85, 87, 91, 92
Mythen 15, 57, 81, 99, 118, 121, 124, 125

N
Neuchâtel 48, 174, 184

O
Oberhalbstein 55, 129
Öhningen 157
Ollon 73

P
Pilatus 115
Piz Beverin 55
Piz Segnas 144
Prättigau 54, 55, 56, 124, 129

R
Reusstal 66, 179
Rhonetal 52, 54
Rigi 156
Ringelspitz 144
Roggenstock 121, 124

S
Saas Fee 55, 106
Säckingen 78
Säntis 52, 115, 125
Schaffhausen 77
Schwarzwald 63, 66, 163
Sedrun 51
Slowenien 90
Sotto Ceneri 36
Speer 156, 159

Splügen 67
Stanserhorn 99
Südalpen 15, 18, 28, 36, 45, 46, 58, 59, 68, 84, 85, 86, 90, 91, 93, 103, 107, 114, 145, 148
Sulzfluh 55, 125

T
Thunersee 125
Thusis 55
Tiefencastel 56
Tödi 66, 86

U
Unterengadin 56
Ural 66, 68

V
Val d'Illiez 160
Val Ferret 123, 127
Valle Morobbia 36
Valle Muggio 92
Valsertal 126
Veltlin 36
Veneto 148
Visp 66
Vogesen 66, 68, 163, 170
Vorderrheintal 52, 54, 99, 144

W
Weiach 48, 61, 69
Wiesental 78
Windgälle 26

Z
Zermatt 55, 106
Zürich 5, 27, 29, 59, 85, 86, 87, 125, 127, 174, 180, 181, 182, 183, 184, 185, 186, 187

Personenregister

A
Adhémar 174, 175, 184
Agassiz 174, 184
Ampferer 27
Arduino 18, 23
Arrhenius 175, 176

B
Bernoulli 28, 38, 87, 89, 91, 93, 104, 110, 111, 133
Bertrand 27, 29
Brongniart 103
Brückner 174, 177, 178, 182, 184
Buckland 173

C
Croll 174, 175
Cuvier 20

D
Darwin 20, 21
de Beaumont 22
de Charpentier 73, 174
de Saussure 22

E
Emiliani 176, 184
Escher 22, 23, 26, 81, 110

G
Gressly 23, 24, 29

H
Heim 22, 25, 26, 27, 28, 29, 59, 81
Hsü 59, 106
Hutton 19, 20, 22, 29

J
Jäckli 176

K
Kelts 120, 121, 127
Kelvin 21

L
Lehmann 18
Lugeon 27
Lyell 20, 174

M
Manatschal 89, 93, 104, 111
Merian 73, 74
Milankovitch 175, 176, 184
Murray 102

N
Neumayr 31, 38

O
Oeschger 176
Opdyke 176

P
Penck 174, 177, 178, 184
Pfiffner 110, 149, 150, 161

S
Schardt 27, 111, 142, 150
Scheuchzer 22, 153, 157
Schmid 38, 52, 60, 133, 135, 136, 140, 149, 150, 171
Shackleton 176
Smith 21, 23, 30
Steinmann 103, 107, 111, 125, 127

Steno 17, 18, 20, 22
Suess 31

T
Thomson 102
Thurmann 22
Trümpy 23, 30, 38, 55, 60, 72, 94, 111, 122, 127, 158, 165
Tyndall 175

V
Vallisnieri 18
van Audenhove 39

Venetz 174
von Alberti 74
von Buch 22, 23, 95
von Humboldt 22, 23, 95
von Linné 18

W
Wegener 27, 28, 88, 94
Weissert 5, 16, 28, 29, 38, 104, 110, 111, 117, 133
Werner 19, 20
Wiedenmayer 91, 92, 94

Sachregister

A

Aaregranit 66
Aarmassiv 26, 144, 154, 160, 166, 167
Adria 32, 35, 36, 38, 46, 59, 82, 89, 90, 91, 93, 104, 111, 120, 128, 135, 137, 141, 145, 148, 172
Adula-Decke 54
Afrika 32, 35, 38, 59, 88, 89, 90, 91, 104, 120, 128
afrikanische Platte 32, 35
Agnelliformation 93
Aiguilles Rouges-Massiv 51, 160
Akkretionskeil 129, 131, 140
Aktualismus 19, 20
Alluvium 173
Alpen by Mike 39
Alpine Trias 35, 77, 78, 81, 84, 85
Alvbrekzie 93
Anhydrit 73, 75, 76, 166
Antigorio-Decke 54
Aroser Dolomiten 56, 106, 129
Atlantik 35, 103, 122
autochthon 51, 54, 144, 160, 163
Axen-Drusberg-Säntis-Decken 52

B

Baltica 65
Basalt 35, 103, 104, 126, 130
Baveno-Granit 148
Bergsturz 153
Bernhard-Decke 55, 59
Betliskalk 125
Biosphäre 13, 14, 70, 113
Biostratigraphie 21, 26
Bohnerz 137
Brauner Jura 95

Brekzie 26, 69, 91, 93, 110, 122, 123, 125
Briançonnais 32, 35, 36, 52, 55, 58, 96, 99, 118, 120, 121, 122, 123, 124, 125, 131, 135
Briançonnais-Hochzone 35, 123
Briançonnais-Mikrokontinent 32
Bündnerschiefer 52, 54, 125, 127
Buntsandstein 77, 78, 81, 84

C

Calcit-Kompensationstiefe 103
Chablais Préalpes 57

D

Dachschiefer 152, 153
Deckengebirge 26, 27, 31, 46, 128, 148
Dent-Blanche-Decke 56
Diablerets-Decke 52
Diluvium 173
distal 156
Dogger 90, 93, 95, 98, 99, 100, 104, 107, 127
Doldenhorn-Decke 52
Drifting 35, 82, 104
Drumlin 180

E

Eem-Interglazial 181
Eisen 99, 100, 99
Eisenerz 99
Eiszeittheorie 174
Eladecke 56
Engadiner Dolomiten 56, 81
Engadiner Linie 145, 146
Erdbeben 91, 122, 162, 163, 164, 171

Erdöl 112
Erdöl-Muttergestein 114
erosive Subduktion 129, 131
Err-Decke 56, 111
eurasische Platte 32
Exzentrizität 175

F

Falknisdecke 110, 122, 123
Faltenjura 47, 163, 165, 166, 168, 169
Fazies 24, 25, 29, 78, 81, 84, 86, 92, 96, 121, 122, 137, 138, 170
Fernschubhypothese 166, 168
Findlinge 174
fossile Brennstoffe 112, 113

G

Gabbro 35, 103, 139
Generoso-Becken 92, 93
Germanische Trias 35, 77, 78, 81, 84
Gips 73, 75, 76, 78, 84, 166
Glarner-Decke 52
Glarner Doppelfalte 27
Glarner Überschiebung 52, 144
Glimmerschiefer 134
Gneis 63, 66, 67, 68, 130, 134
Gneisplatten 134
Gondwana 65, 66
Gotthardmassiv 51, 67
Granit 18, 61, 66, 67, 68, 134, 146, 148
Granulitfazies 148
Grenzbitumenzone 85
Grundwasser 98, 172
Gurnigelflysch 131

H

Hauptrogenstein-Formation 98
Helvetikum 23, 25, 28, 29, 51, 77, 80, 81, 99, 100, 115, 116, 117, 123, 125, 132, 137, 143, 151, 153

Hochpenninikum 36, 55, 58, 103, 104, 106
Hochterrassenschotter 181
Höhere Deckenschotter 181
Holozän 174, 182, 183

I

Iberger Klippen 56, 81
Iberien 32, 107, 118, 122
Innerschweizer Klippen 57
Insubrische Linie 28, 36, 46, 59, 145, 148
Ivrea-Zone 148

J

Julier-Decke 56, 68, 93
Jüngere Deckenschotter 181

K

Kaiserstuhl 164
kaledonische Gebirgsbildung 33
Kalisalz 170
Kalk 18, 19, 23, 24, 47, 48, 56, 78, 79, 81, 85, 91, 92, 95, 96, 98, 100, 103, 105, 106, 107, 108, 114, 115, 116, 123, 125, 130, 154, 156, 169
Kalzifizierungskrise 117
Karbon 59, 68, 69
Karbonatkrise 116, 117
Karbonatplattform 91, 115, 116
Katastrophismus 20
Keuper 74, 75, 78, 79, 84
Kies 156, 172
Kieselkalk 93
Killwangen-Stadium 180
Kofferfalte 165
Kohle 69, 112
Kohlendioxid 103, 113, 114, 116, 175, 176, 177
Kohlevorkommen 88

Kollision 15, 35, 36, 56, 134, 135, 137
Konglomerat 71, 84, 135, 148, 154, 156, 157, 170
Kontinentaldrift 27, 28, 88
Kontinentalrand 35, 81, 90, 91, 96, 99, 106, 107, 121, 129, 154
Korallenriff 89, 117
Kreide 15, 23, 32, 35, 48, 54, 56, 82, 96, 100, 105, 106, 107, 108, 112, 113, 114, 115, 116, 118, 120, 121, 123, 124, 125, 126, 128, 129, 130, 131, 134, 135, 151, 169, 170

L
Languard-Decke 56
Laurentia 65
Lias 90, 91, 92, 93, 94, 95, 98
limnischer Kalk 156
Lithostratigraphie 21, 26
Lochsiten-Kalk 144

M
Maggia-Decke 54
Maiolica 107, 108
Malm 95, 100, 107
Meeresspiegel 24, 85, 96, 137, 148, 153, 172
Meeresspiegelschwankung 96, 100
Mélange 106, 129, 130
Mergel 19, 23, 47, 48, 78, 91, 95, 98, 100, 114, 115, 123, 124, 125, 130, 137, 154, 155, 156, 157, 170
mittelländische Molasse 160
Mittellandtäler 179, 181
Mittelpenninikum 55, 58, 59, 96, 99, 110, 122, 125
Moho 148, 164
Molasse 24, 46, 48, 81, 145, 148, 151, 154, 155, 157, 160, 161, 167, 170, 171, 187

Monte Rosa-Decke 55
Moränen 174, 178, 181
Morcles-Decke 51, 52
Mürtschen-Decke 52, 81
Muschelkalk 24, 74, 78, 79, 81, 84
Mythen 15, 57, 81, 99, 118, 121, 124, 125

N
Nagelfluh 23, 156
NAGRA 48, 61, 62, 63, 68, 69, 89, 98
Natural World Heritage 85
Neptunismus 19
nordhelvetischer Flysch 136, 152, 153, 154
nördliche Kalkalpen 56
Nummulitenkalk 23, 24, 137, 151

O
Obere Meeresmolasse 155, 156, 161, 169
Obere Süsswassermolasse 155, 156, 157, 169
Oberrotliegendes 69
Obtususton 98
Ocean Drilling Program 88
Oligozän 46, 145, 148, 153, 154, 155, 156, 157, 160, 164, 167, 169, 170
Opalinuston 98
Ophiolith 55, 81, 82, 103, 104, 105, 106, 107
organischer Kohlenstoff 98, 113, 114
Ostalpen 35, 36, 46, 84, 86, 89, 103, 104, 107, 128, 129, 130
Ostalpin 25, 28, 29, 36, 56, 67, 106, 134
ostalpine Decken 55, 56, 57, 81, 84, 86, 90, 107
ozeanische Bruchzonen 104, 118, 122
ozeanische Lithosphäre 35, 36, 103, 104, 105, 128, 129, 134, 153

P

Paläogeographie 24, 28, 31, 78, 86, 96
Pangaea 32, 33, 35, 66, 69, 71, 82, 85, 86, 88, 90
pelagisch 91, 105, 107, 108, 113, 130, 131
Penninikum 25, 28, 29, 52, 81
periadriatische Naht 36
Peridotit 103, 104
Perm 36, 48, 59, 68, 69, 70, 71, 74, 84, 148
Permokarbontrog 61, 62, 68, 70, 163, 165, 168, 169
Photosynthese 113
Pillow-Laven 104
planktische Foraminiferen 137
Plattadecke 106, 129
Plattentektonik 15, 25, 26, 27, 28, 31, 32, 81, 88, 89, 103, 135
Posidonienschiefer 95, 98
Präzession 175
Préalpes Romandes 57, 81
Primär 18
progradieren 24
Proxies 14, 81

Q

Quartär 18, 19, 177

R

Rheingraben 16, 153, 159, 162, 163, 164, 169, 170
Riftingphase 90
Rötidolomit 23, 81

S

Salz 73, 74, 79, 81, 87, 166
San Andreas Fault 118
Sandstein 18, 19, 47, 48, 68, 69, 78, 81, 84, 85, 96, 130, 136, 153, 154, 155, 156, 157
Schamser-Decke 59, 123, 127
Schelfmeer 99, 116, 155
Schlierenflysch 131, 180
Schlieren-Stadium 180
Schrattenkalk 116, 125
Schwarzer Jura 95
Seismizität 162
Sekundär 18, 19
Serpentinit 35, 103, 104, 106, 129, 130
Sibiria 65
Silvretta-Decke 56, 67, 85
Simano-Decke 54
Simplon-Decke 54
Simplon-Rhone-Linie 145
Sion-Courmayeur-Zone 110, 123
Solothurn-Formation 96
Steinsalz 75
Stratigraphie 21, 23, 94, 126, 127, 155
Stromatolith 84, 85
subalpin 160, 167
Subduktionszone 35, 88, 106, 128, 129, 130, 131, 135, 138
Subsidenz 25, 33, 68, 85, 86, 87, 88, 90, 91, 96, 99, 100, 104, 129, 137, 153, 155, 170
Südalpen 15, 18, 28, 36, 45, 46, 58, 59, 68, 84, 85, 86, 90, 91, 93, 103, 107, 114, 145, 148
Südpenninikum 52, 55, 106, 107, 134
Suretta-Decke 55, 59

T

Tafeljura 47, 80, 163
Tambo-Decke 55, 59
Tambora 173
Tavetscher Zwischenmassiv 51
Taveyannaz-Sandstein 132
Tektonik 16, 23, 45, 69, 88, 90, 91, 94, 127, 157, 166, 169, 171
tektonisches Fenster 56

Tertiär 18, 19, 36, 48, 51, 58, 59, 131, 135, 137, 141, 151, 163
Tessiner Kulmination 54, 67
Tethys 14, 28, 29, 30, 31, 35, 36, 38, 51, 59, 86, 89, 90, 91, 93, 96, 99, 104, 105, 106, 107, 108, 110, 111, 115, 116, 118, 120, 127, 129, 134, 137, 151, 187
Thin-skinned-Tektonik 166, 169
Tiefseesediment 55, 102, 103, 106, 107, 108, 114, 148
Tiefseetrog 131, 132
Tisza 32, 35, 56, 128
Tonalit 148
Transform-Bruch 35, 118, 123
Transform-Bruchzone 118, 123
Trias 31, 33, 35, 47, 48, 56, 58, 71, 73, 74, 77, 78, 79, 80, 81, 82, 84, 85, 86, 91, 94, 96, 106, 121, 122, 123, 166, 168
Troskalk 23, 100
Turbidit 129, 130, 131

U
UNESCO 85, 144
Untere Meeresmolasse 154, 155
Untere Süsswassermolasse 155, 156, 159
upwelling 98

V
variszisch 33, 66, 67, 68, 148
variszische Gebirgsbildung 33, 66, 68, 148
Vorlandbecken 16, 46, 145, 154, 155, 156, 169, 172
Vorland-Buckel 137

W
Wallisertrog 35, 132
Wallmoränen 179, 180
Wildhorn-Decke 52

Z
Zechstein 74
Zone Houillère 69
Zürich-Stadium 180